学区空间北京城

万博 著

清華大学出版社
北京

内容简介

本书针对北京这样一座超大规模城市学区空间现实问题进行大胆探索，通过不同尺度和层级的分析，聚焦当代北京学区空间的突出问题，并吸取国外其他城市经验，展望了北京的发展前景，对于北京学区空间的优化具有现实意义和借鉴价值。本书适合于建筑学、城乡规划学、旅游学等学科领域的专业人士和学生，以及相关专业的爱好者阅读。

图书在版编目（CIP）数据

学区空间北京城 / 万博著.— 北京：清华大学出版社，2023.7
ISBN 978-7-302-61510-1

Ⅰ. ①学…　Ⅱ. ①万…　Ⅲ. ①文教区—城市规划 城市规划—建筑设计—研究—北京
Ⅳ. ①TU984.14

中国版本图书馆CIP数据核字（2022）第134622号

审图号：京S（2022）023

责任编辑：张占奎
封面设计：陈国熙
责任校对：欧　洋
责任印制：杨　艳

出版发行：清华大学出版社
网　　址：http://www.tup.com.cn, http://www.wqbook.com
地　　址：北京清华大学学研大厦A座　　**邮　　编：**100084
社 总 机：010-83470000　　**邮　　购：**010-62786544
投稿与读者服务：010-62776969, c-service@tup.tsinghua.edu.cn
质量反馈：010-62772015, zhiliang@tup.tsinghua.edu.cn
印 装 者：涿州汇美亿浓印刷有限公司
经　　销：全国新华书店
开　　本：185mm × 235mm　　**印　　张：**18.5　　**字　　数：**208千字
版　　次：2023年9月第1版　　**印　　次：**2023年9月第1次印刷
定　　价：88.00元

产品编号：083610-01

序

本研究旨在填补当代北京学区空间形态研究中的某些空白。研究的动力源自对如下问题的思索：一个学区空间平面格局的地理复杂性是如何形成的？对学区空间形态的研究能否抽象出那些具有普适意义的概念来帮助我们分析学区空间形态？城市平面格局的发展演变会对一个学区的空间结构产生什么影响？学区空间中的教育资源究竟在空间中是一个什么样的分布态势？它们和住区是一个什么样的关系？上下学的路径如何做到安全通畅，同时又可以为孩子提供什么样的游憩空间？基于就近入学的原则所产生的一系列高价学区房的真正成因是什么？课后的教辅产业在空间中是什么样的分布状态？是否真正存在一种理想的学区空间模式？诸如此类的问题，在研究当代北京学区空间的过程中，关于这些问题的既有研究的不足愈加显现出来，进而也促进了对这些关键问题的调查研究。

本书对当代北京学区空间展开研究，建构了以学区为视角的城市空间研究框架，是一种适用于分析、研究当代学区空间形态的城市设计理论和方法体系。书中提出“学区空间”的概念，简要梳理了北京学区教育空间发展的脉络，通过学区空间的网络组构特征、形态指标特征、用地功能混合特征，展现了当代北京学区空间的整体面貌；并分别从学区教育资源均衡、学区路径空间品质提升、空间组构对学区住宅价格影响三个角度展开论述；基于空间大数据，空间组构理论，空间统计分析建构了全学区空间的量化解析评价体系，初步尝试评估当代北京中心城的63个学区，旨在为安全美丽宜居的学区空间建设提供支持。

万 博

2018年4月于清华园

2022年12月修改于红果园

目录

第一章

绪论

北京作为一座有着三千多年建城史、八百多年建都史的历史文化名城，具有悠久的教育文化传统。这座城市的教育传统与其深厚的城建发展史紧密相连，自辽代以来的千余年间，北京始终以首善之地的标准培养人才，时至今日依然如此。

教育是民族振兴的根本途径，同时也承载着每个普通家庭对幸福生活的期盼和向往。北京作为政治文化、国际交往、科技创新的中心，需要强力的教育战略支持，提高首都教育发展水平，对全面提升城市软实力，奠定更为坚实的人文基础、储备人才、建设学习型城市和世界城市具有决定性意义。[1]

对于首都北京而言，城市中承载教育活动的空间逐渐随城市的扩张而增多，教育资源的布局与整个城市的经济发展水平、人口变化、城市空间规划布局等有着紧密的联系。1949 年，北京建成区面积约 100 km^2；1978 年，建成区面积约为 340 km^2；2013 年，建成区面积已达 1289.3 km^2，相当于 1949 年城区面积的 12 倍，为中国城市之最，基础教育学校的数量也由中华人民共和国成立初期的三百多所变为如今的一千多所。城市迅速扩张的影响是广泛而深远的，它影响着城市空间的各个部分，这其中就包括了城市中承载教育活动的学区空间。

北京从 2014 年起全面启动严格按照学区就近入学的举措，截至 2017 年 10 月，全北京市共有 131 个学区，学区在校生总数 96.8 万人，法人学校共 1053 所，占中小学总数

---

[1] 北京市委．北京市中长期教育改革和发展规划纲要 (2010—2020 年)[EB/OL]. 首都之窗．

的 64.6%。当前首都教育发展进入一个新的发展阶段，如何基于现实问题，从城市空间的发展，从建筑学和城市规划的角度解读学区空间并提出优化策略是本研究的主要目标。在展开讨论之前，需要对研究本体的概念、研究范围以及现状条件进行明确，因此本章将主要围绕当代北京学区空间，从学区与学区空间的概念入手、明确本文研究范围与空间层级；梳理国外学区空间发展脉络；对国内外学区空间的相关研究概况进行综述。通过上述学区空间研究背景的梳理，尝试建立“当代北京学区空间”研究纲要。

一、学区与学区空间的概念

近年来，我国的基础教育事业取得了长足的发展，已从解决“人人受教育”的阶段转入“追求公平享有教育资源”的阶段。在这一背景下，如何扩大优质教育资源的覆盖范围，如何正确处理享有优质教育资源和促进教育均衡之间的关系成为当今社会关注的热点之一。2013 年中共中央明确提出“试行学区制”[1]，标志着我国学区的建设已经全面展开，但是，从城市空间角度、建筑和规划的角度专门针对学区的专项研究相对匮乏。

北京从 2014 年起全面启动严格按照学区就近入学的举措，客观来讲，学区化的管理模式是一种充分发挥优质教育资源的辐射作用、缓解因择校而产生的诸多矛盾的探索，收效如何还有待时间的检验。诸如学区化、学区化管理、学区空间等均与承载教育活动的城市空间有着紧密的联系，或者说这种关系从公共教育诞生的第一天起就是客观存在

[1] 中共中央关于全面深化改革若干重大问题的决定 .[EB/OL]. 中国政府网 .

的，无论是从教育组织管理，还是资源分配调整，学区包含的地域空间范围总是以城市空间为承载基础的。因此，以城市空间视角来探究学区空间的研究具有重要意义。

本节主要从学区与学区空间的概念入手，阐释立足当代北京的学区空间研究选题背景与意义，并界定研究范围与空间层级。

1. 学区与学区空间概念阐释

学区起源于欧洲，发展于美国。在《西方美国法律百科全书》（*West's Encyclopedia of American Law*）（2004）中，学区被定义为由州立法机构创建和组织的准地方法人，负责管理州内的公立学校，[1] 这是从法律的角度看待学区。美国学区 (school district) 是地方教育行政区域，具有两项基

---

[1] 美国的学区是由州立法机构创建和组织的准地方法人负责管理州内的公立学校。准地方法人是一个行政机构，其唯一目的是履行一项公共职能。国家将学校系统分成学区，因为基于美国的现状，地方政府和政策制定比一个国家层面的官僚机构更有效率，更能响应社区的需要。学区包括具有限定边界的特定地理区域。在大多数地区，学区的首脑被称为学区督导。每个学区至少有一所学校。通常，学区包括小学，或小学和中学，或初中和高中。学区的边界可能与城市的边界相同。在较大的城市中可能存在多个学区，在农村地区，学区可能包含几个城镇。每个州有许多关于公立学校和学区的法律，但州法律并不涵盖每个教育问题。州立法机构将公共教育的许多方面委派给学区。学区有权制定课程，制定适用于学区、学校雇员和区内学生的规章制度。学区也有权在区内安排建设计划以及教育设施的建造和维修。学区可将其某些权力转授予个别学校。州和联邦收入仅支付所有教育费用的一半。建筑、维护和改善学校设施、薪金和其他教育费用等由地方政府承担。大多数州都给学区征收地方税的权力以用于支持教育。这种征税权受到州立法机构的限制。如果学区希望增加超过立法机构允许的税收，它可以在全民投票或命令投票中征求区内选民的同意。大多数州立法机构要求学区由学校董事会、教育委员会或类似机构管理。学校委员会管理学区的行动，也可以自行采取行动。学校董事会任命学区监督人，审查学区行政官员的重要决定，以及设立该区的教育政策。大多数学校董事会由居住在该区范围内的选民选出的几个成员组成。在一些州，学校董事会成员可由州或地方管理机构或指定的政府官员任命。学校董事会定期向公众开放会议。学校董事会必须在会议前通知公众。通知通常是通过邮寄或通过当地报纸公布会议的时间和地点。学校董事会会议使公众有机会就教育政策发表意见。可见美国的学区相对于大多数人所理解的学区要复杂和丰富得多。

本的权力，分别是教育行政管辖权和公共教育税征收权。由于人口结构、学区分布与类型等因素的影响，学区规模迥异，实际学区中的学校还会进一步细分招生边界来确定具体每个公立学校的招生范围（school attendance zone，或 catchment area）。可见美国的学区是美国公立初等教育与中等教育体系里地方政府对市、镇居民区的一种划分，主要是利于对各学校的管辖、拨款，并对哪些地区居民子女可以进入附近的公立学校作出规定。

美国教育部、美国国家教育统计中心及教育科学研究所联合发布的 *Digest of Education Statistics 2014*（50th Edition）中对"学区"这个词条给出的解释是地方一级的教育机构，主要存在于公立学校的运作或公立学校服务合同。属于"地方基层行政单位"和"地方教育机构"[1]。这是一种从教育学、统计学和行政管理角度的定义。

基于美国学区督导的相关实践，学区被分为多种类型，如：以州政府组建学区时的法律为区分标准的法律基础型学区；以学区税率独立决策程度、财务预算分配自由程度为区分标准的财务独立型学区；以学区内所开展的教育层次为区分标准的教育层次型学区；以学区与乡镇、城镇、县市、城市的关系为区分标准的服务区域型学区；以学区所处的地理位置为区分标准的地理位置型学区；等等。上述类型划分方式为当代北京学区的归类提供了一种思路。

[1] School district: An education agency at the local level that exists primarily to operate public schools or to contract for public school services. Synonyms are "local basic administrative unit" and "local education agency." Snyder T D, de Brey C, Dillow S A. Digest of Education Statistics 2014, NCES 2016-006[J]. National Center for Education Statistics, 2016.

我国《辞海》对于学区的定义是“根据中、小学分布情况所划分的管理区，目的是便于学生上学和对学校的业务领导”。

基于不同的学科背景，我国学者也对学区进行了定义。从教育学和管理学的角度来看，学区是指在区域教育资源整合基础上的“亚单元结构”，是在原有的区域教育行政管理和学校教育管理之间的一种以空间地域范围为界限，以地域内所有教育机构和教育资源为内容的新教育单元（李奕，2006）。由于地区教育工作的需求与学校发展状况的差异影响，设立学区的目的主要是将不同层次且地理位置相对集中的众多学校组成一种资源共享、交流合作及共同发展的协作体（蔡定基，2013）。

从学区教育资源组织制度建设的角度来看，学区是根据教育教学的实际需要，打破行政区划界线，在一定的地理空间范围建立的，为少年儿童提供公共教育的区域单位。学区具备多重含义：在层次上处于区和校之间；在内容上处于“区内全部教育资源”和“校内单一教育资源”之间；在管理上处于“区内条块化管理”和“校内综合化管理”之间（胡中锋等，2009）。

从教育受众的角度来看[1]，学区是根据公立义务教育学校的教育资源基础配置情况、分布态势、覆盖服务半径及

---

[1] 地方各级教育行政主管部门为了有效贯彻落实《义务教育法》所规定的“就近入学”，并结合本地的实际情况，制定了一系列具体实施办法，其中以户籍为依据划分“学区”是最常见的一类。该划分范围一般包括两个层次：一个层次是包含若干学校的学区，即教育部门公布的学区范围图；另外一个层次是每个学校的招生范围，在每年新学年开始前由各个学校张榜公布，一般是以门牌地址号码的文字形式出现，这个招生范围也被家长称为学区，基于北京的现状，学区范围一般是由若干个招生范围组成的。在本书中，我们将教育部门公布的城区划分范围称作“学区”，学校每年微调的招生范围称作“招生区”。

适龄学生的数量等情况，以户籍为依据对住区空间的一种划分，一所学校一般对应一定范围的住区，这一定义比较符合家长和学生对学区的现实体验，但是这种所谓的学区严格意义上来说只能称作招生范围，目的在于落实与推进义务教育“就近免试”入学政策。

从房产投资角度来看，学区与学区房紧密相连，尤其是那些拥有优质学校的学区，更是成为房产投资、中介市场、家长共同关注的焦点。

综上，在学区概念的理解上，教育管理者、政策制定者、财政拨款人、学者、教师、学生和家长、房地产投资人、中介、课外辅导机构等由于所处地区、背景、经济发达程度、教育发展阶段、学区建设实际情况、城市发展状况及关注重点不同等因素，对学区概念的理解是有差异的；也可以看出，学区牵涉的社会因素较为复杂，但无论这些概念理解的差异有多么的巨大，承载学区的城市空间在一段时间内是相对比较稳固的。广义来讲，我们将承载学区的城市空间称为学区空间。

本书中的学区空间是指从城市空间角度出发，以相应的空间尺度（scale）为基础，以就近入学为原则，根据学龄人口与教育资源匹配度划分的、在一段时间内保持相对清晰边界，有着明确空间地域范围界限的承载基础教育相关活动的一系列城市空间。学区空间的构成要素多样，本文以2015年北京市教育部门颁布的学区划分为基础（图1-1），通过对当代北京学区空间现状的呈现（图1-2~图1-8），不难总结出，学区空间主要由学校、上学路径、学区房三个基本组成要素，这三个空间要素共同构筑了或者说限定了一个学区中上学活动发生的基本空间边界。学

图 1-1 当代北京学区空间研究范围 (a) 及中心城 63 个学区 (b)（按学区面积从小到大排序）

Research Scope and 63 Urban School District in Contemporary Beijing

图片来源：作者自绘

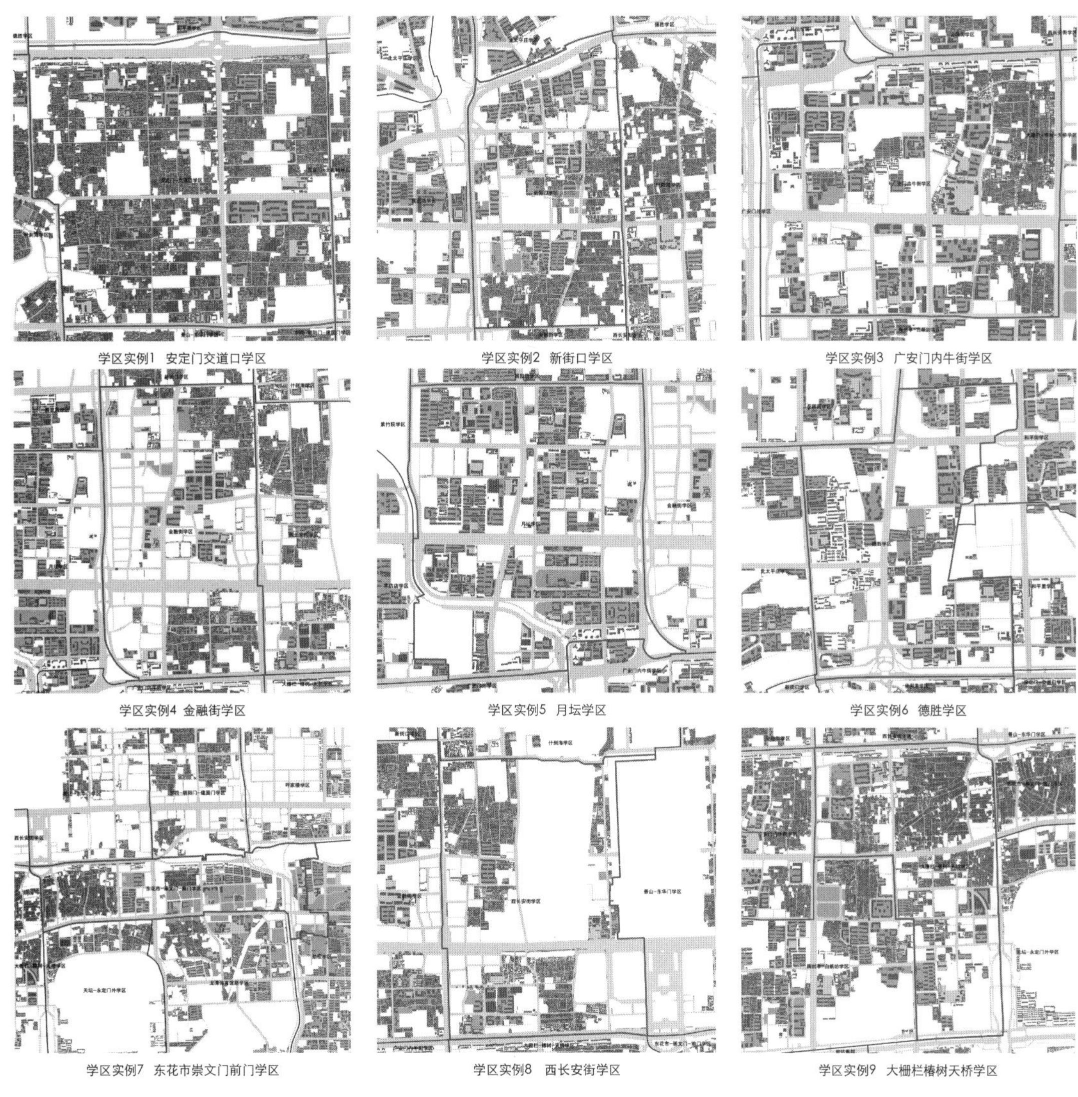

图 1-2
北京学区实例 1~9（按学区面积从小到大排序）Beijing School District 1~9
图片来源：作者自绘

生从家到学校，这种点对点的运动轨迹上所联系的一系列其他空间类型和空间要素，属于学区辅助组成元素，都是学区空间研究的关注对象，譬如路径空间、街道界面、慢行系统、绿地公园与游戏空间、少年宫、图书馆等公共配套设施，课外课堂以及相关的教育产业配套等。基于学区空间的城市空间本质属性，我们认为学区空间具有四个基

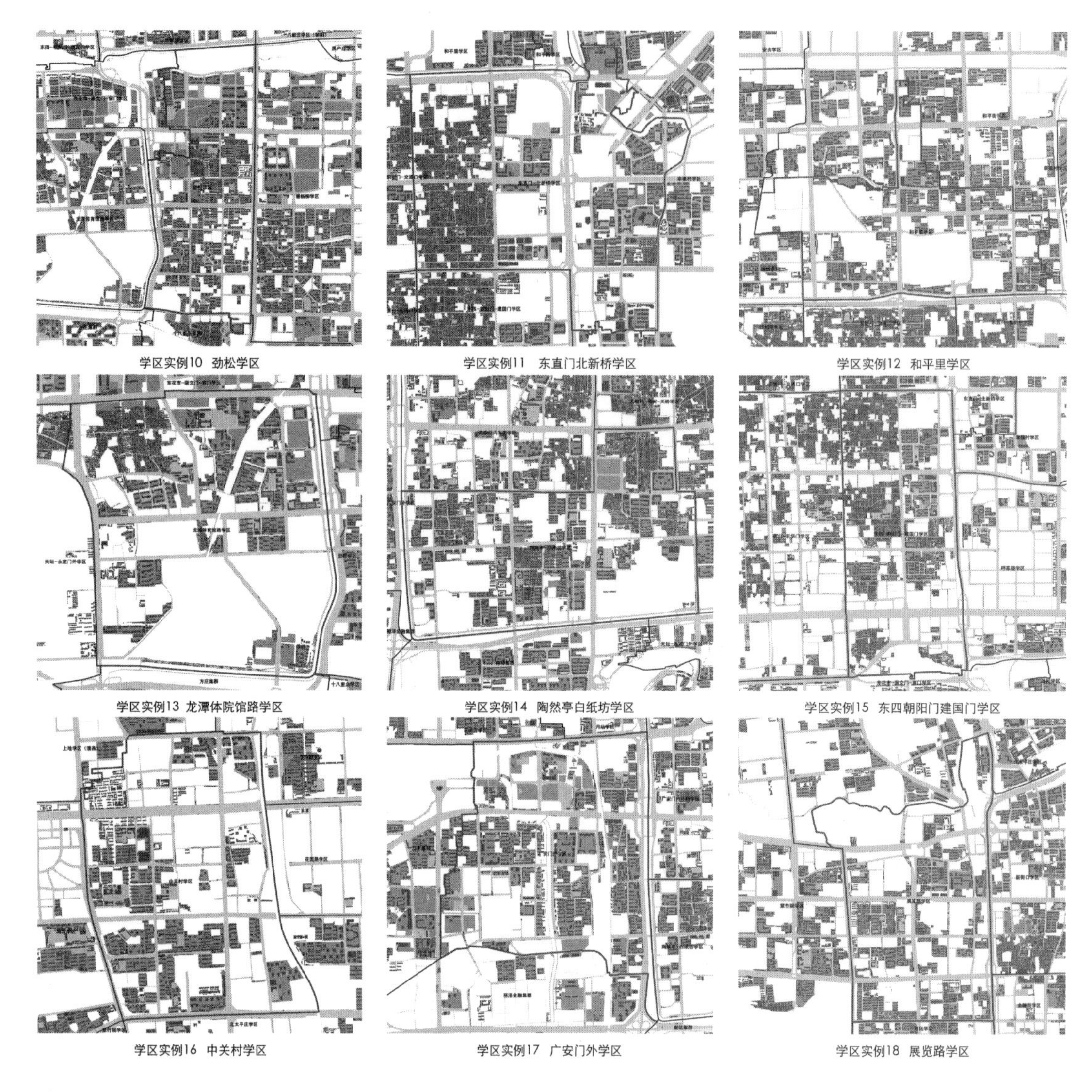

学区实例10　劲松学区　　学区实例11　东直门北新桥学区　　学区实例12　和平里学区

学区实例13 龙潭体院馆路学区　　学区实例14　陶然亭白纸坊学区　　学区实例15　东四朝阳门建国门学区

学区实例16　中关村学区　　学区实例17　广安门外学区　　学区实例18　展览路学区

图 1-3
北京学区实例 10~18（按学区面积从小到大排序）Beijing School District 10~18
图片来源：作者自绘

本空间形态属性，分别是网络组构性、尺度层级性、时空延续性及物质表征性。

学区空间的网络组构性是指：学区空间的基本路网骨架能够被抽象为空间网络，进而被描述和量化。这种空间网络的拓扑形态关系是物质建成环境显性特征背后的隐性空间逻辑。学区的边界是一个随着时间变化的行政性政策性边

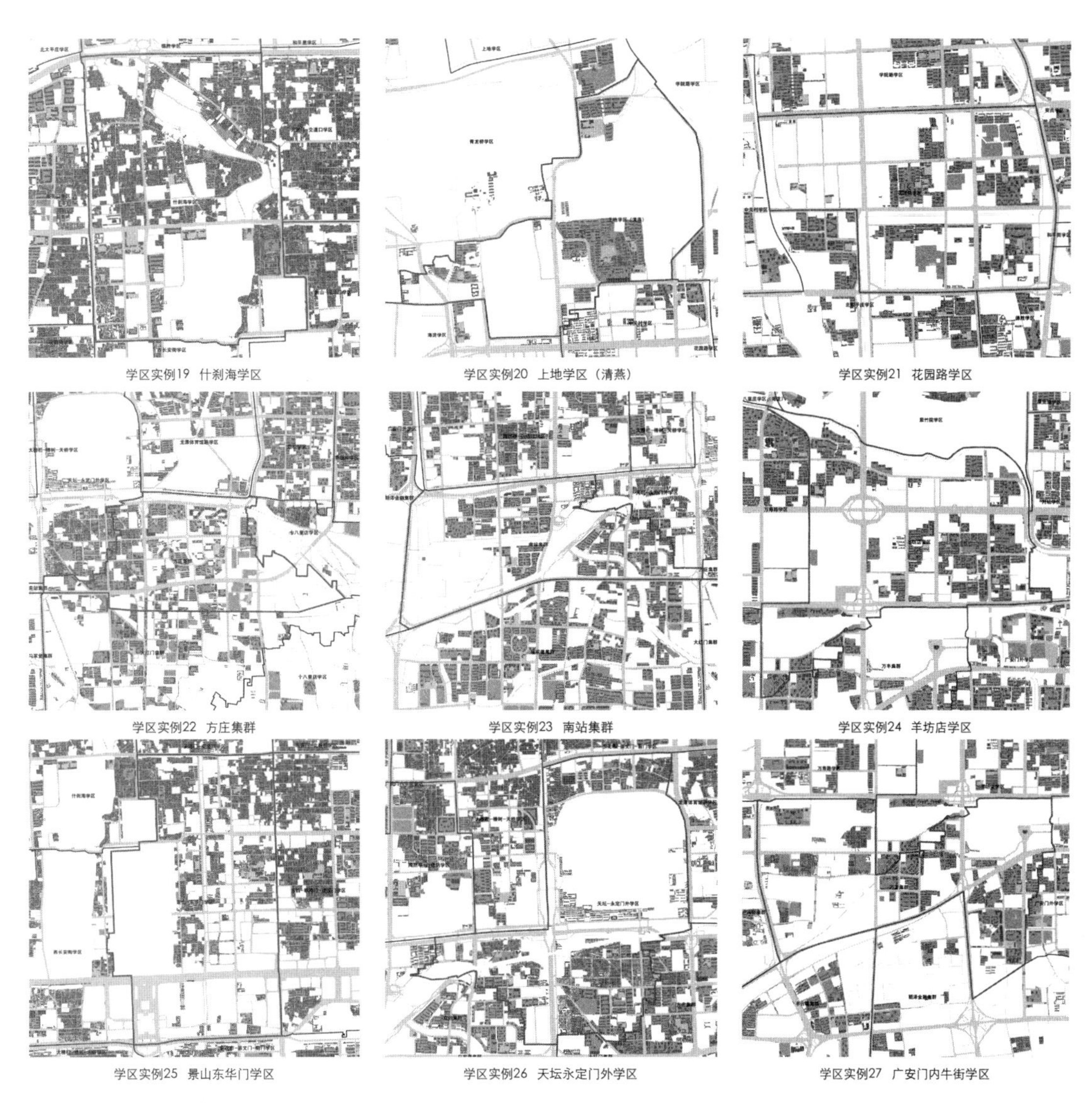

学区实例19 什刹海学区　学区实例20 上地学区（清燕）　学区实例21 花园路学区

学区实例22 方庄集群　学区实例23 南站集群　学区实例24 羊坊店学区

学区实例25 景山东华门学区　学区实例26 天坛永定门外学区　学区实例27 广安门内牛街学区

图 1-4
北京学区实例 19~27（按学区面积从小到大排序）Beijing School District 19~27
图片来源：作者自绘

界，本质上是一种管理和统计单元，在城市建成区，学区范围内路网的拓扑形态关系是不会随意发生调整的，同时各级各类的基础教育学校相对较为匀质化地散布在城市之中并与路网系统紧密相连，每个学区本身所处的区位、学区范围内的路网架构以及学校的分布情况是学区之间显而易见的差异。由于学区中的学校、路径和学区房在空间网

图 1-5
北京学区实例 28~36（按学区面积从小到大排序）Beijing School District 28~36
图片来源：作者自绘

络中占据不同的空间组构层级，围绕不同的出行半径，能够从多尺度的层面描述和比较学区空间的组构特征及差异，同时从空间网络组构角度能够对学校选址是否恰当做出预判。学区空间组构承载物质和非物质资源，前者指物质环境等要素的地理空间分布，后者指在学区空间中进行的各类教育、文化、经济、社会等活动和现象，这些物质、非

学区实例37 丰台镇集群　学区实例38 学院路学区　学区实例39 幸福村学区

学区实例40 北太平庄学区　学区实例41 八里庄学区（海淀）　学区实例42 紫竹院学区

学区实例43 呼家楼学区　学区实例44 丽泽金融集群　学区实例45 马家堡集群

图 1-6
北京学区实例 37~45（按学区面积从小到大排序）Beijing School District 37~45
图片来源：作者自绘

物质的资源与学区空间组构有着紧密的联系。

学区空间的尺度层级性是指：不同的空间尺度所对应的学区空间关注重点有所不同，主要分为宏观、中观、微观三个层级，宏观层级对应市域空间范围，中观层级对应中心城空间范围，微观层级对应街道社区空间范围。宏观层级重点关注学区的空间分布和规模尺度，中观层级重点关

学区实例46 望京学区　学区实例47 西三旗学区　学区实例48 八里庄学区（朝阳）

学区实例49 和平街学区　学区实例50 天坛永定门外学区　学区实例51 卢沟桥集群

学区实例52 酒仙桥学区　学区实例53 南园集群　学区实例54 定福庄学区

图 1-7
北京学区实例 46~54（按学区面积从小到大排序）Beijing School District 46~54
图片来源：作者自绘

注学区中校点和住区的空间布局以及学区之间的差异，微观层级重点关注学区的资源配置、人口构成、组构特征、路网密度、街道界面、慢行系统、学区房价、公共配套等一系列与日常生活尺度相关的学区空间元素。

学区空间的时空延续性是指：学区空间随着时空的推进，一方面学区空间形式表象不断发生变化，另一方面学

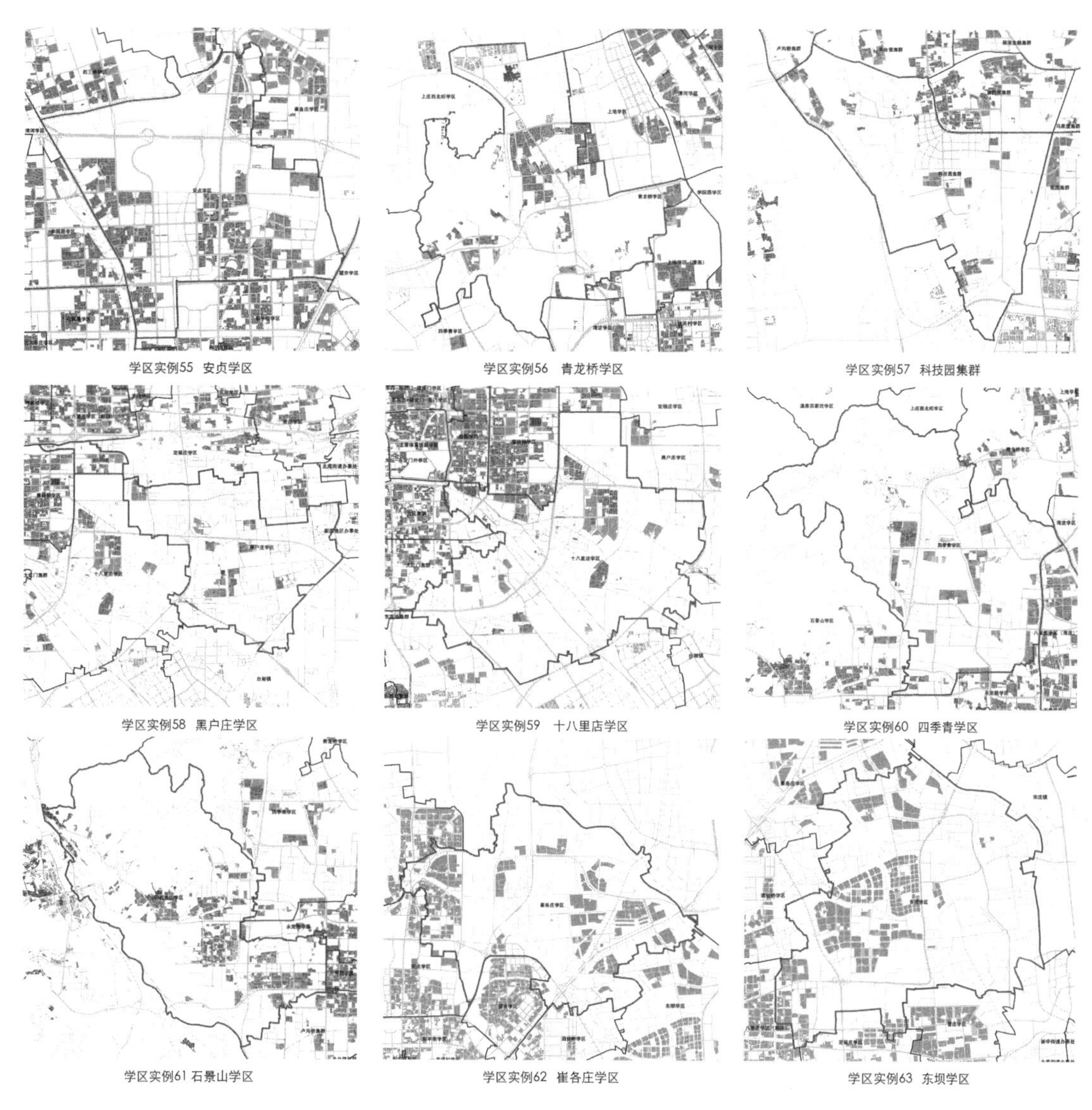

图 1-8
北京学区实例 55~63（按学区面积从小到大排序）Beijing School District 55~63
图片来源：作者自绘

区空间由于城市空间变迁其结构格局发生变化，形式与变化的渐进过程体现了空间与活动的相互依存。学校一旦建成并投入正常使用，短期内不会发生变化，学区的范围可能会随着学龄人口数量的变化发生改变，但是学区空间中的校点相对稳固，其周边一定范围的空间相对能够保持稳定的状态。客观上北京基础教育中的百年名校比比皆是，甚至校址也没有发生变化，这也就不难理解学区空间的时空延续性。

学区空间的物质表征性是指：学区空间中的建筑容积率、建筑密度、建筑高度、空地率、功能混合度等客观指标，同时还包含儿童在日常活动中所涉及的城市公共空间、学校以及学校周边的城市空间环境，上下学的路径、空间节点和街道界面等。

2. 立足北京的选题背景与意义

教育是建立世界城市、实现民族复兴强盛、推动创新发展的原动力，承载教育活动的学区空间建设必定成为未来首都发展必须考虑的重点问题。客观来看现实问题的凸显、交叉学科的视角和研究的缺失促成了立足北京研究的动力。

"入学难，入好学校更难"。在价值判断标准被数字化和符号化的当下，从幼儿园到大学，一路上名牌学校，自然被认为是通向成功的捷径。一切有关教育改变社会阶层的讨论无不吸引热烈讨论。近年来，随着家长对优质教育的渴望、生育高峰的到来、二孩政策的试行、城镇化人口的激增，北京市"十三五"期间将迎来新一轮适龄儿童入学高峰，2000—2010 年的 10 年中，北京小学学龄儿童入学的总量约在 10 万人 / 年，相对稳定，2010 年开始逐步增长，2011 年 13.3 万人，2013 年 13.8 万人，2014 年 18 万人左右。2015 年，北京市教委相关人士介绍，北京的小学在校生人数由 2011 年的 68 万人增长到 2014 年的 82.9 万人，并且将继续增长至 2019 年的 103.4 万人。之所以会产生小学在校生总量持续增长趋势，一方面是由于户籍人口出现周期性增长高峰，另一方面与外来人口持续增长有关。鉴于教育资源供求关系逐步趋紧，可以预见基础教育发展不平衡，尤其是优质教育资源的供需紧张矛盾会愈加明显。基于我国《国家中长期教育改革和发展规划纲要（2010—2020年）》《北京市中长期教育改革和发展规划纲要（2010—2020年）》，2014年的北京市教育委员会发布的《关于2014年义务教育阶段入学工作的意见》，以及北京市2014年以来实行的严格的学区化管理的现实背景，未来会出现大部分学生基础教育的九年时光（六年小学三年初中）固定在一个学区中的情形，所处的学区会伴随一个孩子从六岁到十五岁，短暂的人生里不多的一个九年时光在一个学区中，学区空间环境对孩子成长的重要性不言而喻，学区空间的建设和发展成为当今以及未来很长一段时间备受瞩目的重要问题。

基于上述立足当代北京的选题背景，还有两条比较重要的原因。其一，2005年起，首都之窗上线了北京市“政风行风热线”，成为北京市最重要的网络政民互动平台。截至2015年12月，平台累计接收市民各类来信30.7万封，去除重复投诉，有效来信20万封左右。北京社科院经济所副研究员王忠、首都之窗运行管理中心高级工程师钟瑛针对20万封市民来信的高频词进行了大数据分析，数据显示10年来北京市民网络诉求矛盾主要集中在8类问题上，而户籍教育问题最受关注，占16%（图1-9）。其二，美国劳工统计局与麦肯锡分析联合发布的美国工作被人工智能取代的可能性统计显示，教师和护士的工作最不容易被取代，这两个统计数据在一定程度上也说明了对学区空间研究的迫切需求。

如果从城市空间设计研究的角度来看，学区管理与空间的紧密联系是一个现实问题，也是研究的交叉新视角。随

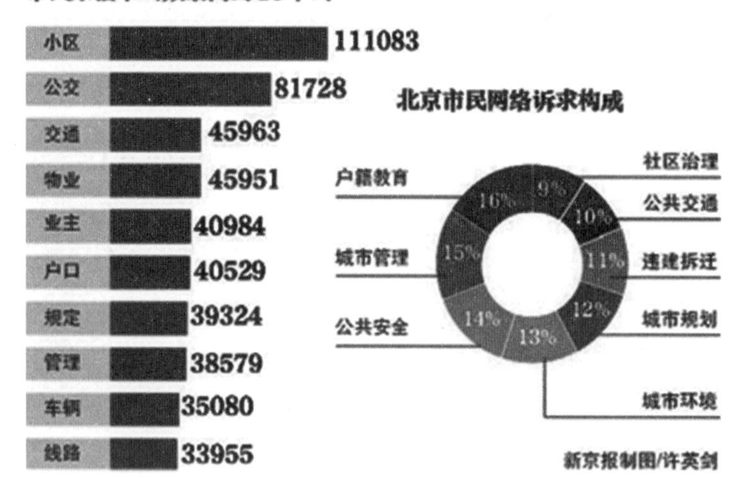

图 1-9
首都之窗10年收20万封市民来信高频词数据分析，“户籍教育”占据榜首
Data Analysis Shows that Education & Household Registration are the Key Words in 200,000 Public Letters Which are Received by Capital Window During 10 Years
图片来源：新京报

着教育资源空间布局的发展，学区化管理、学区空间的发展，对于城市的影响逐渐凸显。尤其是自北京市东城区于2004年首次尝试学区化管理至今，学区管理运行模式领域不断有新的发展，使得学区管理与城市空间设计研究的交叉成为城市空间设计研究的新视角。

基础教育资源在空间上的优化配置与均衡布局是学区空间研究的经典问题，国内外学区研究已经有一定基础，但方向各异，较为多元化，主要以教育管理学视角、教育资源配置、公共服务设施覆盖范围、社区复兴计划、教育对住宅价格影响、消除贫苦和隔离为研究的切入点，缺乏明确以学区为空间边界、以建筑学城市设计视角的对学区空间整体及内部运作规律的系统研究，国内已有的规划设计研究、建筑学研究的主流重点关注基础教育设施布局规划研究、校园建筑设计等角度，对于以学区空间为切入点的研究相对缺失。

因此，从城市空间的角度出发，对当代北京学区空间的研究具备三重意义。

从学术意义来看，本研究丰富了空间研究视角，一定程度上填补了学区空间研究的空白。本研究以学区的空间地域范围为界限，以城市规划和建筑学理论为主要依据，立足于当代北京，对学区空间的规模、分布、空间组构、运行规律、影响因素等进行整体梳理，对学区空间特征进行深入分析。整合现有多学科、多角度、片段化的学区相关理论和实践，搭建“学区空间研究”理论框架。具有系统呈现当代北京学区空间全貌，丰富本土城市设计学理论，引导本土学区城市设计、学区空间规划实践的学术意义。

从实际意义来看，本研究希望能够服务学区空间建设，解决实际问题，主要包括三个方面：针对教育行政部门，研究旨在帮助完善基础教育学区建设管理思路，优化学区建设策略；针对规划管理部门，本研究在一定程度上揭示了“学区空间”的特征和运行规律，可以帮助城市规划管理部门丰富管服思考视角，提供决策依据和政策制定导向；针对城市规划建筑设计部门，本研究有助于打破原有审视城市空间的思路桎梏，为积极营造安全、宜居、健康和谐的学区空间提供思考和操作路径。

从社会意义来看，动员社会力量，共同建设学区，对于广大学区内的居民，了解本研究可以提高对自身所处学区空间的认识，共同加入营造学区空间归属感，共同建设维护学区空间，提升学区空间品质的实践中。

本研究是当代北京城市空间的一次基础的探索性研究，希望通过对于北京学区空间的整体展示，从城市规划、建筑学、城市设计视角探寻北京这样综合性、超大规模城市学区空间的整体发展状态，并期望未来持续、深入和扩展学区空间研究，为实现“合理均衡基础教育资源，优化学区空间建设现状与标准，提升学区空间品质”提供基础研究参考。

3. 研究范围界定及空间层级

学区空间的概念有多层次的内涵。这种多层次的内涵来源于不同关注人群在不同空间尺度所关注的重点问题差异。关注学区空间这个议题的人群，包括教育行政主管部门、教育财政拨款部门、规划主管部门、规划设计部门，学校的校长老师、社区居委会的组织服务者、家长和孩子、房屋中介及课外辅导机构等，这些第一利益以及间接利益相关人群构成了对学区和学区空间的关注主体，因此关注主体身份的差异，构成了对于学区及学区空间关注要点的差异，因此本书需要对当代北京学区空间研究的研究范围和内容进行界定。

对学区空间的研究应当限定在一个合理的范围中，便于研究者亲自考察，同时，被研究的空间范围样本足够充分，能提供学区空间活动较为完整的切片。基于上述考量，我们将研究范围限定在北京中心城与城市副中心范围内，如图 1-10 所示。中心城区范围面积 1086.22 km^2，城市副中心范围面积 155 km^2，当代北京学区空间研究范围的总面积约 1241.22 km^2。中心城包含 63 个基于街道划分而成的学区，城市副中心暂时没有明确学区范围，本研究在其原有街道范围的基础上，对城市副中心统一考量。

由于儿童的生活、教育、空间福祉等问题是一个多向量、跨学科的课题，因此本书在研究内容的界定上，聚焦城市规划建筑学视角下的学区空间。广义上，学区空间的划分是一种教育管理意义上的教育资源空间划分，旨在平衡区域内的基础教育资源，这也是设定这一制度的初衷，但在实际中社会对于学区有着各自不同的认识。当学区落实在城市规划师和建筑师重点关注的空间上，我们认为，学区空间的设计和规划、用地功能的调配和整理只能在一定程度上解决学区空间教育硬件资源土地资源的分配不均衡，并不会从根本上解决优质教育资源稀缺的问题，学区空间规划和设计的意义在于预测、调控、诱导良好城市学区空间秩序的建立，有关教育本身的资源均衡的问题只有期待教育学、人力资源管理、财政调配等众多相关交叉学科的共同努力，因此书中凡是涉及学区空间问题的非空间式解决方式仅做适当延伸。

学区空间是一个包含丰富尺度层次的概念（图 1-10)，传统的学区是一个教育行政管理单元概念。本研究的学区是指从建筑学和城市设计的学科背景出发，以城市空间为背景，以空间地域范围为界限的城市物质空间，基于空间的宏观、中观及微观尺度，广义上三个空间层级对应的范围都称作学区空间。其中宏观与中观的学区空间边界是随着时间、人口、管理模式、社会经济发展情况发生变化的，只能保持一段时间内的相对稳定；但是微观层面的学区空间是基于“学校—路径—住区”的客观存在，在学校位置和路网结构不发生变动的前提下是不会随着外界条件的变化而产生变化的，因此从这个角度说，微观层级的学区，即社区层级的学区空间具有相对稳定的空间范围。在不同的空间尺度层级中，学区空间研究所描述和分析的要素主体、使用的空间分析理论和方法也有所差异。本书对宏观中观两个层级的空间边界划分主要以北京市教委 2015 年颁布的

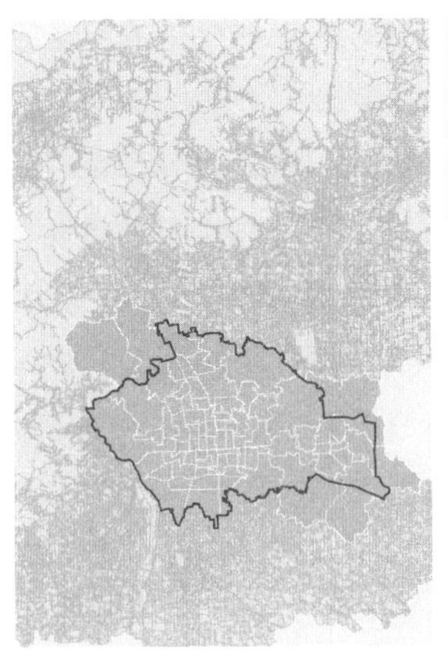

XL 10~50 km

L 1~5 km

M 200 m~1 km

图 1-10
学区空间研究的三个尺度层级 Three Scale Levels of the Urban School District in Contemporary Beijing
图片来源：作者自绘

北京教育新地图为基础，参考各区县教育主管部门划定的学区地图，并结合各小学发布的招生简章所涵盖的招生区域来划定学区空间研究范围。对于微观层级的边界主要在GIS平台根据校点分布、路网结构和覆盖半径生成。

学区空间研究具有从宏观到微观的三个尺度层级，且有随着时间逐渐变化的特征。宏观层面，以北京中心城区范围为主要研究尺度，重点关注学区的空间分布、规模、学校在全城的分布均衡性、分布组构特征等；中观层面，以63个学区为研究和比较单元，重点关注学区与学区之间在面积、用地构成、空间特征等方面的差异；微观层面，以学校为原点，以步行200 m~1 km为出行覆盖范围，考量学校周边的空间品质，这个层级基于步行半径，具有空间的可感知性，在学校位置及其周边路网不发生变化的情况下，是学区空间研究中相对较为稳定的范围，该范围与日常生活紧密联系，因此研究学区空间，关键是要明确空间研究层级，抓住学区空间研究的核心空间范围。

学区的划分并不是固定不变的，就在笔者进行论文研究调研的2014—2015年中，海淀区的几个学区划分就发生过调整，2017年年初北京市义务教育入学服务平台的开放浏览界面中已经找不到全市学区范围的图示。学区的招生政策和方案不断发生变化，招生范围不断做出调整，可见，学区范围的划分是会随着时间、居住学龄人口的变化、教育资源的调整发生渐进式的变化，可以预见的一个未来，学区的划分边界会隔几年微调一下，因此本书所依据的北京市教委公布的2015北京教育新地图学区范围，仅仅作为数据统计与空间分析的研究基本单位和边界。

4. 研究思路、方法与框架

学区空间形态的研究主要是对映射在学区空间中的活动对学区物质环境影响规律的总结，重点关注学区的边界、学区内学校的分布、学区内住区与学校之间的联系、学区空间的整体形态特征、学区的教育指标现状与空间分布、学区的核心出行空间品质以及学区中房价的概况等。这种跨越时空的、伴随着社会变迁的空间形态研究，反映了城市教育生活品质和城市软实力提升的历史发展进程。

计划经济思路下的千人指标服务半径配套指标指导了30年高速发展时期的基础教育资源配置方式，必须承认这是科学合理高效强有力的方法，30年过后的今天，如何高效利用现有的基础教育资源，实现从量变到质变的提升，是一个新的问题。原先按住区规模、覆盖人口配套学校规模选点的做法在新城建设中依然发挥着作用，但是面对建成区的广大区域，以行政区划配置投放教育资源的方式既不便于精细操作，更不利于发现教育资源均衡布局中的薄弱环节，因此如何从空间的角度有效实现教育资源的均衡布局、实现行政管服与市井智慧之间的博弈平衡、优化政策的正向引导能力逐步成为了亟须解决的现实问题。学区设立的初衷在于均衡教育资源，虽然现阶段实施中对学生和家长的选择权做出了严苛的限制，用户籍、学区住房市场价格等一系列方式将很大一批人挡在了自由选择的门外，但这仅仅是发展过程中的一个阶段，可以预见，未来这种严苛的限制会随着学龄人口数量的变化更加收紧，经过较长的一段时间后，最终将逐渐放松。因此如何从城市历史时空延续的角度解读北京的基础教育发展历程，基于“学校—上下学路径—住区”的学区空间序列与空间连接，如何从城市空间的角度理解学区空间的现状，甄别现有的教育资源，评估学区上下学路径品质，理解学区房价高居不下的真正原因等，都是下文具体论述的内容。这些看似“形散”的议题实则“神聚”，议题之间的紧密联系不仅体现在日常学区活动的空间使用序列中（图 1-11），更重要的是要实现学区综合实力的提升，需要通盘的全面考虑，在实际操作过程中要有能落地能实践的具体措施，因此议题本身的空间序列联系事实上反映了对现实状况和问题的体验和探求。知道是什么远远比怎么做要来得重要，脱离其中任何一个方面来单纯地探讨学区空间不免会有“盲人摸象”之嫌，这些相互之间有着紧密联系的议题是值得深入挖掘和讨论的。

学区空间由多种要素集合形成，学区占据城市空间面积的比例相对较大，学区中的学校与住区紧密相关且相对均衡地分布在城市之中，如何恰当地描述这种关系，展现学区空间的本质特征，这里就包含一个分析方法和分析尺度

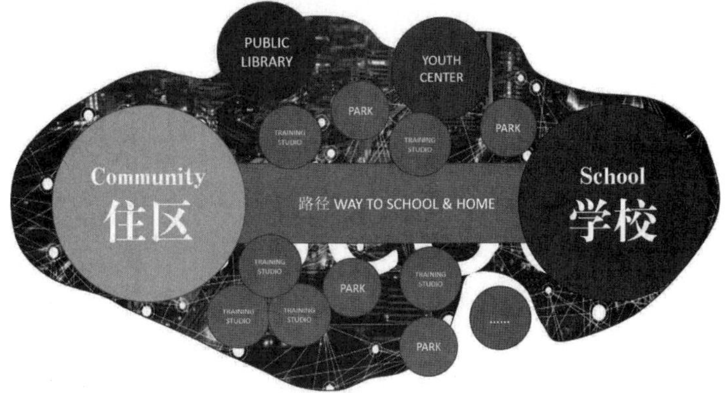

图 1-11
社会网络在学区空间中投射及“住区—路径—校点”的基本空间联系概念图
Social Network with School District and “Residential Area - Path - School Point” Connection
图片来源：作者自绘

选择的问题，如何整体描述学区空间？如何给局部的学区空间画像？对学区空间形态的科学探究一方面是描述与呈现，另一方面是统计与比较，在定性与定量的探讨中，尝试建立一套能够把握各个学区之间差别的描述体系。本书主要采用了几种方法的组合，空间句法、聚类分析、GIS 平台能够协同在一起完成这项工作，在探索城市学区空间不断衍生的源动力的同时，重新审视这个看似熟悉却又陌生的城市空间系统。

本文基于北京市教委 2015 年公布的全市学区划分图，在学区边界明确的前提下可知，学区包含多类多个学校，一个学校的招生范围广义上虽然也称为学区，但严格来看应视为招生区，这种“学校—户籍”对应关系是入学资格的空间映射。通常一个学区中存在若干个招生对应关系，这种学校与户籍的对应在有的学区存在重叠现象，[1]总的来说这是基础教育资源在空间中的分配映射，是点对点的关系，并且这种关系会随着学龄人口数量的变化进行微调。因此对于一个不断发生微调的对应关系，想要从空间角度进行描摹，理论上可行，但如何从空间的角度寻求变化中的不变，并且与实际的空间营造和城市设计对接，就需要从学区空间的路网架构和学校在空间中的分布入手。随着城市的发展，街道或被调整道路等级，或更名，或被拓宽，但这些变化是不会对该空间在城市中的整体拓扑关系产生影响，主要是由于建成区城市空间的网络结构本身具有较强的稳定性，并且其自身在不断地自我结构清晰化。

依照“就近入学”的基本原则和设计规范，学区中的每所学校在规划设计之初有一个设定的服务半径，初级中学服务半径宜不大于 1 km，完全小学服务半径宜在 0.5 km 内，并且学校由于类型、空间分布、路网差异等因素会形成不同的服务半径覆盖范围。该服务范围分为相对服务范围和绝对服务范围两种。相对服务范围是指以学校为圆心以规范指导的服务半径绘制的圆形所覆盖的住区范围；绝对服务范围是以学校为起点，根据周边路网按照规范指导的服务半径实际出行所形成的一个不规则覆盖范围。一般来说，基于相同的半径，相对服务范围大于绝对服务范围。

[1] 每年新学年开始时，每所学校都会张贴该校对应的招生社区户籍信息，近来一些实际操作中，为了减少家长对于优质学校的追逐导致相关的学位房价格离谱的现象，产生了优质学校会适当变换与户籍的对应关系，或者一个户籍对应两所或以上的学校，最终采用抽签的方式决定入学资格。

本书将这种基于设计规范的绝对服务范围称为学区空间的核心出行范围，只要学校的位置不发生调整，学校周边的路网不发生较大的变动，每所学校的核心出行范围在一定时间内是保持相对稳定的，就现有北京基础教育学校的空间分布可以看出，各级各类学校的核心出行范围形成了一种成片的重叠覆盖模式，那么对于这种全面散布的空间模式，就需要一种方法能够全面整体多层级多尺度的综合考察。

本研究整体的研究的思路是在首先明确学区和学区空间概念的前提下逐渐展开的。首先“现实问题宏观把握”聚焦“学区空间发展脉络和现状突出问题”，即本文的第一、第二章。在文献梳理阶段，主要透过英语世界中关于学区的研究维度，对中西学区发展历史演进进行简要梳理，同时对近代北京基础教育学校在城市中的布局方式以及学区的边界变化进行概括整理，接着对现行学区以及学区空间相关教育资源规划设计的理念、指标和方法进行归纳，重点提出现阶段北京学区空间发展中遇到的现实问题；其次，“空间议题中观呈现”解析“学区空间的整体形态特征和学区空间发展中的现实问题”，从网络组构、形态指标、功能混合三个层面分别对学区空间的整体形态特征进行综述，即本文的第三章。就当代北京学区空间建设和发展中的三个主要议题：教育资源均衡、上学路径品质、学区房价高涨，分别从城市空间的维度进行展开论述，即本文的第四章~第六章，总的采用一般到个别、整体到局部的研究策略。在第四章~第六章每章结尾进行“整合建议微观实践”，提供“空间设计优化策略探讨”，“整合建议”部分包括四个重点：一是优化教育资源的空间配置，为制定政策和合理定额提供参考；

二是结合学区核心区针对现行的街道慢行空间现状进行优化设计探讨；三是制定合理的师资分配方案，均衡教育水准，适度缓解学区房居高不下的窘境[1]；四是统一调配学区中的儿童公共服务设施，规范课后教育产业，形成学区综合实力。最终期望找到适合当代北京的学区空间研究的理论与方法框架，为学区的空间品质提升提供支持。

在研究方法的选择上，本着科学、客观、系统、整体的原则，主要采用学科交叉、理论梳理、文献查阅、实地测绘、采访调研、历史文献史料收集分析以及与时空相结合的研究方法，以期能够客观全面地反映当代北京学区空间的特征。

广泛收集学区研究的资料，从历史沿革脉络、理论建构影响进行梳理，识别出基础教育功能在城市空间形态研究的变迁和重点内容，明确研究议题。

依据空间算法模型，根据公开地图数据，建立空间组构模型，展开相关的空间和功能形态分析，为学区提供了合理客观的评价体系。空间组构的分析方法能描绘学区空间的网络属性，基于北京的研究现状可知，学区核心出行空间的研究范围大部分是不规则形状，并且成片地镶嵌在城市空间中，借助空间组构理论和GIS辅助平台能够客观描述这一镶嵌在城市中的学区空间步行核心区域，甄别不同学

---

[1] 完全归咎于由于学区引发学区房价高这个逻辑是片面的，房价高是一个市场供需情况及政策影响的不可调、不可逆和不可改变的现状，高价的学区房是30年高速发展、土地制度、市场和空间分布等因素共同作用所引起的，传统的优质学校对于优质师资优质生源的虹吸效应在经过一个教育周期后由录取率显示出来，继而增加了后来者获取优质教育资源的支付比例，现阶段优质教育资源对应的学区房价畸高，是一种多年正向累积效应的表现，因此对房价居高不下的真正原因要有清晰的认知。

区之间的组构特征差异，同时根据公开的POI数据，建立功能密度模型，识别用地属性，展开功能空间布局分析；结合空间句法模型，展开多元要素分析。

基于学区空间属性和功能特征，建立聚类统计分析模型，挖掘基础教育相关数据内在的联系，反映学区之间的客观差异，映射在城市空间的分布上，初步实现学区之间的比较，总目的在于尝试建立一个比较方法体系和思路，统计比较的评估结果可以反过来指导教育资源的投放，同时为整合利用教育资源的策略优化提供参考。

本书的研究框架如图1-12所示。

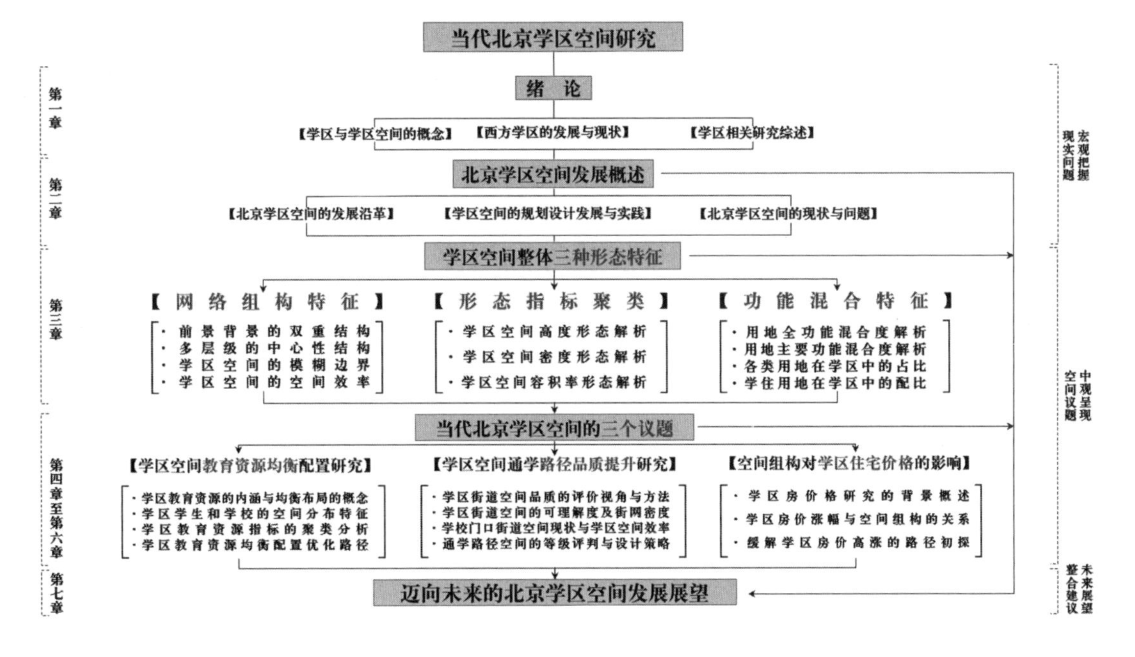

图1-12 论文研究框架 Thesis Framework
图片来源：作者自绘

二、西方学区的发展与现状

本节梳理作为学区起源的西方国家学区空间发展的脉络，简要介绍美国、英国、德国、日本等国家在学区划分、学区教育管理和制度设定的概况，并对当代美国的学区空间转变趋势简要分析。

1. 学区的缘起与发展

美国的教育有三个基础性的影响分别来自古希腊、古罗马和基督教，这三大基石形成了现代欧洲和美国的文明。

美国的学校与古老的欧洲国家的学校一样，都起源于教会教育儿童的需要。教育曾经是宗教的工具。北美殖民地的第一所学校就是欧洲新教建立的，各地的新教徒们都强调阅读《圣经》是实现人身救赎的必要渠道，所以每个小孩为了了解上帝的戒律和要求，就必须学会阅读。由于大批的宗教团体无法在旧大陆实现他们的理想和信仰，因此，他们离开欧洲来到了美洲。这些来自欧洲的人们不仅为新大陆带来了欧洲的宗教信仰，也将他们教育儿女的方式带到了新大陆。因此，美国教育一诞生，就有着深厚的欧洲背景。

起初，新英格兰是由若干个定居点共同组成的，每个定居点的大小不同，20~40 英里见方（1 英里 =1609.344 m），比美国西部的城市要略小一些，可以称这些定居点为城镇。在大部分城镇里，教堂和学校都位于中心位置，然后是市政厅。当时的城镇法律规定，所有的居民都必须居住在离教堂半英里的范围内，所有居民都必须参加市政集会，必须送孩子到学校上学。市政集会最初是由教会把持的，在集会中，要讨论与本城镇有关的一切事务，要征税，还要颁布城镇的法律。起初这些城镇都是一些宗教共同体，后来它们成为讨论公共事务的中心以及教育民众的学校。在这里，人们意识到如何保护他们自己的利益不受侵犯[1]。

最早的学区起源于独立战争之前的17世纪中叶，1647年马萨诸塞州（Massachusetts）海湾殖民地订立了*The old Deluber Satan Law*，规定每一城镇每满50户人家，需要指定一个专人来教导儿童们读写算，当时的主要用意是要求每个人都能够读圣经。殖民地时期的美国，虽然各级学校制度已经萌芽，然而教育素质亟待加强。同时，学校的规模也较小，大多由教会办理，譬如由主妇所办理的Dame School、慈善机构办理的Writing School，这些学校教授的课程都是基本浅显的科目。并且当时的空间形态多以散布在广大土地上的乡村形态为主，交通和通信都很落后，可以说，在州政府和地方政府形成之前，学校就已经自然地和地方的社区合为一体。教育是地方事业，学区也成为了教育行政管辖上的基本单元（图1-13）。

到了17世纪末，殖民地出现了各种势力，使得这些以契约形式建立起来的定居点逐步瓦解。在城镇内部，出现了许多新的定居点，它们往往远离教堂和学校。这样，对居住在这些定居点里的大人和孩子们来说，在冬天前往教堂、参加市政集会，或是去学校上学都是十分艰难的。那些关于规定人们居住范围的法律逐渐被搁置或废除，城镇成为个人利益的敌人，人们的宗教热情、教育需求也逐渐消弭。

---

[1] 新英格兰指的是美国最东北部地区，包括缅因、佛蒙特、新罕布什尔、马萨诸塞、罗得艾兰、康涅狄格6州。地形大部分为高地，是英国在北美洲殖民最早的地区之一，曾为美国第一个工业区，波士顿为该地区最大的城市和港口。

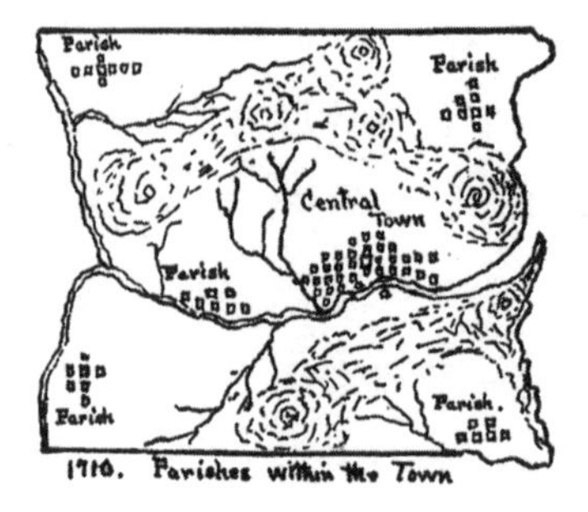

图 1-13
马萨诸塞州（Massachusetts）的学区演变过程（1642—1760 年）
The Evolution of the School District System in Massachusetts 1642—1760
图片来源：Cubberley E P. Public Education in the United States. [M]. Boston: Houghton Mifflin, 1934.

内陆出现了新的城镇，而这些城镇不久之后又进一步分化。到了 1725 年，城镇里的大部分居民都各自分散居住在城镇的不同角落里，同时由于山脉、水流、森林或者距离远近的影响，城镇内部也出现了一些小的定居点。由于交通的落后，这些小定居点逐渐被隔离起来，并自成一体。

随着城镇内部的进一步分化，这些分离出来的地区开始要求获得和掌握当地的各项权利。伴随着这一过程，学区制出现了。首先，他们要求要有自己的牧师，或者至少要单独进行礼拜。因此，城镇内部就出现了许多教区，每个教区内都设有教区的官员。这些教区便成为民主政治和维护教区权利的中心。后来，出于养路和护路的需要，城镇又分化出各个街区，尔后又进一步分化为各个更小的区域，作为招募民兵和估算、征收税收的基本单元。所有这些分化的倾向都促成了学区意识的形成和城镇政治的衰落。在这些教区内，夏天有主妇学校[1]，冬天有由一些牧师开办的收费的私立学校。比起城镇学校，这些教育机构都为当地居民提供了更加便利的学校教育。这些收费的私立学校也开始至少部分地依靠学费或者学生家长所缴纳的税收来维

[1] 1700 年前后，这类教育机构就已经出现在新英格兰地区。

持。这最终导致了那些由法律保护的中心城镇学校的衰落。最后，为了对抗来自各个教区学校的竞争，城镇力图取消城镇学校的学费，但是要这么做，就必须重新审核城镇中各项税收制度。

这是教区发展的机遇。它们要求城镇学校为各自教区学校提供普通税用以维持学校，这导致了城镇中心学校的解体。结果，要么城镇中心学校在各个地区流动，并相应地在各个教区教学，要么在各个教区成立各自的学校。在1725年前后，新英格兰各地区达成共识，让城镇学校在各个教区流动教学，并确立了相应的制度。城镇学校每年都根据各个教区和城镇所缴纳的税收比例，在各个教区和城镇实行为期数周的流动教学。后来，各个教区，也就是现在的学区，获得了它们要求的税收资金，并在各自学区开办了自己的学校。这种现象大致出现在18世纪后半期，随着学校董事选举权的确立、征收学区学校税费权以及教师任命权的获得，一个完整的学区制度开始建立起来，在独立战争之后的最初13个州内，就已实行一种乡学区制。在6户以上的乡村中组成学区，推选3人为学区董事，负责管理学校、聘任教师、选用课本、征收教育税金和拟定学校规则等。随着学校教育的发展，学区制有所变化，陆续产生了镇学区、县学区和市学区。学区的范围大小不一，一般公认的标准是每个学区应有1万名学生，在偏僻地区，每个学区至少应有5千名学生，最大的学区可有2.5万~5万名学生。每个学区内，都设有选举或委派产生的学区教育委员会，在州的教育法规之下，行使教育行政管理之职能，包括制定不违背州的法律的规章制度，征收税金、筹集教育经费、拟定学校预算、决定课程设置、聘请教职员、管理和维修校舍、购置教学设备、处理解决整个学区校教育工作中的问题等。学区教育委员会的委员一般为5～7名，任期约为4年。后来基层学区调整，逐渐消除各州内学区之间的教育差别。

1789年美国Massachusetts州修正州宪法成立“学校委员会”(school committees)管理公共教育事务。37年后(1826年)，该州宪法允许学校委员会独立享有教育行政权与征税权，不再受制于地方政府，从而标志着现代美国地方学区制度的确立，这一制度到今天依然发挥着作用。地方学校委员会使用房产税或者专项教育税兴办辖区内的学校，教育税的存在使得学校与其周边社区的关系密切，鼓励就近入学，同时对于学龄儿童的多种入学需求也有所呼应。

综上，这一伴随着城镇扩张的学区空间分区制度发展到今天，虽然建立之时的初衷和意义已经随着时间发生变化，甚至只是名义上存在的一个范围而已，但是在当代美国日常的基础教育活动和社区建设中依然发挥着潜移默化的影响。

2. 世界主要国家基础教育学区发展与入学制度

如今美国大约有14500个地方学区，这种联邦参与、州赋予地方很多权威和权力的管理结构一方面源于美国人对自由和平等的珍爱，另一方面基于美国的现状。国家将学校系统分成学区，地方政府和政策制定比一个国家层面的官僚机构更有效率、更能响应社区的需要。但是州政府的一些官员基于已经出现的一些问题，担心由于地方官员的不当施政会导致教育机会不充分、教育水平低下，从而使受教育者的学习机会减少、区域性学区发展不平衡，同时州政府也意识到过度的干涉会被民众看作是对地方自治的侵犯。出于寻求平衡，在建立州机构以监督公共教育的同时授予地方学校董事会充分的政策权力，这些在州宪法和成文法中有明确规定的权力主要包括税收募集资金、使用公共资金、签订合法合同以及作为一个合法实体的其他权力，从而能够履行管理学区的基本职责。事实上，地方学区的"多样性表明美国人的地方观念以及注重基层民众意见的意识是根深蒂固",并且在学区形成的初期就成了政治实体（州的下级机构，充当平衡集权与分权的角色）、合法实体（半地方性团体）、地理实体（处于一定地界以内）以及教育实体（具有传播知识技能的特别责任机构）。

美国的学校较为分散，加之早期交通的不便以致学生只能徒步上学。所以，美国有相当多的较小学区，许多学区只有一所学校。这一状况随着人口的增长、城市化的发展以及交通的便利而得到逐步改善：地方学区的土地面积变大了，开办的学校数量以及学生入学的数量也有所增加。"二战"后，大城市的居民大量涌入郊区，但他们往往会建立自己的学区。与此同时，农村和小城镇的经济状况和教育目标，促成了州制定合并学区的法律。这一趋势使得美国学区的数量从 1939 年的 117108 个减少为 2013 年的 13515 个。尽管如此，以学生入学人数为基础的地方学区的规模也有很大差异。例如，拥有 25000 名或者更多学生的学区数只占学区总数的 2.1%，但其吸纳了接近所有公立中小学 35.6% 的学生；与之相反的是，少于 300 名学生的学区数占学区总数的 19.8%，但其所吸纳的学生却只占公立学校学生总数的 0.8%[1]。虽然都被称为学区，但是尺度之间还是存在

---

[1] 参见 Snyder T D, de Brey C, Dillow S A. Digest of Education Statistics 2014, NCES 2016-006[J]. National Center for Education Statistics, 2016.

很大的差别，这种差别所产生的直接影响是对研究方法的不同要求。综上在理解美国学区概念的过程中，应当对背景有深度的了解和发掘，从而不至于在不经意的比较中产生误读误解。

在美国，有的学区只有一所小学，有的学区有几所小学和中学，学区教育委员会基于就近入学的目标，为各个中小学划定入学区域。美国学区制会在一定程度上顾及家长与学生的教育选择权利，提供更多元化的学校选择方式，各个教育阶段都有学区制，通常采用申请入学制，如纽约采取“开放入学制”，分为“学区内开放入学制”和“跨学区开放入学制”。2006 年以前，原先的 40 个学区包含 32 个社区学校学区（community school district），6 个高中学区（high school district）和两个全市小区（city-wide district）。2006 年在提升管理效率和资源分享的理念下，纽约市将原本的 40 个学区合并成 10 个教育学区（education region）。教育学区并不限于原本行政区的划分（纽约市有五大行政区为曼哈顿、布鲁克林、史丹顿岛、皇后区、布朗士）。时至今日，纽约的学区不断微调，从纽约 2017 年学区空间的分布可以看出，小学、中学、高中分别有对应的学区范围，学区的规模随着教育层次的升高逐渐增大。高中以前的教育采用入学学区（zoned school），学龄儿童于居住范围就近入学。高中教育原则上采用申请制度，即具有资格的学童偏好该教育学区高中，应填好志愿表提出申请[1]。通过对纽约 2016—2017 年度学区录取方式的整理（表 1-1），可以

---

[1] 参见 Klein.J.I，2006. 纽约市公立高中指南：2005—2006 学年中文简介 [M]. 纽约：纽约市教育局。

看到在明确学区范围的前提下，与之相配套的是多样的招生模式，以匹配不同的学校和不同需求的学生群体。

从美国全国学区的划分范围图和纽约学区划分，能够看到四个特点：

其一，美国有国家层级的学区划分。这种国家层面的学区划分是州政府与地方教育委员会管理调配教育资源方式的空间边界投射，是衡量全国学区教育发展水平的基本单元，虽然这个边界范围都被称作“学区”，但与学生和家长日常生活中接触到的学区在目的、规模和功能上有所不同。

其二，城市范围内，不同教育层级有相对应的学区范围。

其三，城市尺度中的入学方式相对多样化，家长和学生

表 1-1　纽约中学学校录取方法 2016—2017 年
The Types of Middle School ADMISSIONS METHODS in New York 2016—2017

<table>
<tr><th>录取方式</th><th>如何招收学生</th><th>学校会考虑哪些因素</th></tr>
<tr><td>非筛选</td><td>学生被随机录取</td><td rowspan="3">个人资讯(学生姓名、地址、目前的学校、性别)、特殊教育状态</td></tr>
<tr><td>划　区</td><td>录取通知书依据学生住址确定</td></tr>
<tr><td>有限非筛选</td><td>优先考虑参加宣讲会的学生</td></tr>
<tr><td>筛选语言</td><td>基于语言能力的学生排名</td><td>个人资讯、特殊教育状态、英语水平、最终成绩单分数、标准化测验分数、出勤率和守时性、内部评估</td></tr>
<tr><td>才艺测验</td><td colspan="2">录取是依据 I.S. 239 Mark Twain 举办的才艺测验分数确定的。感兴趣的学生必须填写测验申请表，并于 2016 年 10 月 14 日前交回他们的小学</td></tr>
<tr><td>综合分数</td><td>学校将按照包含至少以下几项标准的分数以从高向低排名方式录取学生</td><td>学业和个人行为、出勤率和守时性、四年级期末成绩报告单、纽约州英文（ELA）考试、纽约州数学考试</td></tr>
<tr><td>筛　　选</td><td>学校依照学业、表演面试、其他评估、出勤率等给学生排名</td><td>个人资讯（学生姓名、地址、目前学校、性别)、期末成绩分数报告、标准化测验分数、出勤率与守时性、特殊教育状态、内部评估</td></tr>
</table>

资料来源：根据 2017 New York City MIDDLE School Directory 改绘。

有更多的自主选择权。招生阶段，纽约教育官网界面的语言多达数十种，同时提供数十种语言版本的招生简章，学区对于多种族多语言的生源是包容开放的。当然坦率地来讲，对于选择权的重视是以学龄人口绝对数量较低，且教育供需关系不那么紧张为前提的。

其四，虽然美国学区也在一定程度上代表着社会的分层和种族的地域划分，但是基于平等的理念，这种社会分层现象并不会直白地表达出来，通常会以学区数据的排名形式得以反映。

日本学区由都道府县委员会设立“通学区域”，即招生范围，再由市町村核定，同时与都道府县协议，最终授权委托给该管辖区域内的教育委员会管理。日本实施通学区域制度弹性化后，全国各地区实施状况归纳为三种形态，有废除学区制度的地区、有实施全县一个学区制度的地区，还有采取维持学区制度的地区。日本主要入学选拔方式有单独选拔、联合选拔与评判选拔三种。单独选拔是以学校为单位单独招生；联合选拔是以学校群为单位联合招生，考生依顺位选择志愿；评判选拔即对学区内学生的学力和通学距离统一评估后划分学区，分配给各个学校，但是该方式因不能由学生自由选择学校，遭到很多反对，大多数地区已经废止。

德国采取可申请越区就读的学区制。由于各个联邦地理分布较远，只有几个较大城市人口较为密集，大多数区域地广人稀。中小学在城市发展过程中，形成独立封闭的区域，学区制度因而形成，加之就学条件便利、交通便捷，申请跨学区就学的学生逐渐增多。家长可按照他们的喜好向教育行政主管单位提出申请，选择学区以外的学校让子女就读。

英国中等教育学生入学采取申请制，学区与行政区的范围相同。2006 年英国分九大区域，其中有 356 个地方教育局，但负责教育相关事宜的教育局只有 150 个。虽然有学区，但公立学校采用不严格的学区制，学生得以跨区申请入学,而私立学校则不采取学区制。英国入学采用申请制度，家长或者学生在入学前必须填好申请表格。如果是独立招生学校，表格就直接呈交该校；如果由负责地方教育事项的地方教育部门统筹，则应当填好地方教育局准备的志愿表。学生是否进入该学校就读，则由各校的相关部门依照其本校的入学规定来决定。这从一个侧面反映出英国的教育体系从以往遵循地理分配的欧洲学区制模式逐渐转变，向北美的家长自主选择模式靠拢。

综上所述，比较美国、日本、德国、英国 20 世纪 90 年代的教育学区划分、入学制度可以看出，美国学区制度逐渐顾及家长教育选择权，有扩大学区的趋势。美国入学通常采取申请入学制或采取开放入学制（学区内开放入学制和跨学区开放入学制）。日本实施通学区域制度弹性化后，全国各地实施状况可以归纳为“废除学区制度的地区”“实施全县作为一个学区的地区”和“维持原有学区制度的地区”3 种形态；入学选拔的方式有单独选拔、联合选拔与评判选拔 3 种。德国因为地理空间的阻隔，自然形成了学区制，但家长依然可以依照其喜好选择学区以外的学校让子女就读，采取的是可申请越区就读的学区制。英国中等教育虽然有学区制，但公立学校采取不严格的学区制，学生能够跨区申请入学，私立学校不受学区限制。通过对美日德英四国学区划分和入学制度的概略了解，我们能够得到两点启示：学区的发展会逐渐发生变化，扩大或者废除学区；学区入学以申请为主流。

3. 20 世纪以来美国城市学区空间发展脉络图

20 世纪以来美国城市学区在空间规划设计方面主要有三个演进阶段。第一个阶段，19 世纪末 20 世纪初，在教育设施供求关系不紧张的时期，着重关注学校建设的标准化；第二个阶段，20 世纪中期，基于招生规模的服务能力标准化需求，基于学校自身发展对于空间需求不断增长；第三个阶段,21 世纪以来,精明增长和新城市主义的规划理念回归，使得以社区为中心的学区空间规划重新回归。上述三个阶段没有明确的时间界限划分。由于学区空间的发展与住区的规划建设紧密联系，因此对这三个阶段的理解应当对当时盛兴的住区结构规划理论有个基本的理解。1908 年，福特 T 型汽车以其低廉的价格作为一种代步工具走进了普通人家，这一代步工具不断升级发展以及对交通空间的需求，也成为了引发学区空间结构发生变化的客观需求。

在第一个阶段，在教育设施供求关系不紧张的时期，学区建设着重关注学校建设的标准化。19 世纪中后期美国的社区规划模式主要采用曲线路网、尽端道路的基本空间骨架，在道路交叉口与街道两侧设置绿地系统，在社区的中心设置商业、交通站点、学校、办公、休憩空间等功能区。Olmsted 与 Vaux 于 1868 年为伊利诺伊州的 Riverside 所做的社区规划设计就是对这一原则的诠释。如图 1-14 所示，总体规划是围绕着学校来展开有机的社区形态布局的，这一规划原则影响了后来很长一段时间的住区规划模式。与此同时，伴随着义务教育法案、强制入学法案以及国家经济状况的提升等因素的影响，学生入学率逐渐增高，但现

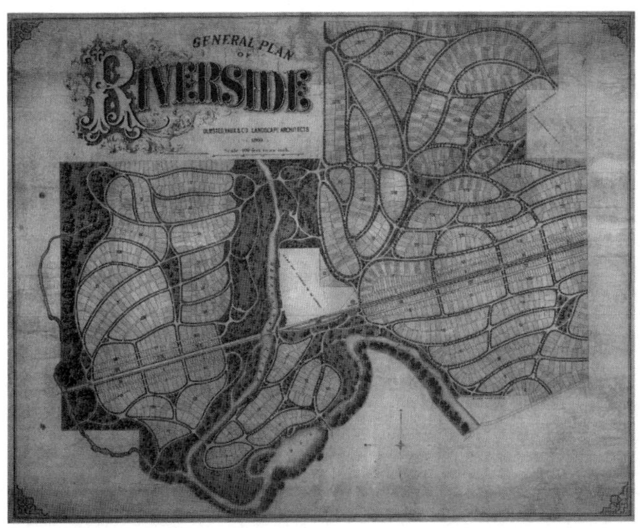

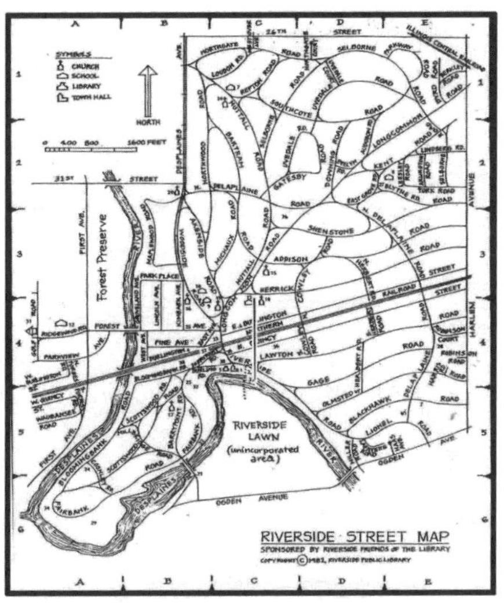

图 1-14
以学校为核心的 Riverside 社区规划设计 General Plan of Riverside · Olmsted, Vaux & Co. Landscape Architects · 1869.
图片来源：Riverside Street Map, sponsored by Riverside Friends of the Library © 1982 Riverside Public Library.

有的校舍并不能满足现代教育发展的趋势。教育卫生专家 Fletcher. B. Dresslar 对城市里学校局促的现状和周边环境的恶劣十分担忧[1]。此外，实际建设过程中缺少统一的参考和标准，学校不仅作为住区空间布局形式上的核心，还需要有更加统一的标准。这一现实需求促使众多相关机构提出了学校基本建设标准。这些建设标准最初重点关注校舍本身的面积、采光、防火安全等，在 20 世纪初对全美的基础教育设施规模和空间发展起到初步的均衡和标准化作用；后来关注的重点逐渐转向学校选址、室外活动场地以及学校周边环境状况，初步实现了从建筑建设使用标准向用地导则规范的转变。用地指导方针除了关注上述各项指标外，还对招生的规模、学生上学的距离、学校建设用地面积等主要指标给出了建议。

在美国发布学校设置建议性标准的机构主要有三类，分

---

[1] 参见 Dresslar F B. 1911. American schoolhouses[M]. Washington, DC: U.S. Government Printing Office.

别是教育相关部门、规划建设相关部门和公共健康部门。随着城市发展和教育需求的不断调整变化，不同时期的不同机构都会对基础教育设施建设标准给出建议，其中由 Council of Educational Facility Planners, International 制定的指标被大多数州的地方教育委员会作为本州的学区建设指标广泛推行（Kaiser E J et al., 1995）。学校设置的建议性标准深刻影响了各地的教育设施规划（McDonald N C，2010），各地配置标准包括选址建议、学校规模、服务人口及半径、建筑面积等（表 1-2）。不同区域的标准因地制宜地根据自身现状和发展条件而有所差异，从而保障美国基础教育设施合理配置，稳定发展。

第二个阶段是学区教育设施的全面标准化的发展阶段和郊区化时期。基础教育设施空间配置受到“邻里单元”理论的深刻影响。技术的进步使得制造业的水平显著提升，机动车的数量猛增，Clerance Perry 于 1929 年在纽约区域规划的文件中首次提出邻里单元理论模型，这一理论后来指导了世界范围内的城市居住区建设，并且不断随着规划理念的进步出现了改进版本（图 1-15）。1929 年 10 月 29 日以纽约华尔街股市暴跌为标志，美国进入了长达 5 年多的大萧条阶段，1933 年罗斯福政府采取了一系列以国家调配为主的“新政”，美国现代城市规划体系开始了全面运作。为了缓解大萧条时期的社会矛盾激化，改善贫民住房条件，增建住房刺激经济，同时基于城市中心土地价高且分散不足以支撑大规模低成本住房开发的客观现实，以及住房金融政策的调整，郊区化逐渐开始发展。这些背景因素事实上构成了对 19 世纪中期美国学区发展的深层次影响，同时 1946—1964 年间，婴儿潮对学区基础教育设施的规模有着

表 1-2 美国学校设置建议性标准

School Size\ Travel Time\ Distance Guidelines from Education, Planning, Public Health.

资料来源：McDonald N C. School Siting: Contested visions of the community school[J]. Journal of the American Planning Association, 2010, 76(2): 184-198

注：1 acre (英亩) ≈ 4050 m^2;
1 mile (英里) ≈ 1069 m^2。

1. School size guidelines from education, planning, and public health
1. 教育、规划和公共卫生部门的学校面积导则

Source 来源	Author 作者或机构	Year 年份	Minimum site size (acres) 最小地块面积: Elementary 小学	Middle 初中	High 高中
Education 教育	Cooper	1925			
	Committee on Regional Plan of New York and Its Environs 纽约及其周边地区区域规划委员会	1929	5[a]	8	12
	National Council on Schoolhouse Construction 美国校舍建设委员会	1949	5	10[a]	10[a]
		1953	5[a]	10[a]	10[a]
		1958	5[a]	20[a]	30[a]
		1964	10[a]	20[a]	30[a]
	Council of Educational Facility Planners, International 国际教育设施规划师委员会	1969	10[a]	20[a]	30[a]
		1976	10[a]	20[a]	30[a]
		2004		灵活处理	
Planning 规划	Planning Advisory Service 美国规划官员协会	1952	5[a]	10[a]	10[a]
	Chapin	1957	5[a]	10[a]	20[a]
		1965	5[a]	10[a]	20[a]
	Chapin & Kaiser	1979	5[a]	15[a]	25[a]
	Kaiser, Godschalk, & Chapin	1995	7–8[b]	18–20[c]	32–34[d]
	Berke, Kaiser, Godschalk, & Rodriguez	2006	7–8[b]	18–20[c]	32–34[d]
Public Health 公共健康	American Public Health Association Committee on the Hygiene of Housing 美国公共卫生学会	1948	8.2		
		1960	8.2		

2. School travel time and distance guidelines from education, planning, and public health
2. 教育、规划和公共卫生部门的学生上学距离导则

Source 来源	Author 作者或机构	Year 年份	Travel: Elementary 小学 Walk(miles) 步行（英里）	Elementary 小学 Drive(mins) 开车（min）	Middle 初中 Walk(miles) 步行（英里）	Middle 初中 Drive(mins) 开车（min）	High 高中 Walk(miles) 步行（英里）	High 高中 Drive(mins) 开车（min）
Education 教育	Cooper	1925	0.50~0.75		1.25~1.50		1.50~2.00	
	Committee on Regional Plan of New York and Its Environs 纽约及其周边地区区域规划委员会	1929	0.5		1		不等	
	National Council on Schoolhouse Construction 美国校舍建设委员会	1949	0.75	30	1.50	60	2	60
		1953	0.75	30	1.50	60	2	60
		1958	0.75	30	1.50	60	2	60
		1964	0.75	30	1.50	60	2	60
	Council of Educational Facility Planners, International 国际教育设施规划师委员会	1969						
		1976		30		60		60
		2004						
Planning 规划	Planning Advisory Service 美国规划官员协会	1952	0.25~0.50		0.75~1.00		1.00~1.50	
	Chapin	1957						
	Chapin	1965						
	Chapin & Kaiser	1979						
	Kaiser, Godschalk, & Chapin	1995	0.5		0.75		1	
	Berke, Kaiser, Godschalk, & Rodriguez	2006	0.5		0.75		1	
Public Health 公共健康	American Public Health Association Committee on the Hygiene of Housing 美国公共卫生学会	1948	0.25~0.50	20				
		1960	0.25~0.50	20				

Notes:
The National Council on Schoolhouse Construction changed its name to the Council of Education Facility Planners, International in 1965.
注：美国校舍建设委员会在1965年更名为国际教育设施规划师委员会。
a. Plus 1 acre pre 100 students of anticipated final enrollment.
a. 预估最终招生数每多100人，增加1英亩。
b. This standard also established a maximum of 16~18 acres.
b. 这个标准也设定了上限，为16~18英亩。
c. This standard also established a maximum of 30~32 acres.
c. 这个标准也设定了上限，为30~32英亩。
d. This standard also established a maximum of 48~50 acres.
d. 这个标准也设定了上限，为48~50亩。

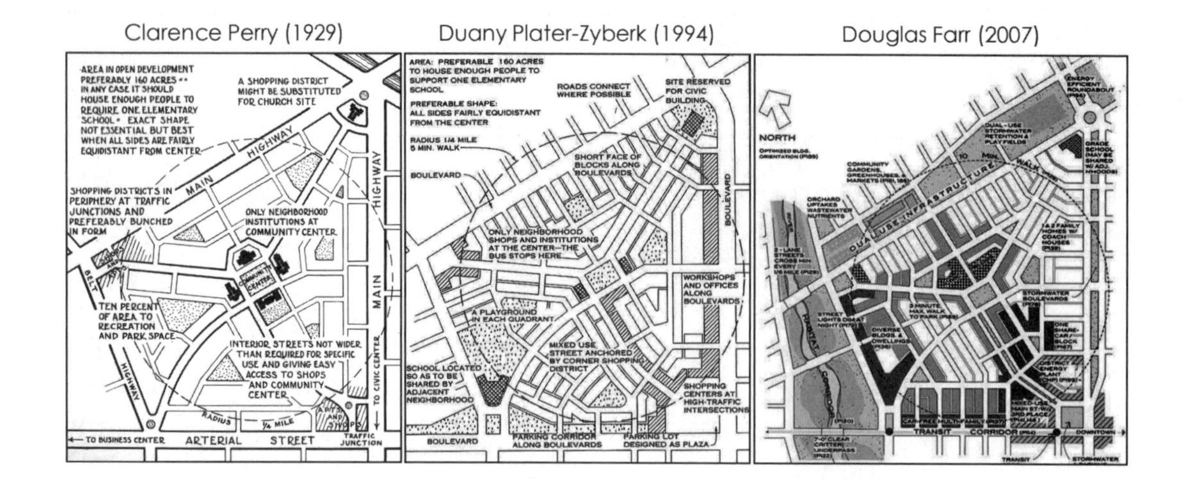

图 1-15
邻里单元始终以学校作为社区建设的中心 The Evolution of the Neighborhood Unit Concept (Different Scale).
图片来源：Farr Douglas, 2007. Sustainable Urbanism: Urban Design with Nature[M]. Hoboken, NJ: Wiley.

直接的影响。

在这个阶段的发展中，佩里的邻里单元理论主导了社区空间规划，以学校作为核心的社区建设规划的基本模式没有变化。由于理论中包含了具体的学校配置相关原则，并且限于学校在社区规划实践过程中的配套设施从属地位，使得该时期的规划文献中鲜有关于这一公共服务设施的专门论述（Glazer N，1959），同时地方政府和规划主管部门将学校的布局选择和决策权交给了学区（Donnelly S，2003；Vincent J M，2006；Norton R K，2007；Orfield G，et al.，2005），由学区督导通过地方的教育委员会统筹管理[1]（Norton R K，2007）。1952 年和 1963 年的两份教育设施规划咨询报告指导学区管理者如何设定学校招生规模，编制学校布局标准，由于专业背景的局限，大量的设施管理总是孤立地处理某

[1] 美国公共教育管理结构分为四个层次，联邦、州、区域、地方。理论上学区督导在后三个层次上发挥作用，但是实际中人们能够感知的是学区督导经常出现在地方层面，自从 1812 年纽约州任命第一位督导以来，这个在美国有着 200 多年发展历史的教育督导职位，对其任职者的要求不断提升，其身份包含政治性与专业性的双重属性。

个学校项目，客观上虽然学区内学校与社区的相互影响和组织关系不是显而易见的，但这二者的联系会随着时间的推移愈加密切，且影响力不断增强。因此这也就不难理解，为何在就学需求相对不饱和的情况下，地方的学区的教育主管部门尚可应付，但发展一段时间后教育设施供求失衡就会反映出一系列现实问题，也就暴露了基础教育设施规划和地方城市规划缺乏紧密联系和协调（Torma T，2004）这一弊端。

再后来婴儿潮引发的学龄儿童激增，直接导致原先的学校标准化建设指标逐渐无法应对学校更加多样化的客观需求。这些需求主要体现在三个方面：其一，学校服务范围扩张，教育运行的规模经济效应显现，当地的教育委员会为了能够从联邦和州政府争取到大量的公共教育资金，无论从书面报告中还是实际管理建设中都加强了社区设施与学校设施共建共享，导致学校从服务邻里扩展到服务整个社区；其二，学校自身规模增大的发展需求，诸如为扩展性教育项目提供适宜的场地，教育均等机会法案促使男女同校，现代主义的单层学校取代了20世纪初期的多层校舍等，一系列变化无形中增大了学校建筑面积与用地面积的需求；其三，前两个因素加之郊区化蔓延使得步行上下学不再现实，对机动车的需求增多，学校需要为教师员工、学生家长、校车等提供停车空间、增加食堂等，继而导致学校附属设施对用地面积需求提升。这三个方面的需求在郊区土地供给充足、开发阻力小的背景下，使得各级各类学校的建设指标趋于更大。

这一承前启后的时期总体来看有三个特征：其一，原先的教育设施标准化在经历了平稳的发展后，逐渐开始不适应多样化的需求；其二，邻里单位的理论较好地解决了现实中社区基础教育设施的空间配置需求，但学区管理者对基础教育设施规划和地方城市规划的紧密联系缺乏关注，虽然 20 世纪中期的一些总体规划师关注了学区划分的研究，但是缺少实践成果；其三，郊区蔓延与可持续发展、公共健康、减碳排放等理念的背道而驰使得人们重新审视学区空间的发展。

第三个阶段是回归以社区为中心的城市学区空间规划。20 世纪末期，城市无序蔓延、学区发展不均衡带来的负面影响日益显现，规划界与教育界在学区空间配置上的合作逐渐加强（Vincent J M，2006；Fuller B et al，2009），人们逐渐意识到学校郊区化布局已经成为城市蔓延的助推力之一（Baum H S，2004；Hoskens J et al.，2004；Kouri C，1999；Passmore S，2002），如何重新审视学校和学区在城市空间发展中的作用，成为学区空间研究的议题。

2000 年，美国精明增长联盟（Smart Growth America）的诞生，标志着城市空间发展理念的转变（图 1-16）。精明增长倡导盘活城市存量空间，减少扩张，重建社区，降低公共服务成本，综合管理基础设施建设，引导规划建设预设的用地功能混合，合理布局公共交通、规划慢行系统，提升公共开放空间环境品质。精明增长的发展理念提倡建设与邻里社区紧密联系的小型社区中心学校 (community-centered school) (Chung C，2002；Duany A et al.，2011)，促使学校和学区成为社区复兴和发展的新引擎。当然这种理念的回归在实际运作过程中也会遇到诸多阻碍，如学校面积的需求、社区种族的融合、公共运动场所的需求等。有学者提出根据社区实际设置等级和规模与之相匹配的学校，

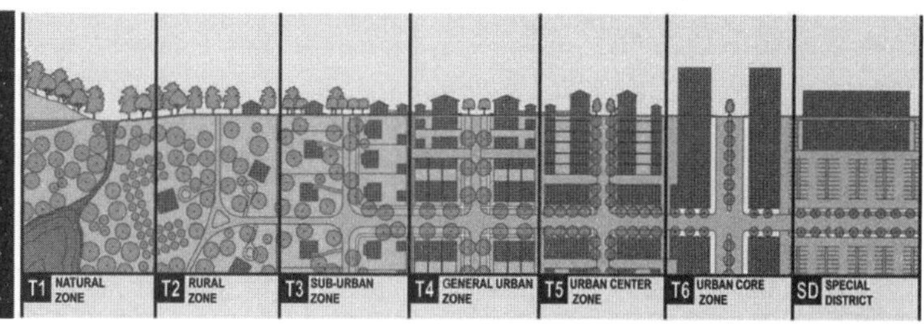

图 1-16
精明增长的发展理念提倡建设与邻里社区紧密联系的小型社区中心学校 Smart Growth Concept Advocates Building Small Community Center Schools That Are Closely Linked to Neighborhood Communities
图片来源：精明增长网络

使学校既满足学生步行通学的需求，又能保证学校的长远后继用地，同时与所在住区有合理的组织关系（Myers N，2004）。2004 年，为了减弱教育设施建设规范对精明增长的限制，国际教育设施规划师委员会（CEFPI）不再设定学校最小标准。

基于美国的现状，学区中学校设施的可达性、教育质量、学区空间健康环境以及与当地社区的关系成为了当代学区空间规划的关注重点，学校通常被视为社区的活力中心，兼具运动和集会的功能（Kaiser E J et al.，1995）。现有的学区通常也会配备专职的职业规划师，以指导学区空间的规划建设。这种学区专职规划师制度的设立，除了对学区的现状有所关注外，还能够对未来的学区教育资源需求做出预判并提出应对（万博等，2016），同时基于规划与建筑的专业评判，对慢行交通系统串联起来的上学路径中的公共空间品质提升给予指导，其中也包含一系列户外游戏空间的设定（Kaiser E J et al.，1995）。

当代美国的学区空间建设，除了诸如“精明增长”一类的规划理念支撑以外，学区大数据和地理信息系统也提供了强有力的支撑，学区统计和分析的体系相对完备，并且部分对公众开放。GIS 技术被广泛应用于学区基础教育设施的空间布局和学区空间发展的模拟中，基于丰富的基础教育地理信息数据库和专业的学区规划服务团队，当代美国实现了相对完备的学区公共服务布局和规划服务体系。

三、学区空间相关研究综述

Rebecca Miles 在其 2014 年编纂的文集 *School Siting and Healthy Communities* 中引述了 Amy Schulz 与 Mary E. Northridge 的协同网络分析架构模型（Schulz A et al., 2004）。协同网络分析架构对健康环境建构的社会决定因素进行探讨（图 1-17），Miles 借助这个分析架构描绘了作为社区空间组成部分的学校（MILES REBECCA，2011），如何通过区位与设计对环境、使用者及社区的安全性建构形成推动及影响。这一分析扩展到日常的体育活动、健康饮食以及健康的行为是否会被学区建成环境支持，以及在更大的范围内这个学区是否会被良好的建成环境所支持，譬如是否能够提供良好学校和公共服务的机会、安全的街

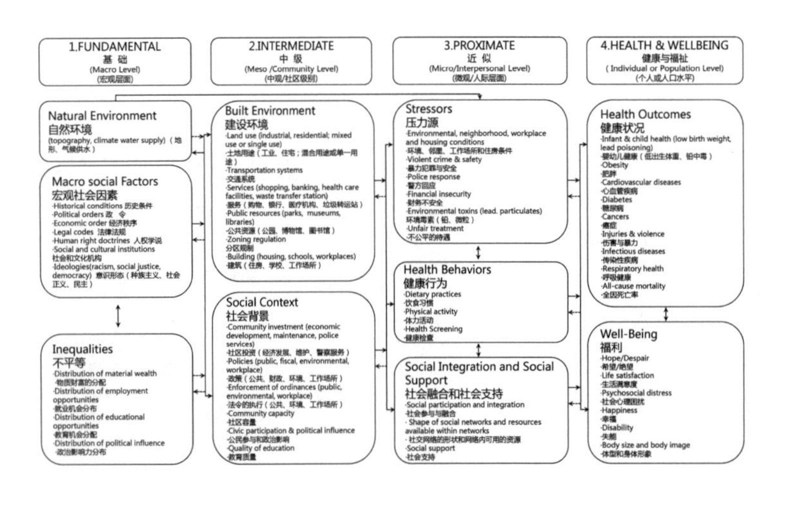

图 1-17
Miles 借助协同网络分析架构分析学校在构建健康社区空间中的影响力 Analyze the Influence of Schools in Building Healthy Community Spaces Based on Collaborative Network Analysis Architecture 根据原图改绘
图片来源：MILES REBECCA. Health Impacts of School Siting: An Analytical Framework.[M]//School Siting and Healthy Communities: Why Where We Invest in School Facilities Matters, Michigan: Michigan State University Press, 2011: 13–26.

道和经济前景等。基于多元的分析视角，我们能够发现学区以及学区空间相对庞杂的研究关联与学术交叉（图 1-18），导致大部分现有研究呈现基于自身专业视角的切片窥探态势，总体呈现各有侧重、不同背景、不同层次、不同历时、不同方法的共同研究态势。通过对与学区空间有着紧密联系的这些相关研究进行梳理，我们能够对研究的现状有个

相关研究的学科背景
教育学
公共管理
地理学
房地产经济学
建筑学城市规划学
交通
预防医学与公共卫生
社会学
统计学
安全科学
……
相关研究的热点议题
教育资源的均衡化
学区房溢价
通学路径安全
校园暴力
房地产经济学
校园规划设计
交通瞬时拥堵
教育财政资源的配置
管理模式
教育产业模式
……

图 1-18
学区空间相对庞杂的研究关联与学术交叉
Analyze the Influence of Schools in Building Healthy Community Spaces Based on Collaborative Network Analysis Architecture
图片来源：作者整理

总体的感受。现有关于“学区”的研究文献主要集中在教育学、社会学、地理学、公共健康学、房地产研究、学区管理体制辨析等方面；鲜有明确提出“学区空间”概念的研究，但与之相关的研究多集中于空间地理学角度的教育设施分布效率和配置、学龄人口与设施配置、教育设施对周边住宅价格影响、路径安全、街道品质等角度。下面将分类展开论述。

1. 教育空间与地方教育地理学相关研究

20 世纪 60 年代末，以 Gerald H Hones 和 Raymond H Ryba 为代表的英国地理学家开始聚焦教育地理学的研究。Raymond H Ryba 以曼彻斯特大学地理学教授的身份在 1968 年首次发表了题为《教育地理学：一个被忽视的领域》的文章，标志着教育地理学的研究拉开了序幕。他主张从教育学与地理学的交叉研究入手，对现实中的教育地理现象展开研究。1972 年，在第 22 届国际地理学研讨会上 Gerald H Hones 和 Raymond H Ryba 联合发表了一篇名为《为什么没有教育地理学》的文章（Hones G H，1972），两位学者指出教育地理学的内涵庞杂，范畴尚未被清晰地定义，但是基于交叉学科的视角，基于地理学的空间分析和规划导向的学科长项，这一新方向是具备强大的发展前景且能够服务于教育学的，文章结尾倡导地理学界重视教育议题的研究，引起了国际学界的广泛关注。随后 Hones 在《中心地理论在教育规划中的应用：以英国巴斯为例》一文中指出：学校在空间中的分布模式和网络特征与其所承载的自然和人文内涵是有着互动关系的。除了描述关系，还有学者对教育在空间中的均衡发展问题进行研究，格普尔在《教育的区域性》中描述了各个邦的教育资源分布不均衡现象，并为消除这种不均衡从空间角度提出了改进的规划模式。还有一些研究从地形地貌以及路程远近对教育资源布局影响的视角出发进行了一些个案性质的研究，Gould W 从地理学的角度重点关注了东非农村地区入学比例与上学距离远近的统计分析，得出从家到学校距离的最大承受限度。

近 10 年以来，欧美地理学界围绕教育地理学议题的相关会议逐渐增多，如：美国地理学会（Association of American Geographers）从 2005 年起，每年的国际研讨会议中都会有专门的议程讨论教育地理学的研究成果；英国拉夫堡大学（Loughborough University）地理系分别于 2009 年、2012 年举办了教育地理学的国际研讨会（International Conference on Geographies of Education）；英国皇家地理学会和英国地理学家协会（Royal Geographical Society 和 Institute of British Geographers）从 2010 年起，每年都会在国际研讨年会中开辟相关的讨论。

除了研讨会以外，还有一些依托知名大学的教育与城市空间专业研究机构（图 1-19），如加州大学伯克利分校 2004 年专门成立了"'城市 + 学校'研究中心"（The Center for Cities + Schools at UC Berkeley）跨学科综合性的研究机构，旨在将高质量的教育作为城市和大都市活力的重要组成部分，为所有人创造公平、健康和可持续的社区。[1]

还有不少与教育地理学议题相关的专刊如 *Urban Studies*（2007），*Oxford Review of Education*（2009），*Children's Geographies*（2011），*Social and Cultural*

---

[1] 参见 http://citiesandschools.berkeley.edu/.

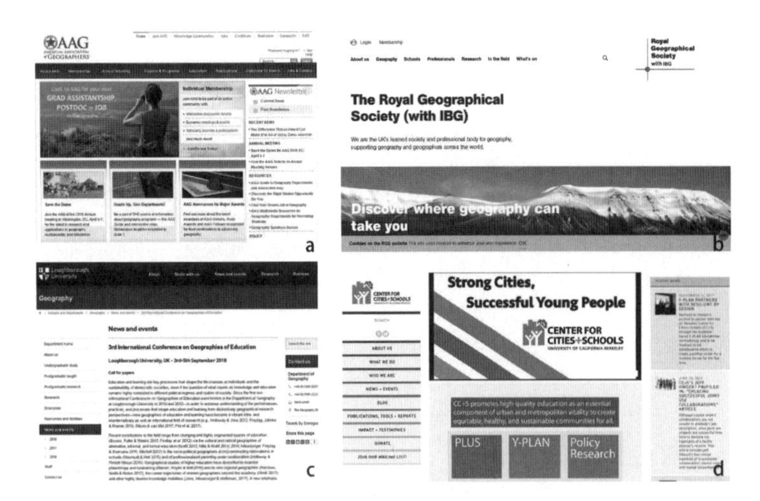

图 1-19
美国地理学家协会（a），英国皇家地理学会（b），英国拉夫堡大学地理系举办的教育地理学的国际研讨会（c），加州大学伯克利分校 2004 年成立"'城市 + 学校'跨学科综合研究中心"（d）；Association of American Geographers（a），Royal Geographical Society（b），International Conference on Geographies of Education（c），The Center for Cities + Schools at UC Berkeley（d）
图片来源：网络

Geography，(2011) 等；专著如 *Geographies of knowledge, geometries of power: Framing the future of higher education*[1]、*Geography of education: scale, space and location in the study of education*[2]、*Spatial theories of education: Policy and geography matters*[3]、*Economic geography of higher education: Knowledge, infrastructure and learning regions*[4]、*Geography of the "new" education market: secondary school choice in England and Wales*[5] 等；相关论文日渐增多。可以预见，教育地理学将在未来获得与经济地理、文化地理、都市地理等同等的次级学科地位，同时为教育在空间地理

---

[1] 参见 World Yearbook of Education 2008: Geographies of Knowledge, Geometries of Power: Framing the Future of Higher Education [M]. Routledge, 2013.

[2] 参见 Brock C. Geography of education: scale, space and location in the study of education [M]. Bloomsbury Publishing, 2016.

[3] 参见 Gulson K N, Symes C. Spatial theories of education: Policy and geography matters [M]. Routledge, 2007.

[4] 参见 Boekema F, Rutten R. Economic geography of higher education: Knowledge, infrastructure and learning regions [M]. Routledge, 2003.

[5] 参见 Taylor C M. Geography of the "new" education market: secondary school choice in England and Wales [M]. Ashgate, 2002.

中的发展提供研究支持。但是客观来看，基于地理学的研究背景和擅长的空间尺度，教育地理学对于日常生活尺度的学区空间研究依旧相对薄弱。

2. 学区制度与学区管理机制的相关研究

介绍学区制的相关著作主要分为历史背景、制度沿革、比较研究等几个方向，大部分著作和论文在讨论学区制度的时候都会对美国当时的历史背景以及制度渊源进行论述。《五月花号：关于勇气、社群和战争的故事》（纳撒尼尔·菲尔布里克，2006）中记载了普利茅斯清教徒的故事，从中能够看出清教徒所倡导的民主思想与学区制所体现出的教育民主精神有着深刻的传承关系；基于社会学视角，《美国教育史——殖民地时期的历程（1607—1783)》（劳伦斯·A.克雷明，2003）中扩展了教育的内涵，将家庭、学校、社区、教会的教育放在美国殖民地时期的历史背景中加以讨论，从社会学的多维度视角出发较为全面地探讨了当时的教育状况，尤其对 Massachusetts 实行的学区征税办学做了细致的考察。《美国教育史》（滕大春，1994）回顾了北美教育的英国和欧洲传统，对各个州设立学区，兴办学校的过程进行了梳理，也对 Massachusetts 学校和学区的发展历史进行了介绍。《早期殖民史——从殖民地建立到独立》（R.C. 西蒙斯，1994）从历史进程的视角出发，对当时的社会、经济文化政治背景，移民聚居情况进行了研究，为了解当时的学区扩张、人口增长、管理制度的设立及完善从另一个侧面提供了基于历史背景的应证。

国内出版了一系列的外国教育史专著，如《外国教育史》（王天一等，2005）、《外国教育发展史料选粹》（夏之莲，

1999)、《外国教育史》(朱家存等,2008)、《外国教育史》(王保星,2008)、《美国教育》(顾明远等,2000)、《外国教育史》(贺国庆等,2009)和《外国现代教育史》(吴式颖,1997)等,虽然没有专门的学区制论著,但是通过对文献的研读依然能够看到政治制度、经济状况、社会发展阶段以及教育自身的学科特点对学区制推进发展的深刻影响。

除了学区教育历史的追溯,还有一些研究是关注学区教育管理制度的沿革与美国政治制度关系的研究,如《美国政治制度史》(曹绍濂,1982)、《外国教育管理发展史略》(曾天山,1995)、《外国教育管理史》(陈孝彬,1996)、《比较教育学》(吴文侃等,1999)、《美国教育》(乔尔·斯普林,2010)及《自由社会中的教育:美国历程》(S·亚历山大·里帕,2010),都从政治制度角度宏观地论述了学区制度的沿革历程。

学区制是美国教育行政体制的组成基础,学区运行的健康与否是评判教育行政体制运行状态的直接反映,《美国公立学校教育系统》(董志学,2007)、《美国教育行政体制简论》(李帅军,1991)和《美国教育行政管理体制的考察与分析》(李帅军,2003)都是基于教育行政的视角对学区制的发展和学区的建设进行了概述,《美国学区的特点及运行机制》(郭朝红等,2001)总结了美国学区的准法人性、区域性、独立性、多样性的四个特点,《美国教育行政演进过程概览及启示》(刘海涛等,2003)详细回顾了联邦、州的教育行政体制发展历程,结合地方学区制的建立、发展、衰落和调整,最终回归到按照法律运行教育行政,提升学区教育效率的根本上,同时基于学区制的公共服务属性和责权关系;《新公共服务:服务而非掌舵》(罗伯特·B.丹哈特等，2002)，《现代化的动力——一个比较史的研究》(布莱克，1989) 从机构与制度设置、责权与管理体制、设施配套与服务的角度等进行了介绍。

3. 学区教育资源配置标准相关研究综述

目前专门研究教育资源配置标准的论文有限，以学区作为单元的学区教育资源配置标准的研究更是有限，这些研究重点关注财政资源配置、配置公平、效率及制度创新的探讨，配置技术标准及空间计量的研究，以及城乡资源配置差异等。

关注教育财政资源配置的研究有《中国教育经费合理配置研究》(睢国余等，2009)；关注教育资源配置公平与效率及制度创新探讨的有《浅论教育资源配置的理论基础》(张盛仁，2008)、《教育公平与教育资源配置》(高丽，2009)、《教育资源配置理论研究》(许丽英，2007)、《教育资源配置中的政府与市场——基于中国现状的分析》(旷乾，2007)、《教育投入、资源配置与人力资本收益：中国教育与人力资源问题研究》(闵维方，2009)、《论教育资源的合理配置与教育体制改革的关系》(范先佐，1997)；关注教育资源配置技术标准及空间计量的研究的有《中国教育资源非均衡配置研究：空间计量分析》(顾佳峰，2010)；在城乡资源配置差异的研究中，有《城乡义务教育资源配置研究》(吕海鸿，2006)；此外，《普通小学义务教育教师配置标准》(张传萍，2011) 统计了某省 120 个县市的师资状况，同时结合农村学校分散，教学班规模较小的现状提出在农村地区的师资配置还需要注重“班师比”与“分类班额”，体现出师资配置过程中城乡的思路与技术差异等。

4. 学区划分与学校空间布局的相关研究

在早期的中小学校布局规划研究中，大多采用统计学校地理分布、班级规模、服务半径、周边人口密度等，辅助研判历年的统计数据，定性地分配教育设施的供给服务范围。随着学校周边人口构成结构的变化对教育资源需求的不断增长，需要更加精确高效的手段来适时调整学校的服务范围。地理学的方法在早期研究学校学区划分和布局规划中扮演了重要角色，20 世纪 70 年代，随着 GIS 空间分析技术与计算机的发展，这一分析技术被广泛应用于学区划分、学校布局以及学校配套交通服务中。国外学者主要关注学区教育资源的空间可达性及教育资源本身的辐射服务能力，在 *GIS in Community-Based School Planning*（Slagle M，2000）中，基于 GIS 技术，利用堪萨斯州的社区地理空间数据库，描述了研究范围内的学校分布现状、分析了需求现状，重新调整了学校的布局，划分了学区；Taylor 利用 GIS 技术，从路网可达性和经济性的角度入手，研究了北卡罗莱那州约翰斯顿县学区内学校与社区的关系，提出了相对于现状更为高效的学区划分与上学路径规划（Taylor R G et al.，1999）；Jackson 在对教育资源的空间分配中，凭借多准则决策与 GIS 平台的模拟，对学区中教育资源的分配方式提出了创新；Douglas Lehman 在 *Bring the School to the Children* 中，基于研究提出儿童上下学路径的物理距离、实际距离和文化距离，倡导为儿童营造合理的上学距离（Lehman D，2003）；*Parents as Teachers*（Crilly R，2001）中对非洲村庄的儿童入学率与上学距离关系的研究表明，学校的服务半径过大将不利于实际的上学活动；*The Use of a Computer Stimulation to Aid Decision Making in School*

Closing, Education and Urban Society 提出基于计算模拟在学校空间规划布局中的应用（Yeager R F，1979）。

国内也有很多聚焦学校空间布局的研究，总体来说一般分为三大类：第一类是对于建成区教育资源空间分布供求再平衡的研究，第二类是对于新建区域的教育资源布局规划，第三类是关于实际工作中结合规划设计指标产生的一些现实问题的探讨等。如有文献利用自相关的方式评估了杭州市建成区中小学的空间中分布特征，对一些服务效率较低的区域给出了改进建议（胡明星等，2009）；有文献基于 GIS 网络并结合国标中的服务半径与千人指标，对天津塘沽老城的小学服务区划分以及规模进行了研究（刘伟等，2012），提出在用地条件相对紧张的地区可以适当提高实际服务半径标准；有文献基于公共服务的可达性，评估了江苏某地高级中学的空间布局效率，并提出了规划改进建议（王亭娜，2007）。

综上，无论采用什么样的手段，总体来看，在城市建成区范围内，基于为学龄儿童建构公平便利的基础教育公共服务环境，对教育资源均衡布局和划分的探讨无外乎普遍关注教育资源的需求密度、教育资源的供给密度以及对未来教育资源需求的预判三个核心问题。多数研究专注于适宜交通半径影响下单个学校的服务范围及服务匹配度，如《城市中小学布局规划方法的探讨与改进》对几种较为常见的 GIS 分析方法进行了比较，提出了基于密度计算的供需关系分析方法，并对河南省漯河市中心城区的中小学配置方式进行了实证研究（宋小冬等，2014）。也有一些研究在总结前人经验的基础上，对多校学区的范围划分的方法进行了研究，如董琳琳等的《GIS 空间分析在学区划分中的应用》明确提出了多校学区划分的组织方法，探讨了单校和多校学区划分的组织流程（董琳琳等，2016）。相信在深入推进学区制改革的背景下[1]，相关的研究会更加广泛深入。

5. 儿童空间与通学路径的相关研究实践

儿童活动空间的建设在发达国家较早受到重视和研究，从国际与国内总体情况来看，关注儿童所处的环境对健康福祉的影响成为了一系列会议、公约、法律法规、导则以及实践活动的出发点，相关的政府、协会、学术机构、设计机构、财团等都不同程度地参与其中。

从1924年的《日内瓦儿童权利宣言》(*Geneva Children's Rights Declaration*)到1989年联合国大会通过的《儿童权利公约》(*Convention on The Rights of the Child*)，在将近一个世纪的儿童事业进程中，儿童的生存权、受保护权、发展权与参与表达的权利不断被重视和扩展，并对儿童所处的建成空间环境发展有着导向作用。

早在1906年全美成立了“儿童游园协会”，倡导为儿童建设游戏场所，同时发行一系列杂志，推动游园建设发展，很多国际组织也响应这一号召。1933年在国际建筑师大会议上，《雅典宪章》提出在社区建设中配置适宜儿童游戏场地的提议，伴随城市化进展与学校和社区的发展，更加关注儿童游戏、运动场地的配套建设。1950年美国35座城市在Playground Association of American[2]的引导下有规划地建设游戏场，这一影响后来波及全美336座城市；1957

---

[1] 参见何纯谱．北京公布新版城市总体规划草案[J]. 北京人大，2017(4).

[2] 参见美国游戏协会。

年联合国大会讨论的成果中再次包含了《儿童权利宣言》(*Children's Rights Declaration*)；十多个发达国家制定了旨在保障儿童健康福祉的游戏场地设计本国标准与导则。

20 世纪 90 年代，结合社区与学区发展，关注儿童游戏空间的各种专业机构[1]和研究成果层出不穷，家长和专家对于牺牲游戏成分，过度强调学术成就的游戏设计模式与思路提出质疑。Joe L.Frost 在他的《儿童游戏与游戏环境》中倡导多方的共同参与，根据儿童游戏的自然心理倾向于表现特征，在设计中应当考虑到儿童与家长的感受，同时动员社会团体的参与，倡导具有创造性和安全性的空间设计与建设。一些城市设计背景的著作也对儿童的户外活动空间建设提出了基于建筑与城市设计专业角度的研究与建议，如 Clair Cooper Marcus 等的《人性场所：城市开放空间设计导则》，其中就儿童户外环境的设计给出了一些建议（克莱尔・库珀・马库斯，2001）；Cohen 等的 *Recommendations for Child Play Areas* 对儿童日常生活中接触到的建成环境进行了分析，并对各种环境能够提供给儿童的空间体验机会进行了评述，并提出了有关规划改进建议和设计模式（Cohen U et al.，1999）；建筑师 Moore 等围绕儿童活动空间的主题，阐释了基于社区发展过程中儿童活动空间设计的导则和建议（Moore R C E et al.，1997）；日本在儿童活动空间环境建设方面也有不少成果，代表人物是曾任日本建筑学会会长的东京工业大学仙田满教授，在他的 *Design of Children's*

---

[1] 参见 American and International Associations for the Child's Right to Play；National Association for the Education of Young Child；Association for the Study of Play；Association for Childhood Education International，ect.

Play Environments（Mitsuru S，1992）中，提出基于“自然、密所、废墟和开放空间”四种游戏空间的环境设计策略，同时提倡空间环境设计中应当适当包括提供给儿童探索性冒险的机会。

国内有关儿童活动空间的研究亦有很多成果。实践成效方面，北京从20世纪80年代开始逐渐在新建的住区中增加儿童户外活动场地，经过几十年的发展，整体水平逐渐增强，儿童户外活动空间环境的品质有了大的改善。基于城市快速发展的现状，学校内的空间环境一般都能够达到很高的水准，但是校门外的空间环境品质往往不尽如人意。2004年建设部颁布了《居住区环境景观设计导则》，其中对儿童户外活动环境、交通安全、游戏器械的设置等方面提出了一些定性的要求；相关部门也根据辖区儿童所处的空间现状，提出了一系列实施的细则。对于儿童城市空间环境的改善和品质提升，相关学术研究机构的成果众多，如：《城市儿童安全公共空间结构与设计》（朱亚斓，2017）提出儿童空间开放安全可达趣味的设计原则，《儿童游戏场设计与实例》（方咸孚，1992）倡导结合住区合理布局儿童户外活动场地与设施，并在建设过程中融入设计艺术；《居住区规划与环境设计》（白德懋，1993）和《居住区规划设计资料集》（邓述平，1996）结合儿童户外空间的场地设计方案及类型，分门别类地对各种不同的设施及其使用优劣进行了比较，并总结了设计规划要点；《城市闲暇环境研究与设计》（马建业，2002）、《城市居住外环境设计》（姚时章，2000）、《居住区环境设计》（黄晓鸾，1994）、《建筑外环境设计》（刘永德，2001）也都从不同角度对儿童户外游乐场地空间的设计以及实践工程建设过程中需要注重的要点给予了关注。

近年来，关注儿童福祉与成长环境的论著也陆续出版，*Children and Their Urban Environment-Changing Worlds*（Freeman C et al.，2011）、*Creating child friendly cities: reinstating kids in the city*（Moore-Cherry N，2014）、*School Siting and Healthy Communities:Why Where We Invest in School Facilities Matters*（Miles R et al.，2012）都从城市空间环境优化与城市设计的角度提出构建儿童友好型城市的路径和策略（图 1-20）。随着空间网络科学的深入发展，空间组构理论也被广泛应用在学区儿童上学路径的研究中，*Walking to school: The effects of street network configuration and urban design qualities on route selection behaviour of elementary school students*（Argin G，2015）一文运用空间组构的方法对小学上学路径选择中的网络特征与城市设计中的环境品质进行了分析（图 1-21），这是 2015 年在伦敦举行的第十届空间句法大会的会议论文。回顾历届空间句法大会，都会有文章基于空间组构理论探讨儿童上学路径以及空间建构的网络特性。可以期待在未来基于空间网路特性的分析会更多地应用在儿童友好城市空间的研究中。

6. 学校质量在住房价值中的资本化效应

优质基础教育的数量和质量对其辐射范围内住房价格的溢价与保值有着深刻的影响。回顾北京学区房所经历的诸多发展阶段，从最早的 40 所市级重点小学的设立，到就近入学的施行，再到由于教育质量的差异而引起的择校，再到如今的学区入学，同时伴随着 20 世纪八九十年代的住房分配制度调整的大背景，以及 90 年代末期《义务教育法》“按

图 1-20
近几年来国际关注儿童福祉与成长环境的论著也陆续出版
Recent books about Children and Their Urban Environment
图片来源：作者整理

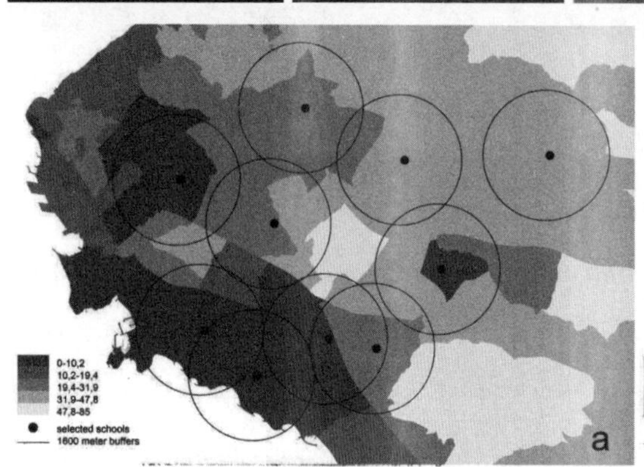

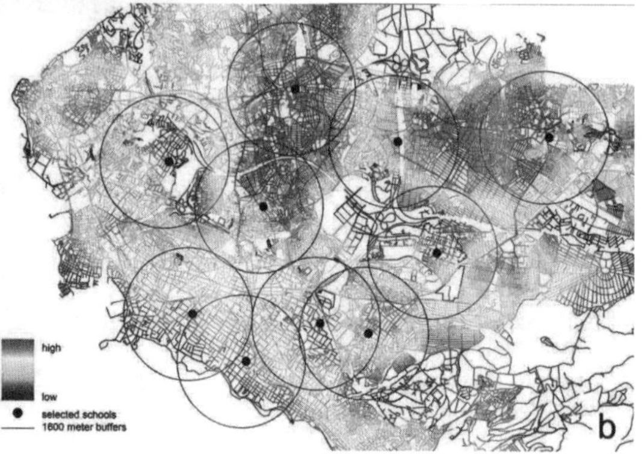

图 1-21
Gorsev Argin《步行上学》中对学校在空间中的网络分布特征分析 Location of Surveyed Schools. Maps Are Coloured Based on (a) The District-Based Average Education Levels, and (b) Metric Reach (1600m) Values of the Street Network
图片来源：Walking to school: The effects of street network configuration and urban design qualities on route selection behaviour of elementary school students.

片划分、就近入学”的颁布，出现了一系列事与愿违的现实问题，其中学校质量在房价中的资本化效应就是一个直接体现。

20 世纪 50 年代，北京市教育委员会所指定的 40 所重点小学，只占当时全城六区小学总数的 8.1%，设立之初的目的是希望以点带面，实现教育发展水平的共同提升，当然这些学校所享受和吸引到的经费、师资、生源都远远优于普通学校。为了避免这种极化效应的加强，重点学校制度在 2000 年前后被取消，但是经过四十多年的积累，尤其在师资、培养成果、口碑以及心理认同度方面，重点依然是重点。其后十多年出现了“共建生”“条子生”“占坑班”“赞助生”等，足可见为了上好学，家长们的各种努力。

2014年4月18日，备受关注的北京市小升初新政出台，取消“共建生”等一系列其他入学方式，严格推行学区制，小学实行免试、就近入学等新政策，成为人们热议的话题。学区制试图在学区单元内实现教育资源均衡分配，但是已有优质教育资源分布格局固化而导致的学区差异是不能被忽视的。学区房作为普通家庭选择优质教育资源的唯一出路，是一种特殊的刚需房源，与户籍体制和教育资源分配关系密切相关。伴随着教育改革，一直以来与教育相关的学区房再一次成为大家目光聚集的热点。在北京，因为教育资源分布不均，家长不希望孩子输在起跑线上，导致每平方米逾十万元的学区房都会成为炙手可热的抢购品（图1-22)。

进入2014年以后，学区房成交占比呈现逐月上升的趋势，至2014年4月，北京学区房成交占二手房交易比已达到16.39%，为2012年以来最高水平。从价格方面看，北京地区学区房成交价格要明显高于周边普通二手住宅价格，而重点小学学区房成交价格又高于普通小学周边房成交价格。有数据显示，从成交均价方面来看，2012年北京市学区房成交价格年内累计涨幅达到38.3%，2013年学区房的年内累计涨幅超过了20%。

在调研采访中学生家长表示：“为了孩子将来能够上一所好学校，可能会买一些学区房什么的，所以对孩子的教育来说，投资相对来说还比较多，可能收入的7成左右都会投给孩子。”很多家长都表示，他们一般都会在孩子两三岁时开始关注学区房，因为要提前三年落下户口，但是今年（2014年），关注学区房的家长多了几分犹豫。因为进入4月份以后，北京市多个城区开始进行学区改革，以优质教育资源高地以及学区房被热点关注的北京西城区为例，全

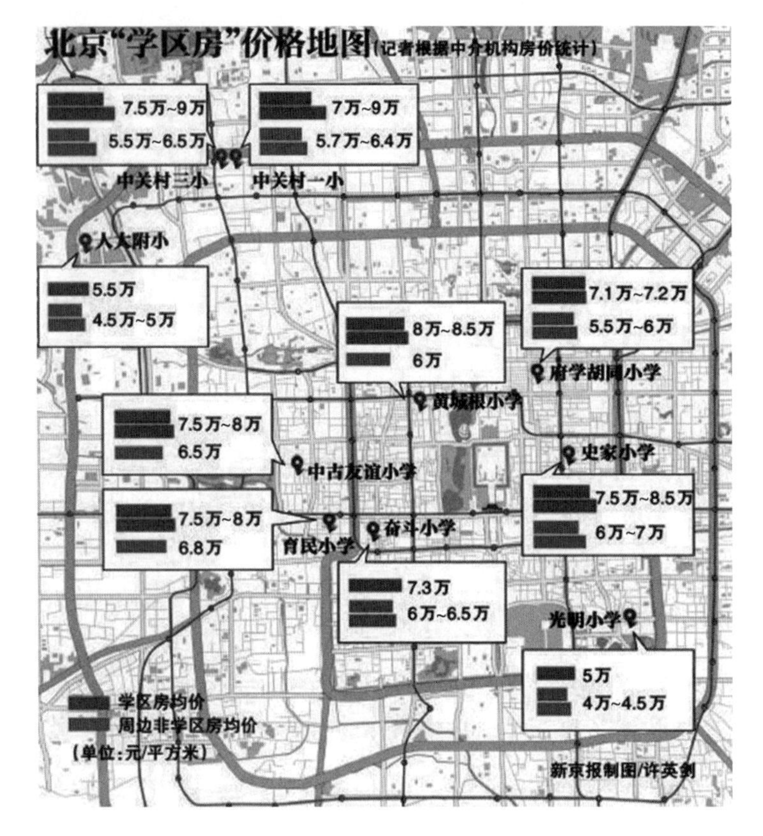

图 1-22
2013 年北京四环内部分学区房均价地图 School Estate Price in Urban School District of Contemporary Beijing, 2013
图片来源：新浪网

区教育集团扩大至 15 个，共涉及 69 所中小学，一些弱势小学被并入重点名校。但让家长们没想到的是，政策调整后，对传统优质名校的学区房价并没有多少撼动，相反倒在一定程度上带动了原本价格不高的普通小学周边学区房的成交，尤其是那些从普通小学转为重点小学的一些学区房。

西城区链家房产的某负责人表示："以前这个学区不太好，划完学区资源整合以后，学区房交易量相对比较稳定，而且比以往要增加一点。"但公开报道的数据显示，2014 年北京地区的义务教育改革对于均衡教育资源还是有相当大的影响，2014 年 4 月北京学区房价格与 1 月相比仅上涨 1.87%，而 2012 年和 2013 年的同期涨幅分别为 12.8% 和 10.8%。

面对这一现实状况，国际上早在20世纪70年代就有了一些相关研究。住宅价格的空间经济学研究是一个经典研究领域，在其中有一个基于城市教育以及公共服务功能对价格影响的研究分支。在这个分支中多数研究提出学校对住宅价格的影响，如Oates在他的研究中证实了政府对学校的公共投资部分会转化到与学校有相关联的物业价值中，从一个侧面证明了教育对住房价格的影响（Oates W E，1969）。同时不断寻求论证这一影响更为准确的判断体系架构，也关注教育产出对住宅价格的反作用以及一些社会政治经济背景因素的影响。如在对学校质量的讨论中，Sedgley总结早期的研究关注用投入指标来衡量学校质量（Sedgley N H et al.，2008）；但在Rosen等的研究中则更加倾向于使用产出指标来综合衡量学校的质量（Rosen H S，1977）；还有将二者综合考虑来建构模型评估学校质量的，如Brasington使用5个教育投入指标和17个教育产出指标，基于12个模型的回归数据，对质量指标的稳健性做出了部分显著、部分不显著的评判结论（Brasington D M et al.，2001，2004，2006）；Clark围绕学校提出三类变量，即学区变量、投入变量和产出变量，结论发现其中投入变量的显著性略高（Clark D E et al.，2000）；还有一些研究是关于评估方法本身的研究，如Nguyen-Hoang P等总结了近年来学校资本化研究中的空间计量、边界固定与工具变量三类方法，并通过实证案例的研究得出边界固定法存在偏差的结论（Nguyen-Hoang P，2011）；Fack等对巴黎31.89%的初中生选择私立学校这一现状进行研究发现，当学生选择私立学校的机会增加会直接影响到公立学校对住宅价格的影响（Fack G et al.，2010）；Mathur的研究认为学校对高档住宅价格的影响大于低档住宅（Mathur S，2008）；Zahirovic-Herbert V 在分析了较长一段时间内学校质量与住宅价格之间关系后发现，当学区边界相对稳定时，家长是愿意对优秀学校所关联的房产进行额外支付的（Zahirovic-Herbert V et al.，2008，2009）。

国内也有很多学者就这个议题展开相关研究，如黄滨茹对北京人大附小学区周边的住宅价格研究后指出，附小的学位名额对周边二手房市场的溢价有明显影响，同时他还以西安碑林区的中学高考一本上线率作为指标衡量，得出中学教学质量在对周边住宅市场价格有着明显的正向作用（黄滨茹，2010）；李郇等通过对广州住宅市场的分析发现，住宅价格受到名校可达性的影响颇为显著，并提出了一个较为准确的溢价百分比（李郇等，2010）；冯皓等通过对上海教育与房价的相关分析发现教育政策的简单化很可能会加剧教育机会的不均等现象，与政策设定的初衷相反（冯皓，2010）；胡婉、郑思齐等在对北京学区房租买不同权的实证分析后，认为教育资源与住房市场挂钩的制度安排在一定程度上会加剧优势区位房价过高（胡婉等，2014）。

当然房价的影响因素不仅仅只有教育一个因素，美国林肯土地政策研究院于 2013 年 6 月举行了一场名为 Education, Land and Location 的研讨会，与会专家从 6 个板块分别讨论了教育与城市发展的问题与前景，会后论文结集出版，成为近年来关注教育与城市发展的最新动向[1]；浙江大学的温海珍博士从更为宏观的视角出发，基于城市住宅的建筑、区位、邻里三大特征，对杭州的住宅价格进行

---

[1] 参见 Gregory K. Ingram, Daphne A. Education, Land, and Location[C]. 2014. Lincoln Institute of Land Policy, Cambridge.

了分析，总结出更为多样化、多项度的影响因子（温海珍，2004）；在空间大数据以及空间网络科学逐渐完善的同时，英国UCL大学的沈尧博士在对上海房价市场采用了基于混合尺度的街道时空空间经济价值方法，对房价的空间分布以及影响因素有了更进一步的发掘（Shen Y，2017）。随着学区制的深入推进，学校学区对住宅市场影响的研究将会成为重点。

第二章

北京学区空间发展概述

第一章明确了学区与学区空间的概念，界定了当代北京学区空间的研究范围，追溯了学区缘何而来，梳理了关于学区的相关研究。本章将简要梳理当代北京基础教育学校、学区空间的历史沿革，回顾与学区空间建设紧密联系的城市规划、城市设计理论方法发展脉络以及近 30 年以来基础教育建设所遵循的规划设计方式，发掘学区空间现象背后的运作机制和制度背景，提出当代北京学区空间形态研究未来重点关注的几个基本问题。

中国古代最早创建公立教育的是文翁[1]，他创立了蜀郡郡学，延续了 2000 多年，学校名称曾多次更改，教育制度多有变化，但校址未变，可见教育空间根植于城市空间的强大生命力与延续力。当代北京基础教育中的一大批学校也是这样，虽然没有千年的历史，但大多是百年历史老校，所以要研究当代北京的学区空间，就要对近代以来北京基础教育学校在城市空间中的分布以及区域划分的发展情况有所了解。

一、明—民国北京基础教育空间发展概况

1. 明时期的基础教育发展概况

北京在商代时期被称作“蓟”。公元前 1045 年，周武王灭商，封召公于燕地，召公长子克赴燕地领封，这一年被视为北京建城之始。此后的 1000 多年，北京始终是华北

---

[1] 文翁是安徽庐江郡舒县人，西汉蜀郡太守。他在 2100 多年前创立了中国历史上第一所公立学校蜀郡郡学，也称文翁石室。今天的成都市石室中学就是由蜀郡郡学发展而来的。这座历史悠久的学校，薪火相传，原址屹立，堪称我国教育史上的奇迹。

区域的重要都邑。元朔五年（公元前124年），汉武帝诏令朝臣商议兴办学校事宜，丞相公孙弘等人联名上奏："教化之行也，建首善自京师始，由内及外"[1]，这恐怕要算是最早的教育行政动议了。

公元1421年，明成祖朱棣迁都北京，无论是中央政府主办的教育还是地方教育，从现有的文献记载来看，都有了高度的发展。除了国子监、宗学、武学、翻译学校等重要的高等教育机构外，公办数量最大的就是社学。社学始创于元代，至元二十三年（1286年），诸县所属村庄，50家为一社，择年高通晓农事者为社长。每社立一学校，择通晓经书者为学师，农隙使子弟入学。对学有所成者，报官府备案以俟任用。

明代沿袭了元代社学制度，也不限定在农村举办。洪武八年（1375年），诏令各府州县学之下设立社学，诏曰："今京师及郡县皆有学，而乡社之民未睹教化，有司其更置社学，延师儒以教民间子弟，导民善俗，称朕意焉"[2]。此后又下诏凡民间立社学，地方政府不得干预。明代社学作为一种社会基层的地方教化及初等教育机构十分普遍，顺天府及所属州县社学的设置更是普遍，绝大多数属于官立性公共初等教育，具有重要的启蒙教育和社会教化的职能。

明代官学发达，除了公办的社学，也不乏众多的私学，中国自古有"学在民间"的传统，私塾最为常见。明代私塾大致有三种类型：第一种是塾师，在自己家或借用祠堂开馆设学，学生缴纳一定的"束脩"入学就读，称为"家塾""门

---

[1] 参见《史记・儒林列传》。

[2] 参见《续文献通考》卷五十。

馆”。《都门纪略》记载，学究在门上大书“学经文并授”，或者写上“择日来学”，也可视为中国古代较早的招生广告，进入门馆上学的往往是一般市贩小民子弟，由于家里请不起老师，就只能交一部分学费；有身份、有地位的人家，则往往聘请塾师来家教授自己和亲友子弟的孩子，称为“坐馆”“教馆”，这是私塾的第二种形式。第三种是由一族或一村聘请老师设立学校，本族本村子弟免费入学，称为“村塾”“族塾”，也有的是私人捐款办学，聘请塾师，教育全村子弟，这类学校亦称为“义学”，在清代得到广泛的发展。由于历史久远，这些学校在北京的具体空间分布现无可考。

2. 清初学校分布与八旗界域概况（1750 年）

1644 年，顺治皇帝登基，定都北京，作为唯一的首都，天下“首善”之区的特殊地位，政治文化中心地位更加凸显。清代设立了与社会等级地位相匹配的学校体系(图 2-1)，国子监为中央教育行政机关，下管国学、八旗官学、算学三个中央官学，其中八旗官学特为八旗子弟所设，最为特殊[1]。“八旗”为清代统治结构的一个重要环节，因此八旗子弟的教育也成了历代皇帝重视的一环。清代在中央设立了由国子监管理的八旗官学，教育对象以旗人为主；由内务府管理的景山官学、咸安宫官学（下设蒙古官学、回缅官学）教育对象以上三旗包衣为主；由宗人府管理的宗学和觉罗学，教育对象以宗室和觉罗子弟为主；官学与觉罗学以每旗一学的方式随八旗界域分布，宗学分为左翼、右翼两处；除此之外还有为护军官兵子弟办的圆明园官学、外火器营官

[1] 参见清史稿校注编纂小组：《清史稿校》卷一一三（选举志），p 3144。

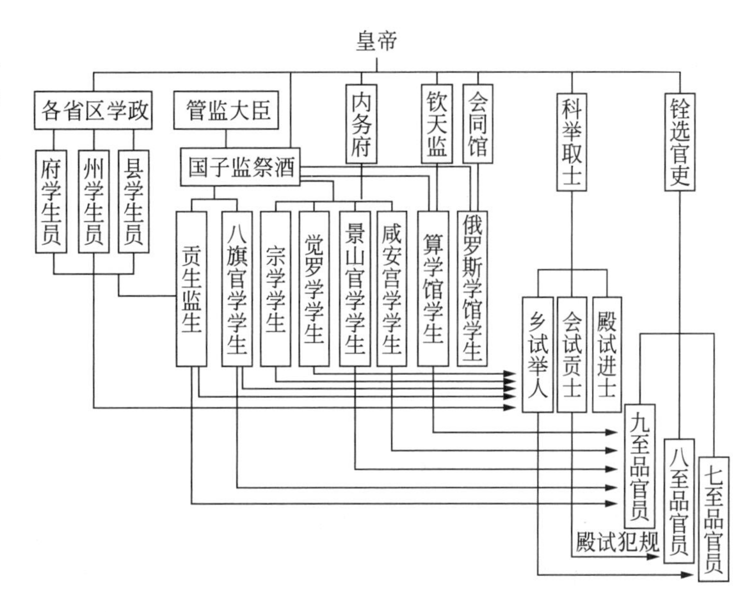

图 2-1
清代学校生员在教育体系中的升迁路径 Students in School System of Qing Dynasity
图片来源：史仲文，胡晓林，刘秀生，等 . 中国全史，88：中国清代教育史 [M]. 北京：人民出版社

学、健锐营官学。

地方教育分为书院和义学两类。书院是地方教育的高级形式，北京城内书院以首善书院、金台书院为代表；义学是地方教育的初级形式，是专为贫寒子弟设立的学校，广泛分布于内外城中。就地方政府而言，顺天府有府学，所属各州县也有州县学和书院。

八旗官学的设立是在顺治元年（1644 年）十一月，国子监祭酒李若琳建议在八旗各地就近设书院，解决就学路远不便的问题，授课主要以国学教习任教。李若琳上疏言“近奉旨：满洲官员子弟，咸就成均肄业，而国学在城东北隅，诸子弟往返晷短途遥；臣等谨议满洲八旗地方各觅空房一所，立为书院。将国学二厅六堂教官，分教八旗子弟，各旗下仍设学长四人，俱就各旗书院居住，朝夕诲迪。臣等不时亲旨稽察勤惰。仍定於每月逢六日各师长率子弟同进国子监，臣当堂考课，以示惩劝”。顺治二年（1645 年）五月应祭酒薛所蕴建议将就学处分成四处，每处用伴读数人，十日一次赴监考课。遇春秋演射时，五日一次于国子监习练，是一种文武并举的学习方式，后续可堪大用。八旗官学制度的正式确立是在雍正五年（1727 年），每旗学生人数定为100 人，按 3：1：1 的比例分别由满族人、蒙古族人和汉族人组成，外五旗官学另加包衣学生 10 名。每学设主持教务，满族 2 人，蒙古族 1 人；从事具体教学活动的为教习，满族1 人，蒙古族 2 人，汉族 4 人。学生补选由各旗都统选择本旗优秀子弟 10 岁以上、18 岁以下者，咨送国子监，由助教带领上堂考录，查验挑取，年幼者先学习满文，年龄大一点的学生则修习汉文。每旗拨给官房 1 所，各 20 余间，可容纳百人学习，由本旗修葺完固，作为学社；各旗分设了自己的学舍，如图 2-2 所示[1]。清朝中期以后，八旗官学因经费欠缺，学舍失修毁坏，光绪八年（1882 年）拨款重修，次年完工，并整顿教学管理，侧重招收八旗中贫寒家庭的优秀子弟，并允许居住非本旗界址的学生跨旗就近入学。

八旗义学始建于康熙三十年（1691 年），教授 10 岁以上的子弟，各旗义学所在地分布如下：镶黄旗义学在安定门大街，有房 19 间；正黄旗义学在石虎胡同，有房 22 间半；正白旗义学在豆腐巷，有房 21 间半；正红旗义学在武定侯胡同，有房 24 间；正蓝旗义学在新鲜胡同，有房 24 间；镶蓝旗义学在榆钱胡同，有房 21 间；镶白旗义学在观音寺胡同，有房 20 间；镶红旗义学在兵部洼胡同，有房 20 间。各义学的经费即在本旗地面铺租项内提销。义学办起后，只有汉

---

[1] 参见铁保总撰：《钦定八旗通志》卷九十五，（学校志二. 八旗官学上）：6528-6530。

图 2-2
清代 1750 年学校在北京城中的分布与八旗界域 School System of Qing Dynasity 1750
图片来源：作者自绘，底图参考侯仁之先生编著的北京历史地图集

军义学办学较为正规，满蒙义学则日渐涣散，乾隆二十三年（1758 年），鉴于礼部八旗义学赴学者很少、有名无实，且以国子监、咸安宫等官学尽可容纳八旗有志读书者为由，下令裁撤各义学。

宗学、觉罗学及世职官学都是八旗中的贵族子弟学校。宗学和觉罗学以清皇族后裔为教育对象，清廷规定，努尔哈赤后裔为宗室，其兄弟子侄为觉罗。顺治十年（1653 年）建宗学，宗室子弟凡是年龄大于 10 岁且没有爵位的，都有资格入学。雍正二年（1724 年），八旗左翼和右翼分别设立一所宗学，坐落在东城灯市口大市街东，有 103 间房的是左翼宗学，坐落在西城绒线胡同瞻云坊北，有 92 间房的是右翼宗学。嘉庆十三年(1808年),教习与学生之比为1∶10,还有为数更多的管理官员,平均1名学生有1间房,可见宗学的条件是相当优越的。

清初觉罗未设学,只是顺治十一年(1654年)批准,将觉罗荫生送国子监读书。雍正七年(1729年)八旗于衙署旁建觉罗学,凡觉罗子弟8岁以上、18岁以下者均入学读书,超过18岁者也可自愿申请入学,觉罗学校分布如图2-2所示。晚清宗学、觉罗学办学状况堪忧,老师和学生基本都不去学校。光绪三十一年(1905年),赵尔巽奏请将宗学与觉罗学改制设立成为五城小学堂。

世职官学建于乾隆十八年(1753年),招收八旗内有世袭爵位10~18岁者,共170人,于左右两翼各设学舍2所。景山官学和咸安宫官学是为清朝管理宫廷事务的内务府三旗子弟举办的学校。景山官学建于康熙二十四年(1685年),有景山前门两旁官房30间,加左右连房共计45间。咸安宫官学始设于雍正七年(1729年),为教育内务府三旗及景山官学之俊秀者而设。初位于寿康宫后长庚门内,乾隆十六年(1751年)因寿康宫改建,移至西华门内尚衣监旧址,乾隆二十五年(1760年)又移至器皿库西,共有房27间。

圆明园、健锐营、外火器营官学都是驻防京郊承担护卫职能的八旗军营子弟学校。清代圆明园有八旗护军营和内务府三旗护卫营侍卫,雍正十年(1732年),设圆明园护军营官学。其中镶黄、正黄、正白、镶白四旗于适中之地共立1所学舍,设教习2人,正红、镶红二旗共立1所学舍,正蓝、镶蓝二旗共立1所学舍,内务府三旗护军营立1所学舍,各设教习1人。宣统元年(1909年),圆明园八旗高等小学堂开办。乾隆三十八年(1773年)在西直门外蓝靛厂设立外火器营官学，有房60间。乾隆四十年（1775年）设健锐营官学。

除了这些官办学校以外，义学与私学补充了官办学校所覆盖不到的区域。义学始于南宋，其宗旨“原以成就无力读书之士”，即为家境贫寒没有条件在普通学校就学的子弟提供学习的机会和场所，因此义学多为免费入学初级程度学校。

元、明一度兴盛的社学到清代普遍荒废，京畿地区更是荡然无存。如房山县社学，“清初，驻防兵于此，而学遂废。兵撤后，官绅无继办者”[1]。清代其他州县志均记载社学“久废”。鉴于基层教育的窘迫境况，兴办义学的需求大增。康熙四十一年（1702年），在崇文门外磁器口西金鱼池处设立义学，御赐匾额“广育群才”，也就是金台书院前身；还有设于宣武门内西江米巷的愿学堂义学，也是从事高级程度教学。康熙末至雍正初，内城八旗各自设立义学，则为初级程度的教学。京师义学的大量兴办是在晚清光绪年间，举办者多为官绅。乾隆三十九年（1774年）宣武门外梁家园施韡等办惜字馆义学；嘉庆元年（1796年），梁家园寿佛寺旁督察院右都御史周廷栋办兴善堂义学；嘉庆三年（1798年），广安门内北线阁口宛平人蔡永清办勉善堂义学；嘉庆二十三年（1818年），外城皮库营西礼部侍郎吴烜办西悦生堂义学；同治三年（1864年），崇文门内观音寺胡同广西按察使国英办崇正义学，同治九年（1870年）移至方巾巷；同治四年（1865年），石驸马大街大学士倭仁、府尹彭祖贤办笃正义学，彭祖贤还重修广渠门内育

---

[1] 参见《(民国）房山县志》卷三。

婴堂，并添建义学，这是京师地方长官首次建义学；同治七年（1868年）南锣鼓巷秦老儿胡同工部侍郎总管内务府大臣明善办诚正义学；同治九年（1870年）正阳门东交民巷武清士绅关勋办励学义学；光绪元年（1875年），大牌坊胡同弥勒巷周世堃办正蒙义学；光绪三年至五年（1877—1879年），东四牌楼西大街寺庙内，监尹万青藜先设粥厂后增建集善义学；光绪五年（1879年）外城广宁门大街万青藜办资善堂义学。此外还有外城的后铁厂义学、西四牌楼崇善堂义学等。

京师办义学成就最大的是西城士绅王海。他从同治三年（1864年）起至光绪八年（1882年）年间，共建义学七处，总称养正义学，共容纳学生千余人。光绪六年（1880年）至光绪九年（1883年）的三年时间里，顺天府尹周家楣在外城烂面胡同建广仁堂义学、慈庵和七井胡同分别建笃正义学两处，红土店建广育堂义学分部，同时在北京的京郊分别也建有十三所义学，是京师最大的一次官办义学。

京师的私学并不旺盛，主要由于地处全国政治、文化中心的京师，官方办学的投入最大，民众享受官学教育的机会也比一般外省要多。京师又是封建专制统治控制最严的地方，各学派及学者从事讲学活动的顾忌也最多。特别是清代京师为旗人聚居之处，而旗人的教育从制度上是由统治者包揽下来的，这样京师对私学的需求相对较小，办私学的制约又相对较大，因此京师私学的影响力较为有限。

综上，从这些官学和义学在空间的分布中我们能够看到一些基本的规律：其一，官学基本是按照旗域来配置的；其二，上学招生的方式基本是按照地域归属方式来进行的，一般是本旗招收本旗的学生，只是到了后期才有了跨越旗界上学的现象；其三，官学招收学生的时候是有种族歧视性政策的。

3. 晚清学校分布与学区边界概况（1907 年）

第二次鸦片战争（1856—1860 年）以后，西学逐渐进入中国，无论是教会学校、西艺学堂、出国留洋还是西方教育的引进，都对传统四书五经宋明理学的教育模式和内容产生了极大的冲击。在洋务运动和戊戌变法的背景下，清朝政府施行了一系列的新政，其中就包括 1905 年废除了 1300 多年的“科举制度”。这一选拔制度的废止打破了几千年来形成的“学而优则仕”的传统观念，动摇了教育与科举制度结为一体的官僚选拔体系。1906 年，近代教育首次明确地提出了“学区”这个名词，“分定学区”成为清末京师劝学所的一项重要工作（图 2-3）。

此后的 40 多年是一段动荡发展的历史，如果按照多数姓氏代差平均值为 22~30 年来计算，从 1905 年到 1949 年中华人民共和国成立，其间跨越了 44 年，差不多是两代人的成长时长。下文通过发掘历史记载，尝试还原这一时间跨度中的北京学区空间范围、学校分布和边界叠加变化。现实中影响学区空间边界变化的因素是多种多样的：宏观上受时局的影响；微观上，教育政策和学制变化会直接产生影响，警政分区和北京城所特有的一些空间特质也会产生影响。总的来看，大街、城墙、隐形中轴线、皇家坛庙及自然水域这些空间要素在学区划分中会产生影响。为了便于理解学区空间循序渐进的变化过程，主要以时间线索为参照，围绕学制变化情况，学区边界与规模的变化，学校类型、数量以及分布的变化展开论述。

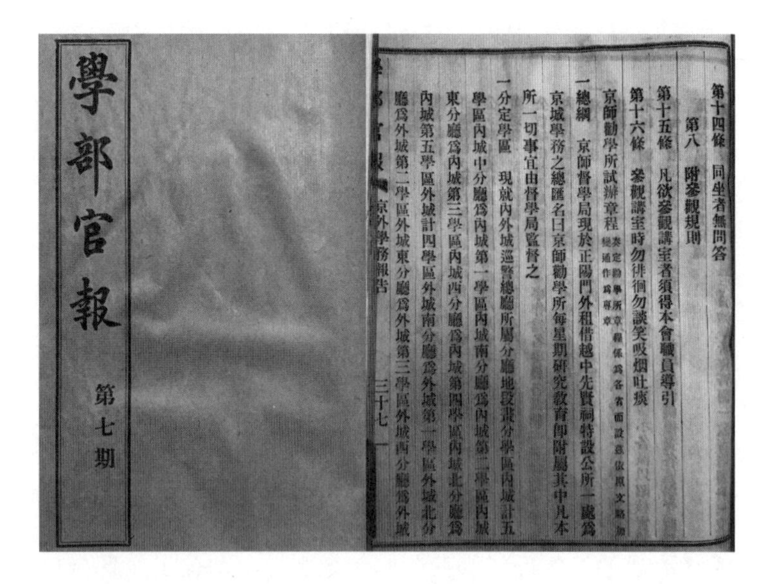
學部官報 第七期

第十四條 同坐者無問答
第八 附參觀規則
第十五條 凡欲參觀講室者須得本會職員導引
第十六條 參觀講室時勿徘徊勿談笑吸烟吐痰
京師勸學所試辦章程 奏定勸學所章程係為各省而設茲依原文略加變通作為專章
一總綱 京師督學局現於正陽門外租借越中先賢祠特設公所一處為京城學務之總匯名曰京師勸學所每星期研究教育即附屬其中凡本所一切事宜由督學局監督之
一分定學區 現就內外城巡警總廳所屬分廳地段畫分學區內城計五學區內城中分廳為內城第一學區內城南分廳為內城第二學區內城東分廳為內城第三學區內城西分廳為內城第四學區內城北分廳為內城第五學區外城計四學區外城南分廳為外城第一學區外城北分廳為外城第二學區外城東分廳為外城第三學區外城西分廳為外城

學部官報 京外學務報告 三十七

图 2-3
京师劝学所试办章程首条即为“分定学区”Urban School District Should be Divided First
图片来源：学部图书局．学部官报（第七期）[M]．学部，1906．作者摄于清华大学图书馆

在美国社会学家 Sidney D. Gamble 的眼中[1]，中国贵族的评判标准既不强调血统也不关注财富，社会所公认的贵族是那些满腹经纶学富五车的读书人。几个世纪以来，在旧式科举角逐中获胜的人都成为官员。1905 年以前，秀才一级的初级考试在各县举行。随后由省府举行高一级的考试，通过者被授予举人身份。举人有资格参加每 3 年一次在北京举行的会试，及第者被授予进士身份。其中名列前茅的授予翰林学士的头衔。获得会试前三甲的人按照排名分别被授予状元、榜眼、探花的称号，拥有这些较高头衔中的任何一种都意味着将更有得到某种高级官职的机会。清代初期的教育体系中最具特色的恐怕就要算八旗教育了，在北京城的八旗旗域中分别设立了不同等级的学校，限定了一些只有满族旗人才可以接受的教育，身份等级决定了入什

[1] 参见 Sidney D. Gamble, 1921. Peking: A Social Survey. New York: George H. Doran Company.

么类型什么等级的学校。早期的教育可以看作是一种特权，然而这一切在1904年之后不复存在，取而代之的是以1904年颁布的“癸卯学制”为代表的近代学制体系、新的教育行政机构以及各级各类的学校体系和新的教育内容。本着天下自京师始的原则，清政府在短期内完成了各级教育行政机构的设立，中央以及省一级的教育行政机构分别被称为学部和提学司，北京设立督学局，直属学部管辖，在州县设立劝学所。

1904年1月13日颁发的修订后的《奏定学堂章程》，史称“癸卯学制”，这一学制直到宣统三年（1911年）被废止。根据董宝良《中国教育史纲（近代之部）》第253页的整理，“癸卯学制”规定的教育系统分为四段七级：第一段是两年或三年的蒙养园。第二段是九年初等教育，分为五年初级小学和四年高级小学两级，其中艺徒学堂（半年至四年毕业）可与初等小学等同，实业补习普通学堂（三年毕业）和初等农工商实业学堂（三年毕业）可与高级小学等同。第三段是五年中等教育，仅一级中学堂五年，五年毕业的初级师范学堂或中等农工商实业学堂可与中学堂相当。第四段是十一至十二年高等教育，分为三级：初级即高等学堂或大学预科三年，与之等同的是优级师范学堂或高等农工商实业学堂；中级即大学堂三至四年，分为政、经、文、医、农、工、商、格致八类；高级即通儒院，是为期五年的最高学府。此外，还有修习五年的译学馆和为已任官员学习新知识而设的修习三年的仕学馆。

1906年7月26日京师督学局正式成立，八旗学务处裁撤，“其京城内外，除学部直辖各学堂外，无论官立、公立、私立，统归督学局立案，悉听考察节制”[1]。督学局的首要任务是“划分学区、遴选员绅，设立劝学所”[2]等。

1906年11月，京师督学局在正阳门外设立京师劝学所，“为京城学务之总汇”。1906年学部《奏定劝学所章程》颁布后，全国各府、厅、州、县都陆续设置了劝学所，为本地教育行政机构。清末北京的教育正是通过京师督学局，得到中央政府的直接关注和管理的。京师督学局依照学部《奏定劝学所章程》对京师劝学所的任务作出如下规定：分定学区、选举职员[3]、统合办法[4]、讲习教育[5]、实行宣讲[6]、绘制图表[7]、推广学务[8]等。

各个学区设劝学员，由京师劝学所总董选取，京师督学局委派，学务董事由劝学员在本区“公正绅士”中酌定。按《学部官报》第七期载《京师劝学所试办章程》，劝学员的具体职责规定有五项：劝学[9]、兴学[10]、筹款、开风气[11]、去阻力[12]，

---

❶ 参见学部图书局．学部官报（第三期）[M]. 学部，1906。

❷ 参见学部图书局．学部官报（第三期）[M]. 学部，1906。

❸ 督学局委派京师劝学所的负责人“总董”，同时劝学所设劝学人，及本区的名誉学务董事。

❹ 劝学员劝令各区绅士筹措经费支持帮办本区学堂，同时向劝学所报告经费筹措情况。

❺ 劝学人员接受教育讲习科的培训。

❻ 宣讲“圣谕广训”和学部选定的宣讲材料。

❼ 劝学员根据所管辖的范围绘制总分图示，注明学堂、教室、学生班次、人数、课程及经费收支等汇总成为表册报劝学所。

❽ 劝学员平时要联合各家及本区绅士，承担本区学龄儿童的入学介绍责任，每年以劝募学生数量来确定劝学员成绩的优劣。

❾ 争取更多的孩子接受新式教育。

❿ 谋划学校的布局。以学龄儿童数目计算设计初等小学的数量；以区内住家的远近计算设学的适中地点；调查不再做祀典的庙宇，租赁为办学之用；依据校舍容量、学生数量确定分班；设置课程、延聘教师、选用司事稽查功课及款项等，都由劝学员负责。

⓫ 走访热心的绅士，劝其赞助学务；组织讲习所、宣讲所、阅报所；介绍好学之士到各师范传习所讲学。

⓬ 对阻挠学务的流氓、愚民、顽固塾师及学堂附近有碍学堂管理的娼寮烟馆之类，由劝学员查出，报劝学所总董，请督学局咨行巡警厅分别处理。

这既是京师劝学所及各区劝学员的法定职责任务，又是评定其工作优劣的标准。京师督学局建立后的两年中，北京近代中小学的教育体系逐步完善，京师劝学所的设立以及学区的划定使得公立、私立学校的办学逐步趋向规范。在1907年以后的几年中，京师劝学所及各学区劝学员全力改良私塾，大批的私塾变为私立小学堂。截至1907年，北京已拥有200所学校、1300名教员和17053名学生。其中115所学校和9500名学生属于初级小学水平，中学有近1000名学生，高校的在校生有1840人，但只有17所女校、100名女教师和771名女学生。

总的来看，北京近代学区范围是一种现代教育初期普及过程中的工作边界限定。不同时期的学制对应不同的教育管理架构和学区边界范围。对于不同时期的学区边界，一个明显的共同点是大街和城墙在学区识别中的物理边界属性，也就是说无论警政分区还是学区边界，更多的是因循大街和城墙所限定的边界。

1906年10月刊行的《学部官报》第七期记载了京师劝学所试办章程，其章程的首条即为“分定学区”，将这些辖区边界的四至范围与空间对应可知，按《学部官报》所载京师督学局一览表，京师学区按内外城巡警总厅所属分厅地段划分为9个学区，内城5个，外城4个（图2-4)。内城第一学区为皇城以内围绕紫禁城的地区，1907年9月裁撤该学区，划归其余4个内城学区，1908年年底又恢复第一学区，改称“中学区”；内城第二学区为东至皇城根，西至西城根，北至阜成门大街，南至南城根的地区；内城第三学区为东至东城根，西至皇城根，北至朝阳门大街，南至南城根的地区，1907年9月调整后改称第一学区；内城第四学区为东

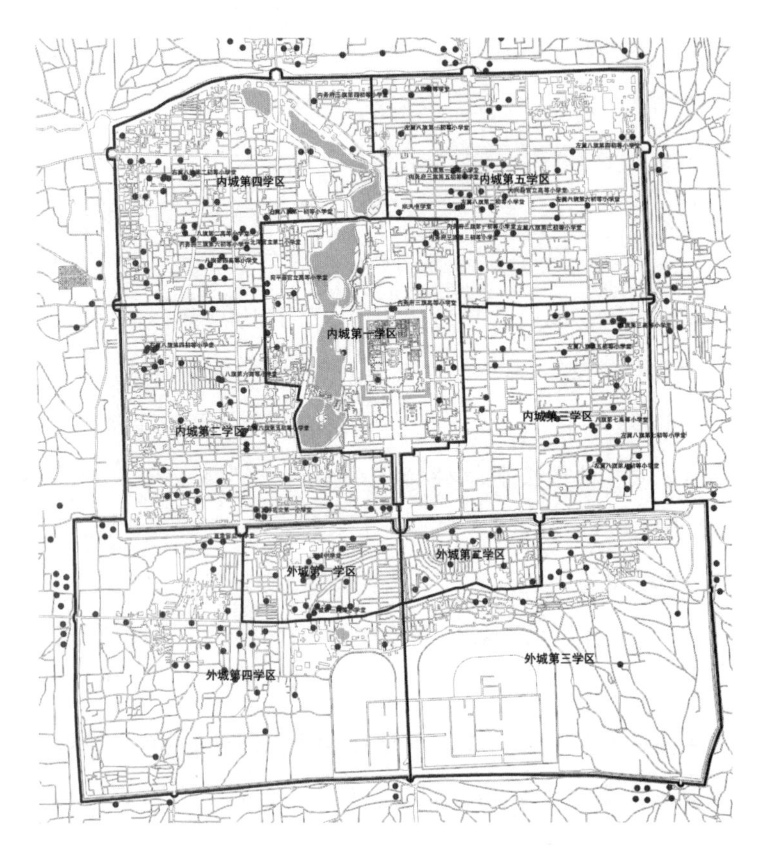

图 2-4
1907 年基础教育学区划分以及学校在北京城中的分布示意 School System in 1907
图片来源：作者自绘，底图参考德国驻扎天津测量部测绘的北京城地图（1907 年）

至地安门外大街，西至西城根，北至北城根，南至阜成门大街的地区；内城第五学区为东至东城根，西至地安门外大街，北至北城根，南至朝阳门大街的地区，1907 年 9 月改称第三学区；外城第一学区为东至正阳门外大街，西至宣武门外大街，北至内城根，西南至菜市口，东南至珠市口的地区；外城第二学区为东至崇文门外大街，西至正阳门外大街，北至内城根，东南至瓷器口，西南至珠市口的地区；外城第三学区为东至东城根，西至崇文门外大街及正阳门外东珠市口以南大街，北至崇文门以东城根及东珠市口以东大街，南至南城根的地区；外城第四学区为东至宣武门外大街及正阳门外西珠市口以南大街，西至西城根，北至宣武门以西城根及珠市口以西大街，南至南城根的地区。

从官方对学区边界四至范围的规定中能够看出，1907年的学区边界主要参照的空间要素是“大街”和“城根”，主要的大街是阜成门大街、朝阳门大街、地安门外大街、宣武门外大街、正阳门外大街、崇文门外大街。这几条大街中除了阜成门大街和朝阳门大街是东西向的外，其余的街道都是南北向的，这些街道都起到内部划分的作用；皇城、内城、外城的城墙起到学区边界限定的作用。二维的路径要素与三维的城墙要素共同构筑了学区的边界范围。

1907年2月刊行的《学部官报》第十五期，有一篇“光绪三十二年十一月初六日各省提学使分定学区文”[1]，对学区设定进行了详尽的解释。从这一官方向各省发布的公文中可知，除了北京以外各省的学区基本是按照原有的行政区划来建立的，并且倡导各地方主管部门按照其人口疏密及自身财力等状况合理办学。

从学区空间边界初步建立阶段，即“癸卯学制”下的学区空间分布情况能够解读出几个主要的信息：其一，北京的学区边界与巡警总厅所属分厅的治安范围相契合。其二，学区所辖范围较大，比照当时北京的学区划分来看，内城分为5个学区，外城分为4个学区，学区的面积都在1.56~11.08 km^2，最大的是外城第四学区11.08 km^2，最小的是外城第二学区1.56 km^2，其余学区从大到小的顺序依次为外城第三学区10.98 km^2、内城第五学区8.42 km^2、内城第四学区7.29 km^2、内城第三学区6.79 km^2、内城第一学区6.78 km^2、内城第二学区6.76 km^2、外城第一学区

[1] 参见学部图书局．学部官报（第十五期）[M]. 学部，1907.

2.3 km^2。其三，部分学区短时期内发生过变动。其四，内城第四学区与内城第五学区中的学校分布较其他学区更为密集且均衡，外城第三学区中的学校最少。

4. 民国学校分布与学区边界概况（1917 年、1947 年）

1911 年 1 月学部修改劝学所章程，更明确规定京外各地劝学所为“佐府厅州县长官办学务”的教育管理机构。在北京，劝学所为京师督学局所属的一个“公所”，在督学局监督下，负责研究教育发展问题和在京师劝办学堂的事务。清末教育领域的变革深入且影响深远，尽管存在诸多困难，但是教育的发展还是非常迅速，尤其是在基础教育领域的变革为此后 20 年的北京基础教育发展奠定了重要基础。

1912 年，京师设立京师学务局，划分学区，设立劝学员，改造京师旧有学校。按照教育部颁布的《小学校令》，原先的官立及八旗小学堂统称京师公立小学校，贵胄学堂被废止。虽然私塾是中国传统教育机构的重要组成部分，为大量平民儿童提供了学习的机会，但其教育方式和内容仍需调整。1913 年 1 月，政府取消私塾，重新对私塾的教师进行培训，调整合格的私塾转变为国民学校。

1912 年至 1913 年 8 月陆续颁布的一系列专门学校令，史称“壬子癸丑学制”，属于民国初期的学制，基本沿袭了清末学制，主要废除了读经课，取消贵胄学校，开放女子教育和小学男女同校，并且缩短了修习年限，“小学实行四三学制，初小四年，高小三年，中学学制四年，大学本科三至四年，预科三年，高等师范学校本科三年，预科一年，专门学校本科三至四年，预科一年”。在这短短的一年多时间里，京师小学的数量有了提升，初小和高小数量、学生数、教员数和职员数都有了明显的增加；中学教育的学校数基本维持原状，学生数略有增加。“壬子癸丑学制”一直沿用到1922年新学制颁布。

1922年颁布的新学制史称“壬戌学制”或“六三三学制”，主要效法当时美国的新学制，“初级小学四年，高级小学两年，初级中学三年，高级中学三年。与中学平行的有师范学校和职业学校。大学四至六年”。1923年5月，当时的国民政府全国教育联合会印行了《新学制课程标准纲要》，设立国语、算数、卫生、公民、历史、地理、自然、园艺、工用艺术、形象艺术、音乐、体育12科。之后，北京以及全国通行这一学制一直到1949年，推动了民国北京学区空间边界完善调整阶段的基础教育发展。

1927年4月18日，南京国民政府，通过了《整理中华民国学校系统案》，强制全面推行国民义务教育。1928—1937年年初，北平政局相对稳定使得小学教育得以发展。1935年5月，当局推行《实施义务教育暂行办法大纲》及《民国24年度中央义务教育经费支配办法大纲》，计划在10年内能够让全国学龄儿童接受的义务教育从两年制延长至四年制，同年7月北平市义务教育委员会正式成立，负责计划并指导全市义务教育的实施，划定全市为四大学区、329个小学区。

1936年2月，国民政府教育部颁布了《小学课程标准》和《中学课程标准》，同年3月，北平市政府颁布《北平市学龄儿童调查及强迫就学办法》（以下简称《办法》），主要目的是使更多的适龄儿童接受学校教育。到1937年年初，北平义务教育第一期计划已经完成，尽管《办法》中设立了关于学区的划分，但是不久之后的“七七事变”以及抗日战争，使得该划分并未得到良好的执行，北平的基础教育也受到严重影响。

1945 年 8 月 15 日，日本宣告投降，南京国民政府接收了北平市立小学和日本人小学，原教会学校复校，私立小学逐年增设，职业教育和社会教育得到发展，高等教育也开始恢复和发展。

通过对近代学制的变化以及教育行政管理机构运行状况的简要梳理，我们能够对近代北京学区空间发展的背景有所了解。当这些政策和管理推进方式投射在城市空间中的时候，需要借助一些已有的物质空间要素作为参照，这些空间要素事实上促成并加深了普通人对于学区空间的认知。

1916 年，京师学务局颁发《京师劝学办公处章程》，规定京师劝学办公处设劝学长 1 人，劝学员 8 人，并重新划分学区（图 2-5）为内城左区（京师警察中一区及内左一区至四区）、内城右区（京师警察中二区及内右一区至四区）、外城左区（京师警察外左一区至五区）、外城右区（京师警察外右一区至五区）、郊外东区（京师东郊地区）、郊外西区（京师西郊地区）、郊外南区（京师南郊地区）及郊外北区（京师北郊地区），各区委派 1 名劝学员，负责区内初等教育事务。此时的学区较之前的学区多了大区统辖小区的模式。总的来说，与出行半径有着紧密联系的学区更加细分且数量增多，单个学区所辖范围减小，内城只分为左区和右区，但真正的内城学区辖域从原先的 5 个辖区细分为 10 个辖区；外城从原先的 4 个辖区也变为 10 个辖区。这一时期的辖区依然与当时治安管理的分区有着紧密的联系。学区边界呈现明显的大街和城墙属性，作为学区边界的几条重要街道分别是新街口南大街、新街口北大街、旧鼓楼

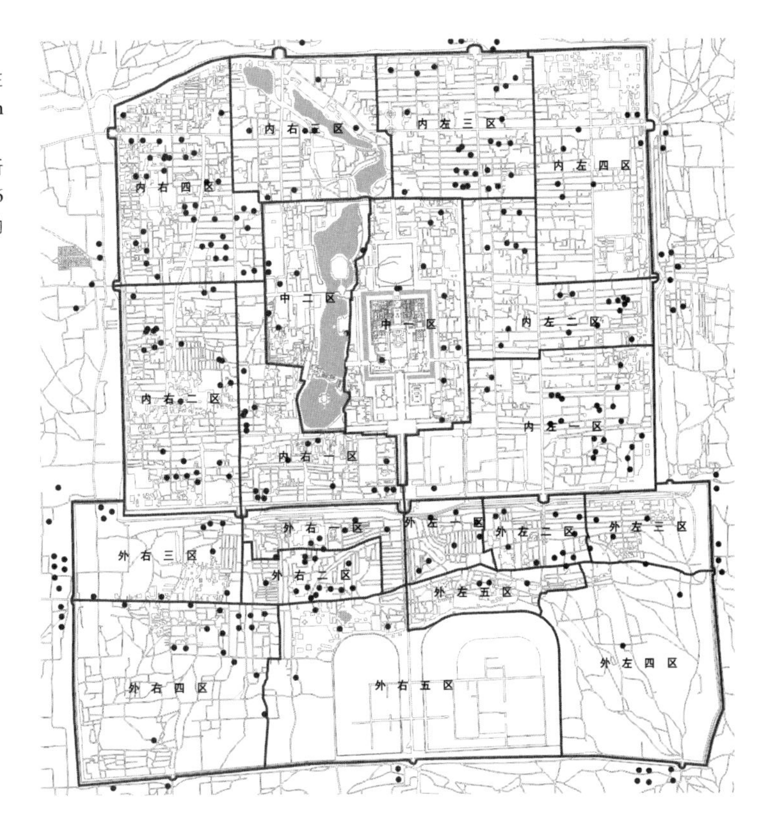

图 2-5
1917 年基础教育学区划分以及学校在北京城中的分布示意 School System in 1917
图片来源：作者自绘，底图参考了公所测绘专科实测水平中华民国五年（1916 年）京都市政内务部职方司测绘处制的京都市内外城地图

大街、鼓楼西大街、地安门外大街、雍和宫大街、东四北大街、西四南大街、宣武门外大街和正阳门外大街，这些主要的大街都是南北向的大街，还有一些边界是东西向的大街，如地安门西大街、地安门东大街、阜成门内大街、朝阳门内大街、东安门大街、广安门内大街、骡马市大街、珠市口西大街、珠市口东大街、广渠门内大街。在学区的边界限定要素中，除了外右二区和外左五区的学区边界是由道路限定的以外，其余的学区都是由这些大街与城墙共同限定边界的。就学区的规模而言，学区的面积在 0.9~6.67 km^2，最大的是外右五区学区的 6.67 km^2，最小的是外左一区学区的 0.9 km^2，其余学区从大到小的顺序依次为：

外右四区 5.2 km^2、内左一区 4.79 km^2、外左四区 4.7 km^2、内左四区 4.1 km^2、内右二区 4.06 km^2、中一区 4.01 km^2、内右四区 4.0 km^2、内左三区 3.35 km^2、内右三区 3.28 km^2、内左二区 2.98 km^2、中二区 2.77 km^2、内右一区 2.75 km^2、外右三区 2.35 km^2、外左三区 1.5 km^2、外右一区 1.19 km^2、外左二区 1.09 km^2、外右二区 1.089 km^2、外左五区 1.07 km^2。从图 2-5 可知学校在学区中的分布情况，内右四区、内右二区的学校分布相对较为密集，内右三区、中一区、中二区、外右四区、外右五区、外左四区中的学校分布相对较少。

发展到 1919 年时，北京的学校总数为 324 所，其中大学或相当于大学水平的学校有 28 所，中学或大学预科为 18 所，特殊学校 7 所，补习学校 5 所，高级小学 57 所，初级小学 143 所，半日制学校 54 所，其他初级小学 10 所。隶属京师学务局的小学分布在北京周边地区，有 91 所，女校仅有 38 所，其中包括 5 所高等学校、32 所小学程度的学校以及 1 所幼儿园。依照当时的统计，北京的学生有近 55000 人，其中 7000 名为女生；在公立的中高等学校中，男生为 13770 人，女生为 638 人。

1946 年 9 月，183 所北京市立小学及简易小学一律改称国民学校，实行学区制（图 2-6），每区选择规模较大、办学质量较高的学校，设置为国民中心学校。每个学区的国民中心学校作为学区内其他学校的榜样，起到示范带头作用。在全北京 212 所国民学校中，有 16 所成为了中心学校。

此时的学区与警政分区依然有着紧密的联系，街道和城墙依旧是学区边界的主要限定要素。从南北向来看，主要的街道包括西海西沿、水车胡同、罗儿胡同、棉花胡同、护

图 2-6
1947 年基础教育学区划分以及学校在北京城中的分布示意 School System in 1947
图片来源：作者自绘，底图参考侯仁之先生编著的北京历史地图集

仓胡同、西黄城根北街、安定门内大街、北河沿大街、南河沿大街、宣武门内大街、崇文门内大街、宣武门外大街、崇文门外大街、天坛东路、菜市口大街。从东西方向来看，主要的街道包括武定侯街、丰盛胡同、大酱坊胡同、东四西大街、朝阳门内大街、骡马市大街、珠市口西大街、珠市口东大街。

这一时期的学区空间面积在 1.42~7.79 km^2，最大的是外五区 7.79 km^2，最小的是外一区 1.42 km^2，其余学区从大到小的顺序依次为：外四区 7.57 km^2、外三区 6.87 km^2、内六区 6.8 km^2、内三区 6.57 km^2、内四区 5.82 km^2、内一区 5.55 km^2、内五区 4.99 km^2、内二区 4.08 km^2、内七区

3.51 km^2、外二区 2.15 km^2。

从图 2-6 中可以看到学区中学校分布的密度情况，中轴线以西的内四区、内二区、内七区、外四区等学区中的学校密度相对较高，内六区、外五区、外三区等学区中的学校密度相对较低，甚至这一分布态势在一定程度上都能够解释当代北京学区空间中的西城区为何始终是优质教育产出的高地。如果单就高考平均成绩这一个片面的比较项来看，其他区域的高考平均成绩始终无法望其项背，可见教育的成就是需要时空的共同积累和不断巩固的。

综合近代北京学区空间的 3 个发展阶段及空间范围变化（图 2-7）可知：其一，学区边界的范围呈现越发精细的划分，学区层级增加，数量增多，大街和城墙成为学区空间可识别的物质边界要素，二维的路径要素与三维的城墙要素共同构筑了学区的边界范围；其二，当时的大学区边界与警政治安边界多有重合；其三，虽然学区边界明确但相互之间也存在一定的影响力。由于城市中的基础教育尚处在大面积普及的初级阶段，还谈不上对受教育个体自主选择权的影响，这一边界的意义更多的是教育管理者在普及教育过程中的一个工作边界。当然从更宏观的层面来看，频繁的边界变化也反映了政权兴衰更迭的历史进程。

从空间的角度进一步来看，除了大街、城墙在学区划分中以边界要素呈现外，隐形的中轴线以及皇城庙坛、内城水域也都是学区划分参照的边界要素。谈到北京的中轴线，人们并不陌生，这条隐形的中轴线与学区也有着紧密的联系。围绕这样一条隐形的中轴线，老城是一个对称的“凸”字形，初期的学区分布在轴线两侧，1947 年的学区划分已然打破了轴线的影响，内五区和内七区这些原先分居于轴

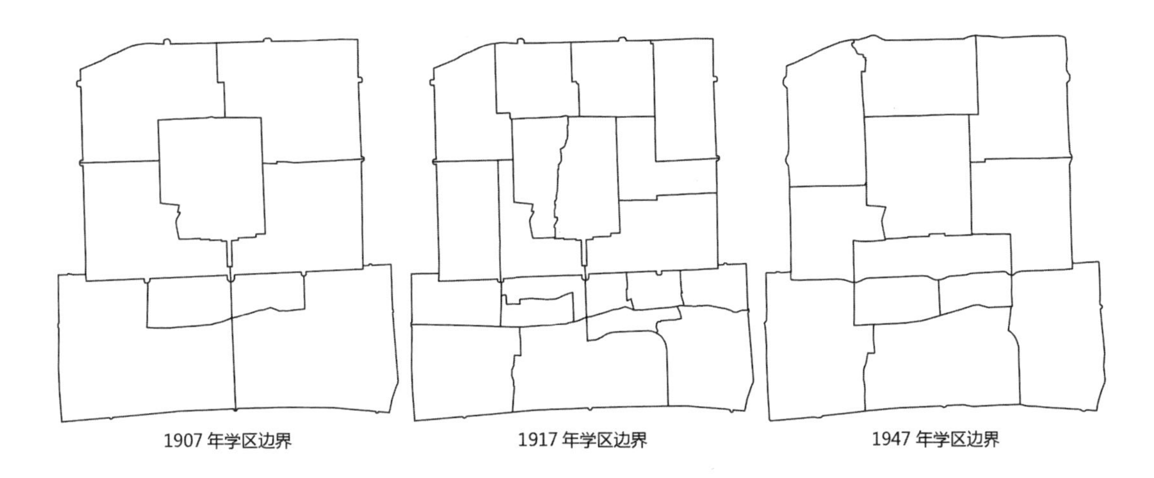

图 2-7
1907 年、1917 年、1947 年三个不同阶段的学区边界叠加示意图 School District Boundary Superposition in Three Different Phases
图片来源：作者自绘

线两侧的学区结合在了一起。

从轴线两侧分布的学区数量来看：1907 年，轴线两侧的学区数量均等分布，除了此时的内城第一学区坐落在中轴线上以外，轴线左右两侧均为 4 个学区。1917 年的学区呈现细分的趋势，除了中一区和外右五区占据中轴线外，其余学区分布于轴线两侧：轴线西侧有 9 个学区，内城 5 个学区，外城 4 个学区；轴线东侧有 9 个学区，内城 4 个学区，外城 5 个学区。1947 年的学区在警政分区的影响下，占据轴线的学区有 4 个，分别是内五区、内六区、内七区和外五区，其余在轴线东西两侧各有 4 个学区分布。

在学区的划分中，轴线既能够成为边界要素，又能够穿越学区。在 1907 年的学区划分中能够看到，内城第四学区与内城第五学区之间、外城第一学区和外城第二学区之间、外城第三学区和外城第四学区之间都是以轴线作为边界的；在 1917 年的学区划分中，内右三区和内左三区之间、外右一区和外左一区之间以中轴线作为边界；1947 年，以中轴线作为边界的分区只有外一区与外二区。被轴线穿越的学区在每个时间段都比较少，1907 年被轴线穿越的学区是内城第一学区，1917 年被轴线穿越的是中一区和外右五区，1947 年被轴线穿越的学区数量有所增多，分别是内五区、内六区、内七区和外五区。

这样一条隐形的中轴线事实上成了人们识别学区边界的一个参照系，从人们对轴线两侧东西二城的传统认知以及不同社会阶层的空间分布所折射出的教育资源配置状况，能够看出李中清教授关于“教育精英”“政治精英”“财富精英”理论所体现出的现实教育资源空间匹配。就基础教育学校的数量来看，中轴线西侧、“凸”字形北京城北侧的近代基础教育学校分布相对更加密集。

皇城、天坛、先农坛、中海、南海都是近代北京城市中与国家权力有着紧密联系的空间，学区在囊括这些重要的空间时都给它们留出了独立的边界范围，一些学区的边界就是其城墙的边界，譬如处在内城中的皇城。皇城一直作为单独的学区存在，1907 年以“内城第一学区”的称呼独立分区；1917 年的学区划分沿着北海、中海、南海东岸将这一学区划分为中一区和中二区；到了 1947 年，原先的中一区与中二区合并，取消了千步廊地区的边界，将千步廊区域划入了内七区。上述 3 个时间内，在皇城限定的学区中学校分布都较为稀疏。

天坛、先农坛在 1907 年时被分别划入不同两个学区，天坛属于外城第三学区，先农坛属于外城第四学区；1917 年，天坛和先农坛被共同划入外右五区，但这一时期该学区内部的学校很少；1947 年，两者延续了合并的划分方式，被组合为外五区，学校在这一时期出现了增加的状态。

内城中的水域一部分是皇城内的北海、中海、南海，另一部分是位于内城北侧的前海、后海、西海。1907 年的皇城第一学区包含了北海、中海、南海，到了 1917 年，沿着北海、中海、南海的东岸，将这一皇城限定的学区划分成为中一区和中二区，北海、中海、南海被划归在中二区，这一片水域的东岸成为了学区划分的一个分界参照，学校分布较为稀疏。

这些重要的皇城坛庙、内城水域在不同时期都具有一些学区边界参考的属性，其本身所具有的空间识别性、可读性恰好为学区的认知限定了一个可感知的边界。

总的来看，通过梳理近代北京学区空间的发展背景及空间边界的变化，能够得出以下几个主要结论。

其一，通过分定区域的形式对上学活动进行管控的方式由来已久，管理方式空间边界化甚至早于西方的学区。八旗分定旗域上学早在顺治元年（1644 年）就已经开始实行，早于 1647 年马萨诸塞州（Massachusetts）海湾殖民地订立 *The Old Deluber Satan Law* 的时间。分定区域起初与种族地缘、八旗旗域相关，后来与治安及警政分区范围有紧密的联系。学区与学制的发展紧密联系，呈现出公共政策在空间中的投射关系。所以说，学区这件事情完全是舶来物并不准确，只不过这个名词是在 1906 年才正式出现的，但在 1906 年以前甚至更早的时候就已经有雏形并有过相关的实践。

其二，废除科举后，近代教育的发展首次明确地提出了“学区”这个名词，并且成为清末教育管理机构很重要的一项工作。并且，从 3 个不同阶段的学区空间边界分定中能够看出，影响学区空间分区的物质因素主要有 4 个：一是城墙和大街；二是传统空间意识中存在的一条隐形的南北中轴线；三是皇家核心区与天坛先农坛是单独的 2 个学区；四是水域边界，壬戌学制分区时，皇家核心区的中一区和中二区之间是沿着北海、中海、南海水域的东岸进行划分的。

其三，教育空间在城市空间中的时空延续性、学校数量的增长、密度的增长、类型的多样化是一个渐进发展的趋势，并且在近代以来实现了增速提升，类型更加丰富。教育制度的改变是一个因素，同时，大众化的科学学习从原先少部分人读书的特权，逐渐变成了全体学龄儿童参与的普及性、强制性活动（图 2-8），智力人才的培养内容、形式以及受众数量产生了深刻的变化。

其四，当代北京的西城区是全市基础教育水准的高地，西城学校的密度高是基于长时间的积累，这种历史的时空积淀和延续对当代基础教育的发展有着深刻的影响，可以算作是“百年树人”这句话的空间体现。

其五，从劝学员的职位设置来看，近代的学区并不限制学生的入学范围，学区仅仅是统计资源的一种教育工作单位，目的在于推广教育，实现普及教育以及学龄受众的最大化，鉴于现代教育的起步阶段也就不难想象，当时教育的广度和深度、发达程度以及普及程度是落后于当时的发达国家的。

其六，从三个不同阶段的学区边界范围变化能看出，学区边界的范围划分越发精细，学区层级增加、数量增多，近代的学区边界与警政治安边界多有重合。虽然学区边界明确也存在一定的影响力，但由于城市中的基础教育尚处在大面积普及的初步阶段，也谈不上对受教育个体自主选择的影响，其意义更多的是教育管理者在普及教育过程中的一个工作边界。当然，从更宏观的层面来看，边界的频

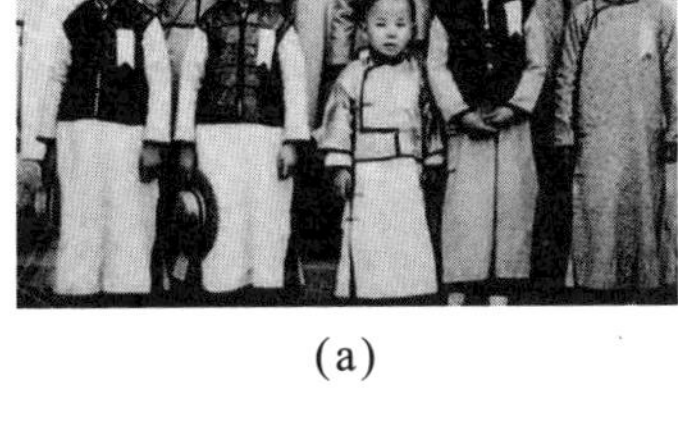

(a)

(b)

(c)

图 2-8
清末、民国、建国初期学生上学活动的场景 Student in the Late Qing Dynasty, The Republic of China and the Early Days of the PRC
图片来源：(a)、(b) 汤世雄 . 北京教育史 [M]. 北京：学苑出版社，2011；(c) 纪实摄影：昔日的北京风情 [EB/OL]. [2017-11-06]. 凤凰网 .

繁变化从另一个侧面反映了近代中国政权兴衰更迭的历史进程。

二、学区空间的规划设计发展与实践

本节分别从学区空间的规划理念、技术指标、具体方法入手，梳理“学”空间设计的沿革以及现状。

1. 理念变化——从“田园城市”到“精明增长”

西方近现代经典的城市规划理论从“田园城市”到“邻里单元”再到“精明增长”的发展历程，反映了城市空间规划过程中的理念变迁，同时这些不同时期的城市发展理论都将学校作为城市概念模型的中心，客观上影响了学校、住区、学区在城市空间中的布局以及相互之间的关系。

1898 年，霍华德在他的专著《明天：走向真正改革的平和之路》中提出了“田园城市”的理论。田园城市是一个规模两 2400 hm^2、人口 30000 左右的城乡融合发展模型，教育设施的布点在模型中处于重要明显的位置，且通学路径全部组织在居住区内部，避免主干道路干扰。这一理论的设计初衷是为了解决伦敦大都市由于拥挤所产生的公共安全、公共卫生等城市问题。美国受到了这一理论的影响，在19世纪末，有一系列在美国城市郊区的实验性建设，这些建设项目包括完整的教育、医疗、商业等居住区配套，一定程度上该实验性理论的实践引发了对学校标准化建设的推动。

20世纪20年代，佩里提出邻里单元理论构想，基于中小学服务范围半径800~1200 m，设定邻里规模1000户、约5000人，同时辅助其他公共配套服务设施。该理论详细论述了学校规模、服务半径、布局规划等问题的指导方略与技术指标。一方面，这一理论的提出是针对解决纽约人口密集、环境恶化问题而产生的；另一方面汽车工业的发展以及城市路网结构的变迁，使得佩里设想返璞归真，营造一种不被汽车打扰的田园生活。从邻里单元理论中对儿童上学路径不能跨越汽车干道的保护性规划能够看到佩里对城市公共教育空间规划的深刻洞见，这一理论至今在全世界城市发展中依然有着深刻的影响。

到了20世纪50年代，F. 吉伯德的《市镇设计》与刘易斯·凯博（Lewis Keeble）的《城乡规划的原则与实践》都从城市空间组织的角度、用地布局的角度，对教育设施布点的原则与方法以及建成后对城市空间所产生的影响有所论述，可见规划设计界对教育设施影响城市空间的理解逐渐深入。

苏联在1958年颁布的《城市规划和修建规范》明确以小区作为城市发展的基本单位，对当时城市居住区规划建设所包含的具体内容、公共服务设施的设置方式，尤其是对学校的配置模式等都有明确的技术要求及指导性标准，这一标准对早期我国的基础教育配套设施建设有深刻的影响。

20世纪七八十年代，美国关于教育设施的指标以及规范基本上保持稳定不变的状态，基础教育规划建设工作的重心从中小学在城市空间中的布点及规划标准逐渐转移到了对已有基础教育设施的调整再利用。塞尔加·赛尼克和萨拉·赫斯科维奇对基础教育设施布局与城市空间的关系进行了深入研究，结合学区的划分范围、人口变化、财税制度等旨在提高学区空间效率的研究逐渐成为主流，希望借助基础教育提升城市竞争力，减少规划布局中对城市空间的不利影响,促进中小学教育城市空间环境的改善。可见，基于发展阶段的差异，当时中美两国对基础教育设施与城市空间关系的理解和着眼点是有时间和深度差距的。

到了20世纪90年代，在郊区化已然颇具规模的城市扩张背景下，为了克服郊区化无序蔓延所引起的城市空间效率低下的种种弊端，“新城市主义”应运而生，旨在倡导紧凑布局、精明发展、抑制蔓延。这一次，学校和学区的运营状况、儿童所处的学区空间环境、交通压力、环境污染，儿童肥胖和健康问题又一次被作为“新城市主义”取代郊区无序蔓延的切入点。《新城市主义宪章》的提出使人们重新认识到就近入学、教育投资效益、空间高效利用等在城市空间发展中的真正含义，以及与个体自身发展的紧密关系。

进入21世纪以来，学区空间的发展越来越关注校点与社区的紧密联系。学校位置和社区发展是密不可分的。学校位置影响社区土地利用模式和基础设施需求，也包括当地土地利用、道路和公用事业网络的位置和能力以及社区对经济发展、住房和其他社会项目的投资影响、学校环境和学习环境等。综合考虑，学校选址和其他社区决策影响住房和交通选择、邻里活力、经济发展、社区服务成本、环境质量以及整体社区健康和福祉。

学校位置与社区发展之间的这些密切联系表明了协调和调整学校选址和其他社区决策的重要性。然而，在许多社区，关于学校选址和其他社区优先事项的规划和决策的联系并不紧密。2015 年 12 月，美国环境保护局（EPA）根据“精明增长”理论实施援助计划开发了精明学校选址工具（smart school siting tool），帮助学校机构和其他地方政府机构合作，更好地调整学校和其他社区发展决策。纽约更是提出了 *Pre-K for All* 和 *New York City Community Schools Strategic Plan*，旨在建立一个真正普遍的高质量幼儿园系统，同时启动并维持纽约市的 100 多所社区学校系统。在 2015 年纽约颁布的 *One NYC—The Plan for a Strong and Just City* 远景规划中，上述两个计划更是被提及并作为长期的计划而持续执行（图 2-9）。由此可以看出从单一、静态到连续、动态，从郊区蔓延到回归城市社区的发展理念变化。

我国很长时间以来，对于激活大范围的城市空间活力，在不同时期有不同的方式：起初是以行政中心的搬迁和新建来激活一大片区域；随着近年来政府职能的转变，行政中心的驱动作用不再强大，取而代之的是大学校区的新建，但是现实状况是并非所有的大学园区周边都会繁荣；再后来就是新区的建设，国家级的、省一级的新区建设成为热点；现在看来学区和优质的教育资源有可能会成为未来驱动城市空间活力的加速剂。上述发展历程的梳理，为当代北京学区空间未来的发展提供了具有借鉴意义的西方参考坐标，同时结合北京正在进行的学区建设工作，我们应该思考走一条什么样的路径来创造性地优化学区空间。

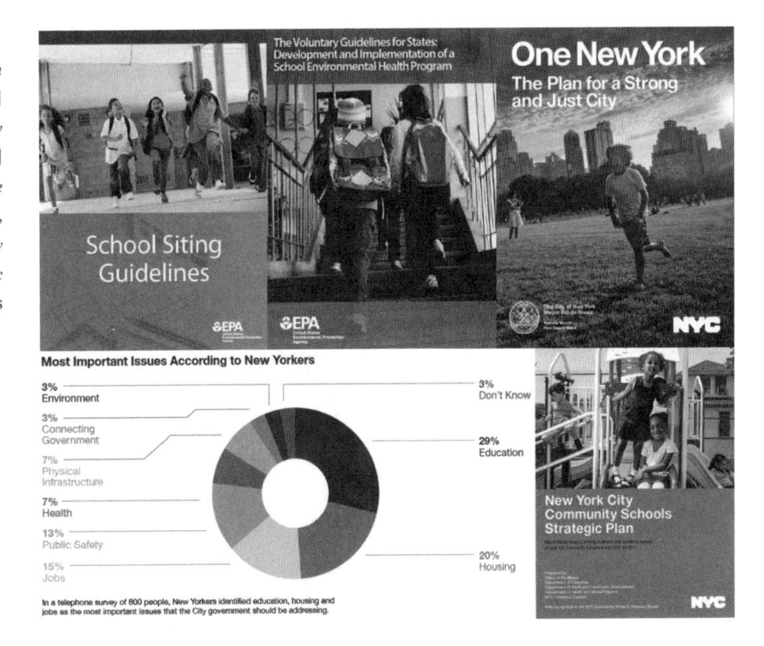

图 2-9
2015 年纽约颁布的 *One NYC—The Plan for a Strong and Just City* 远景规划将“*Pre-K for All*”和“*New York City Community Schools Strategic Plan*”列为长期计划持续执行 *One NYC — The Plan for a Strongand Just City Vision*, 2015 include the *Pre-K for All* and *New York City Community Schools Strategic Plan* as a Long-term Plan for Continuous Implementation
图片来源：纽约政府网

2. 指标设定——基础教育专项规划指标设定

总体来说，运用指标来指导教育设施在城市空间中的规划、设计、建设、管理是一个有效实现从无到有、从少到多、从城市中心向城市外围逐渐扩张的过程。改革开放以来，是基础教育设施逐渐实现增量、提质、标准化的一个重要时期，随着学区制全面深入的推进，北京城基于学区视角的教育设施规划管理将会是未来一个新的发展方向，制定一系列学区建设标准势在必行。

1980 年《城市规划定额指标暂行规定》基于“千人指标”的概念，规定了居住区以及相关配套设施的种类、规模、数量及技术指导建议，托儿所、幼儿园及中小学设施统一被划分为居住区公共服务设施大类中的教育服务设施类，以学校规模能够服务的人口数量限定居住区的人口规模，以包括学校在内的所有公共服务设施的服务半径来预判居住区的用地规模，可见邻里单元规划思想隐含其中。随着大规模建设的展开，《托儿所、幼儿园建筑设计规范》（JGJ 39—1987）、《中小学校建筑设计规范》（GBJ 99—1986）、《城市普通中小学校校舍建设标准》（建标 [2002]102 号）以及不断修订的《城市居住区规划设计规范》（GB 50180—1993）2016 年版等国家标准和一系列地方补充标准共同成为了指导教育设施规划设计建设的技术指导性文件。这些指标不仅包括对学校规模的指导，还包括对服务半径的规定，北京还制定了适合自身发展的相关规范，如《北京市居住公共服务设施规划设计指标（2006 年）》《北京市中小学校办学标准（2006 年）》《北京市城市建设节约用地标准（2008 年）》。现行的标准主要分为国家标准和地方标准。国家标准主要规定指导建设的下限值，一般地方标准的值会略高于国家标准。比较五座基础教育水平相对发达的城市，我们能看到地方指标规定得更为细致（图 2-10），也便于实际工作的操作。即便如此，在现实中一些城市由于学龄人口的激增依然会遇到设施局促的情况。

四十年城市的高速发展，在基础教育硬件设施均衡供给的前提下总体上解决了需求的问题，公立基础教育设施大部分情况下是以居住配套的角色出现，一般是按照“规划部门审批小区教育公建配套项目→国土部门划拨教育土地→开发商施工建设→住建部门负责质量监管→项目建成综合验收合格后无偿移交→地方政府教育主管部门配套教学设备招聘教师→开始招生投入使用”这样一个流程。在这个过程中，城市教育设施的发展阶段决定了不能以学区为单元进行规划设计。

时至今日有几点变化值得重视：其一，计划经济时期，

			北京				南京				上海							广州					香港
指标单位			千人指标/(m²)		一般规模/(m²)		地区级(m²)	居住社区级(m²)		基层社区级(m²)	居住地区级(m²/千人)	居住区(m²/千人)		居住小区(m²/千人)		街坊(m²/千人)		一般规模(m²/处)		服务规模(万人)	设置标准	设置级别	
			用地	建筑	用地	建筑		用地	建筑	用地		用地	建筑	用地	建筑	用地	建筑	用地	建筑				用地
教育设施	幼(托)儿园	6班	420~450	281~310	(8班)	(8班)	科教馆、职业技术教育学校、成人教育机构、专业培训机构等，用地3~5公顷			2700		一般规模		660	415	33	50	1800	1440	0.5~0.7	按生均标准设置：用地面积10m²/生，建筑面积8m²/生。	小区级	
		9班			3000	2100				3800		6600	4150			一般规模		2700	2160	0.7~1			
		12班			4200	2800				4700						132	200	3600	2520	1~1.5			
		18班																5400	4320	1.5~2			
			人口比例		30座/千人			人口比例		36座/千人		人口比例		?				人口比例		?			
			生均占地		14~15m²/座			生均占地		13~15m²/座		生均占地		?				生均占地		10m²/座			
	小学	12班	510~568	403~441				10643	3942			一般规模		600	267	2	5	6500	5200	0.7~1	按生均标准设置：用地面积12-13m²/生，建筑面积6.5-8.5m²/生。	小区级	
		18班			9500	7500			5266			15000	6670			一般规模		10000	6800	1~1.3			3950
		24班			12500	6200		19624	6307							8	20	13300	8500	1,3~1.6			4700
		30班						24530	7884									16700	9700	1.6~1.9			6200
		36班						29435	6307									20000	10500	1.9~2.2			
			人口比例		43座/千人			人口比例		70座/千人		人口比例		?				人口比例		?			
			生均占地		12.76~14.2m²/座			生均占地		18.2~19.7m²/座		生均占地		?				生均占地		12~13m²/座			
	初中	18班	334~382	254~276	13000	9500	中学					一般规模		600	280	10	30	12000	9500	2~3	按生均标准设置：用地面积15m²/生，建筑面积9-11m²/生。	居住区级	
		24班			17000	12500	12班	14850	5412			15000	7000			一般规模		18000	11500	3~4			
		30班			21000	15600	18班	21213	7758								120	22500	13500	4~4.5			
	高中	24班	317~363	217~233	19000	13000	24班	26208	9588			一般规模		432	234			20000	12000	3~4	按生均标准设置：用地面积16-17m²/生，建筑面积8.5-10m²/生。	区域应设，居住区宜设	
		30班			23000	16000	30班	32760	11985			21600	11700					25000	14000				
		36班			28000	19000												30000	16000	4.5~5			
	九年一贯制	36班	840~960	653~760	21000	15000		40000	13440									22000	13300	1.5~2	按生均标准设置：用地面积13-14m²/生，建筑面积7-8m²/生。	小区应设，居住区宜设	
		45班						58000	20000					青少年活动室		18	30	28000	16200	2~3			
								54班	54班							一般规模							
	完全中学	30班			22000	16000										72	120	24000	13800	1.5~2	按生均标准设置：用地面积15-17m²/生，建筑面积8-9m²/生。	区域应设，居住区宜设	6950
		36班																27000	18300	2~3			
		48班																36000	24000	3~4			
	指标简要对比分析		核算标准/ 南京：设集中的地区级、居住社区级、基层社区中心，学校相对独立，每千人学生数高，用地标准较高，无千人指标，固定学校班数、用地面积/ 上海：分级别设置，用地标准较高，标准制定细致，生均面积标准稍小 /香港：托幼可不独立占地，以学生人数核算班级标准，标准制定较粗，用地面积标准低。附学校标准平面。																				

图 2-10
五座城市基础教育配套指标比较一览表
A Comparison of Basic Indicators of Urban Basic Education in Five Cities
图片来源：作者根据相关资料整理

我国一直使用千人指标的体系，按需配建中小学，但是随着市场经济的发展，当代北京城市的住区空间建设发生了很大的变化，近年来快速发展的多是一个一个小楼盘，并非整体规划建设的住区，因此按照原来的指标体系配建中小学的方式。在新一版住区配建用地指标中被剔除了，2011版《用地分类与规划建设用地标准》(GB 50137—2011) 的正式实施，中小学用地从居住用地大类归类调整到了公共服务和公共管理设施用地大类中的教育科研用地内。其二，基础教育设施办学规模有不断扩大且超越目前指标体系设定级别的趋势。其三，2014 年以来学区制广泛试行，新版《北京城市总体规划（2016 年—2035 年)》继续强调深入推进学区制建设。其四，短时间内会迎来新一波学龄人口数量的波动。以上这些变化要求我们对原有设计思考范围、指标设定及现有资源的配置方式重新予以审视。

3. 现实情况——教育设施规划建设中的现状

现实操作中，教育专项规划还没有上升到法定规划的地位，只是在总规和控规下的进一步空间现状梳理和规划。北京市规划设计与管理部门公共服务设施教育资源的配置标准与教育部门发布的教育配套设施标准存在差异，这也是在规划编制过程中遇到的问题。简言之，就是《北京市中小学校办学标准》的某些指标大于《北京市居住公共服务设施规划设计指标》中的规定指标，并且如果以《北京市中小学校办学标准》来衡量主城区的学校现状，达标率亦不容乐观（王亚钧等，2008）。基于这种现状，北京的规划、国土、教育、设计等相关部门联合对北京的教育设施现状进行了一次调研，总结出设施分布不均、办学水平差异、个别学校运营状况欠佳等问题，制定了《北京市城市建设节约用地标准（2008年）》，从而解决了部分地区学校建设用地紧张的问题。从规划设计的角度讲，工作的出发点是平衡全市公共服务设施资源的分布，但是学校在某种程度上希望多划拨土地用来改善办学条件，但规划设计上总体限制比较严格。主城范围内建成区主要是按照规划部门的标准，新城按照教育部门的指标建设。毕竟中小学教育设施的占地在所有的公共服务设施中占有较大的比例。

就学区范围的划分，2014年9月规划部门也没有这个数据，有些学区也是教育部门自己划分的，规划设计部门从教育部门获得的数据也只是限于学校和人数。对于学校提出对于用地的诉求规划管理及设计部门尽量在一定限度内满足，并不会仅考虑学校诉求而打破已经形成的基本用地平衡格局。

教育部门对学校的整体规划，基本上是从师资配置和生源的匹配度角度来规划的，譬如要开学了，教育部门会在这个区域里面算出两个数字，即该区域的毕业人数和入学人数，看看两个数字能否匹配。如果有差距，教育部门会从现有校舍容纳人数方面进行统筹调整，让这个区域内的孩子们都能够上学。2014年以来全北京实行网上录入学籍信息，这一精确的数据采集方式使得上述工作更加有效精准。

在实际建设过程中，按照现行的标准，开发商不管拿到大地块还是小地块，都要按照比例修建一部分学校配套，学校有班数要求，但是不管多少班级，都要有基本的基础设施配套——400 m跑道及活动空间。如果预留的空间不够，即使是新修建的学校也很可能会显得局促，会出现操场“上天入地”的状况，即操场放在楼顶上和地下室。早期会有一些开发商投机取巧，把大地块划分为一个个在指标要求下限的小地块，从而逃避修建学校，造成整个区域的教育设施的缺失。还有一个现象就是由于北京房地产市场的火爆，土地性质变更很可能会发生，当原先不需要配建学校的用地转变为居住用地的时候，总是会需要有相关的配建要求，但很有可能所需的学校配建不了了之。当然上述情况都属于极端个案，总体来看现阶段设计、管理、规范多方面还是有很多工作需要加强。好在北京已经在实行的管理方法有一条是需要教委签字认可，开发商才能够动工，这就在一定程度上遏制了投机取巧的行为，同时让开发商的开发行为能够更加符合教委对于学校规模和选点的要求。

4. 方法路径——学区划分的理念原则与方法

Schilling（1980）曾提出基础教育作为一类公共服务设施具备诸多服务特性（Schilling D A，1980）：从设施性质与使用频率来看，中小学提供的服务属于“公共智力升级性设施”，一般民众在选择住家时常常考虑接近学校，以利于子女就学。中小学几乎是学生每天都会接触的设施，属于日常高频率设施；从供需形态来看，中小学由公共部门提供或补贴，以满足公共需求为目的，属于义务教育，需求强度高，且学生的需求仅能够在中小学得到满足，所以是“刚性需求”设施；从空间结构与设施关系来看，中小学为公共服务设施，学区划分牵涉到学生需求到学校设施的交通线路，所以具有网络特性，同时中小学的学区划分与教育层级没有很大关系，属于一种非层级的区位设施；从市场状况与动态调整看，中小学设施属于非盈利设施，市场状况虽然属于非竞争性设施，然而任意一个学校学区划分的扩大或者缩小，势必会影响其他学校学区的范围，因此学区与学区之间仍有竞争性质，且学区规划工作随着时间与需求而有所变动，应以动态的视角审视。

在校点发展由少到多、由疏到密时，如何分配招生范围，如何划分学区成为重点关注的问题。如何布局校点、如何优化已有的基础教育设施网络，在就近入学的原则下，如何划分招生范围？在整合提升教育资源的背景下，如何划定学区？这些问题的解决都有相对应的措施。

学区作为基础教育这一公共服务设施的整合单元，其划分遵循几个基本的原则保障，包括确保权益、多元参与、延续发展、全面涵盖、地理明确、车程最小化、安全与便利、适度规模、动态调整、阻力最小等。学区作为一个教育政策的空间边界投射，其中学校的分布相对比较稳定，变化的是学龄儿童对教育资源的需求。总的理念是：牢牢把握供给密度与需求密度的差异，从公共服务的职能考虑，以学校的视角发现供需差异，用学区的视角来弥补供需失衡；从全面提升整体公共教育水平的角度考虑，以学区作为统计单元来发现全体学区之间的差异，从学区里的学校入手来解决这些差距；从家长、学生的角度考虑，提供多元的选择路径。

学区空间建设分为学区之间和学区内部两个层次。学区之间重视评估差异，寻求和城市总体发展相协调的总体均衡，制定以学区为单位的评价指标体系。学区内部推行九年一贯制+高中的模式。技术推进层面，结合最新的北京城市总体规划，在教育设施专项规划的控规层面增加关于学区的相关研究设计探讨，由原先的中小学学校布局策略转化为通过一个合适规模的学区的划定，紧密围绕可达性和均衡性重新评估学校在学区中的分布，实现学区教育资源整合发展。可达性体现为就近入学及结合学龄人口分布的单校划片与多校划片；均衡性理解为足够的学位、校点的撤销、合并以及新建。

以北京教育主管部门2015年公布的各区学区范围图为例，现有的学区边界是以街道及行政区划为蓝本划定的范围，一般一个学区内包含若干个学校。在学区内部，对于学区内单校划片方式，是根据其间各个学校的位置分布将一个完整的行政区域划分为与学校数量相同且连续覆盖的若干片区；对于学区内多校划片方式[1]，可以理解成为每个街区搜索与之距离最近的前几个学校，按照距离由近及远，指

---

[1] 起初是一个居民地被划入某个招生区，但是随着优质学校对应的高价学区房所产生的负面社会效应，教育主管部门逐步出台了旨在为学区房降温的多校划片的政策，打破了原先一一对应的关系。

定优选学校。上述两种方式只是初步完成了学区内几何划分的第一步，第二步主要通过对学龄人口的增长趋势与分布情况判断[1]，考虑可达性等关键评估因子，进而优化学区内的划分结果。这些针对不同发展阶段、不同需求所产生的具体布局方式方法，为未来综合提升学区空间品质、整合学区教育资源打下了良好的基础，同时随着时间的推进和城市的发展及时动态维护，甚至有可能反过来影响城市层级的学区边界范围。

三、当代北京学区空间发展的基本现状

1. 学区与教育资源的分布

据北京市学区制管理和集团化办学工作推进会的数据[2]，“截至 2017 年 10 月，北京市全市域共有学区 131 个，覆盖 12 个区，1053 所法人学校，占中小学总数的 64.6%。平均每个学区规模为 8 所学校，学区在校生总数 96.8 万人，平均每个学区在校生 7400 多人。这些学区按组织机构性质可分为两大类：法人治理结构的学区与非法人治理结构的学区。按参与治理的主体划分，学区有共治型和自治型两种”（图 2-11）。北京市教委副巡视员冯洪荣介绍，“北京以学区制改革为着力点，完善义务教育优质均衡发展体制机制。从

---

[1] 2014 年，北京市推行学区制和九年一贯对口招生，相关教育行政主管部门完善了中小学入学规则，调整了学区划片，设立了全市统一的义务教育入学服务平台。该平台包含本学年度市、区的相关教育政策信息以及各辖区内的中小学基本情况，同时启动了学生入学信息采集，学龄儿童建立“一人一号电子学籍”，学校能根据较为准确的“片内学生名单”及分布情况，配备教育资源，统一入学服务。尤其是对于在京务工外地人员子女的信息提供了更为准确的数据收集途径，便于教育行政部门及时更新学龄人口变化及分布情况，调整教育资源投放。该平台也重点监控跨区择校，有利于就近入学原则的落实。

[2] 沙璐 . 北京学区制改革 城六区将新增 25 所优质小学 [N]. 新京报，2017-10-12.

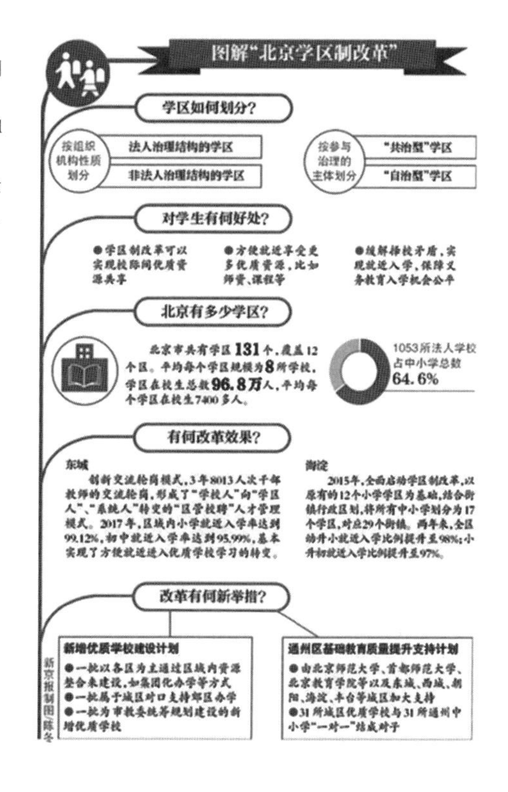

图 2-11
2017 年 10 月新京报图解北京学区制改革
Beijing News Illustrated Beijing School District System Reform 2017-10-12
图片来源：沙璐. 北京学区制改革 城六区将新增25所优质小学 [N]. 新京报，2017-10-12

2016 年起，每年有 4400 万元的市级引导性支持经费，覆盖全市所有区，鼓励区域开展集团化办学、学区制管理的实践探索"。

据北京市教委 2012 年提供的数据统计：全市共有高中 290 所，在校生 19.51 万人，其中本市户籍 17.79 万人，非本市户籍 1.72 万人；初中 342 所，在校生 30.23 万人，其中本市户籍 22.15 万人，非本市户籍 8.08 万人；小学 1090 所，在校生 68.05 万人，其中本市户籍 39.13 万人，非本市户籍 28.91 万人；全市有托幼 1305 所，在园幼儿 31.41 万人。2013 年年末，北京市共有基础教育各类学校 3115 所，总用地 45 km^2，在校生 168.5 万名，教职工 19.5 万人。根据核心指标测算，现有全市基础教育设施用地总量基本满足当前人口需求，但托幼设施不足，设施结构上仍需调整（图 2-12）。由于当前以学区为单位的教育数据统计缺乏，下文将主要以学区的再上一级区县范围为单位对当代北京基础教育的现状做简要分析。

2013 年全市非京籍学生数量占学生总数的 39%，小学为 47%。外来人口就学需求比例较高的区域主要集中在城市功能拓展区和发展新区，如昌平区、丰台区、朝阳区、通州区、大兴区等。

校点服务设施的现状分布与城市建设用地的空间发展相对应，分布不均，优质资源依然高度聚集在中心城的中心地区（图 2-13）。

从空间分布上来看，外围区县人口数量少，用地相对充足，人均学校及人均学校用地数量均比中心城指标高（图 2-14～图 2-16）。海淀区人均学校用地在中心城最高，是中心城区学校最集中的地区。托幼不足的区县包括东城区、西城区、朝阳区、海淀区、丰台区、通州区、门头沟区、怀柔区；小学不足的区县包括丰台河西、门头沟区；中学不足的区县包括丰台河东片区、昌平区。

从教学质量上来看，各区县差距明显，东西城区、海淀区优质教育资源云集，作为北京的教育高地属于就学需求大区，承担了超出自身承载能力的就学需求，朝阳区、丰台区、石景山区、昌平区、门头沟区等区由于靠近东、西城区及海淀区，成为就学需求输出大区。基础教育优质资源需要进一步向均质化方向发展。

东、西城区均存在生均用地紧张现象，优质资源供不应求，托幼设施服务半径无法覆盖所有居住区范围。临近的朝阳区、丰台区等区学生输出大，学校负荷率相对较低。优

图 2-12
当代北京基础教育设施发展数据统计
Number of Schools and School Land Area of Per Capita in in Districts of 2013
图片来源:《北京公共服务设施规划实施评估及分析报告》

设施类型		单位	2004 年	2013 年	增 幅
基础教育	中学	个	760	638	−16%
	小学	个	1504	1093	−27%
	幼儿园	个	1422	1384	−3%
	总用地面积	hm²	4028（中小学）	4500（全市） 1685（中心城）	11% —
	千人用地面积	hm²	0.28（中小学）	0.21（全市） 0.14（中心城）	−25% —
文化	公共图书馆	hm²	30.9	47.6（2012年）	54%
	博物馆	个	127	162（2012年）	28%
	演出场所	个	36	68（2012年）	89%
体育	体育场地	个	6100	6156	1%

图 2-13
2013 全市各区县基础教育设施规模评估
Evaluation of the Basic Education Facilities in the City
图片来源:《北京公共服务设施规划实施评估及分析报告》

现状全市基础教育设施数据统计表

	配套指标（m²/千人）	现状需求	现状面积	匹配度
托幼阶段	350	724.2	538.6	74%
小学阶段	中心城内 535.9 中心城外 995.4	1490.1	1724.0	116%
中学阶段	中心城内 684.7 中心城外1021.0	1685.0	2210.6	131%
总　量		3899.3	4473.2	115%

图 2-14
2013 年各区县非京籍学生比例（上）
Percentage of Non - Beijing Household Registration Students in Districts of 2013

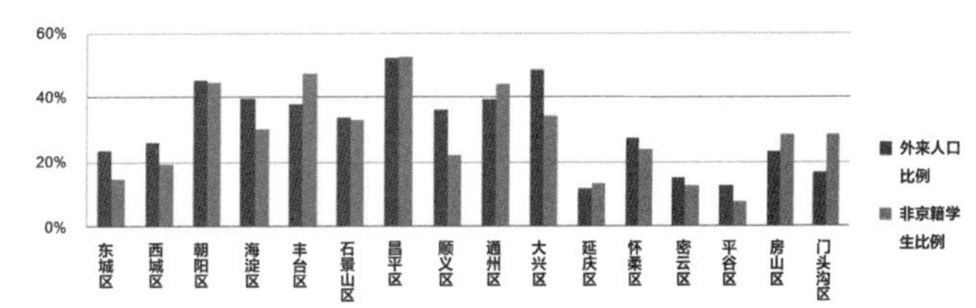

图 2-15
2013 全市各区县人均学校数和人均学校用地面积统计图（中）Number of Schools and School Land Area of Per Capita in Districts of 2013

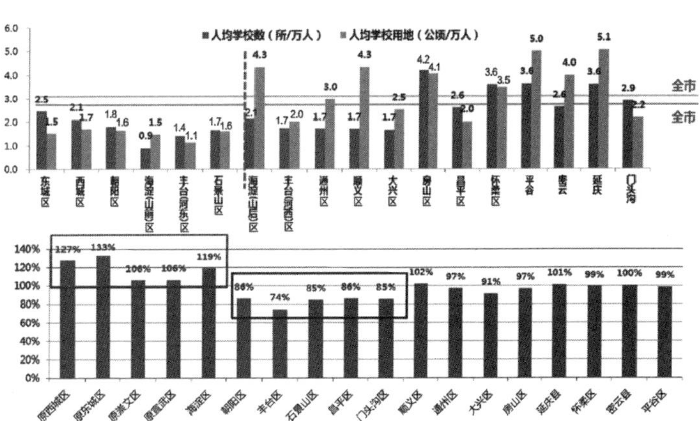

图 2-16
2013 年各区县非京籍学生比例（下）
Percentage of Non - Beijing Household Registration Students in Districts of 2013
图片来源:《北京公共服务设施规划实施评估及分析报告》

质服务设施的聚集对区域交通、市政和各类基础设施承载力提出严峻挑战。同时，和学区发展有紧密联系的公共文化体育设施，如全市60%的图书馆、90%的总藏书、70%的体育馆、60%的体育场都集中在中心城。

2014年以来北京各区县逐步划定了明确的学区空间范围（图2-17），实行网上登记学龄人口的“住—学”情况，学区内小学划片就近入学，小升初采取对口直升或计算机派位，学区内教育资源统筹协调，使得学区制度与空间地域相匹配。2014年西城区将15个街道由原来的7个片区变为11个学区；3月东城区教育委员会成立八大学区工作委员会，分别对应东城区的8个学区；4月丰台区教委公布了教育集群的划分；2015年5月12日西城区教委公布了最终确定的11个学区及划片学校名单；同月石景山区学区划片名单敲定；11月19日海淀区教委正式对外公布了17个学区及其所属学校划分情况；12月25日朝阳区教委首次发布了义务教育阶段的15个学区划分。中心城的63个学区范围逐步清晰，在这些学区中，面积最小的是安定门交道口学区，最大的是东坝学区。基于北京现状，可以发现上述学区划分范围大多是基于街道的管辖范围，但是这种依据街道划分范围确定的学区规模是否适合学区自身的发展规律还有待检验。谈到规模就必然会涉及边界，临近学区边界线的学校到底如何均衡分布更是需要慎重考量。由于历史原因，优质教育资源并不是按地域均衡分布的，33所重点小学全部在中心城（2010年后不再提此概念），中心城范围内示范高中数量占全市的72%（68所中的49所）。现实生活中经常会遇到一种情况，学生的住所临近一所很好的学校，却不在这所学校的招生划片范围内，而不得不奔波到另一个

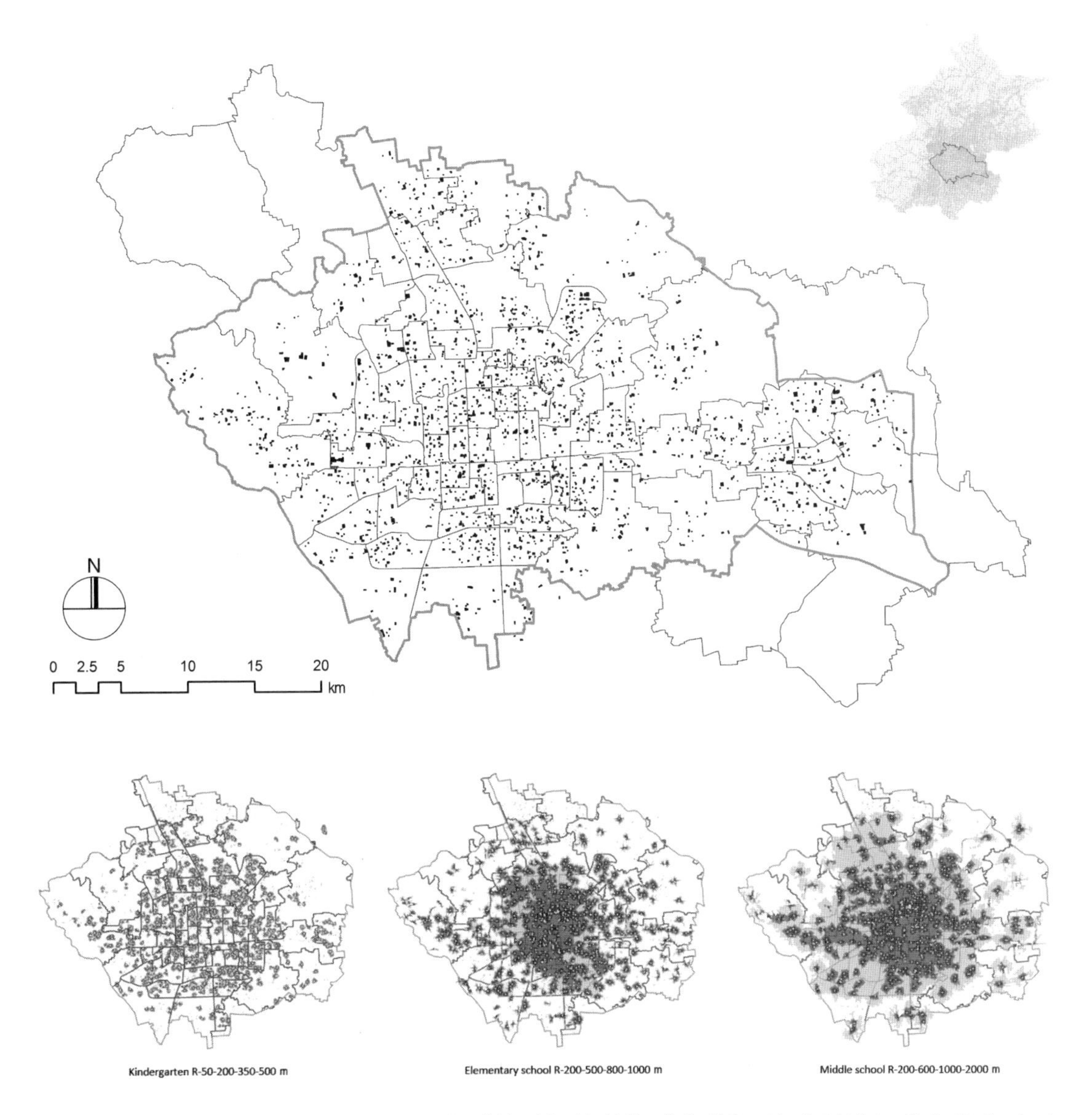

图 2-17
2015 全市学区划分及中心城校点覆盖范围 Urban School District Division and the School Coverage in Central City, 2015
图片来源：作者自绘

不那么“就近”的学校“入学”，这难以满足某些学生对不在其所属学区的优质名校的教育需求。在对北京中心城学区的研究中不难发现，学区边界两侧一线之隔的学校比较多，可见基于街道划分范围确定的学区边界会出现学校非均衡分布的情况，这样的边界是否有利于教育资源的均衡发展是值得探讨的。

2. 人口与教育资源的匹配

2013年北京市统计局数据显示，北京常住人口2114.8万，“十二五”以来年均增长51万人，年均增速2.5%。常住外来人口成为北京城市人口增加的主因。2011—2013年，常住外来人口增长98万人，占全市新增常住人口的64.1%。人口的稳步增长与城市资源的矛盾逐渐凸显，基础教育资源作为一项重要的城市公共资源，如何满足不断变化的学龄人口对教育资源的需求，值得持续关注。

2003年以来，户籍出生人口稳步增长，2011—2013年年均12万~14万人。受户口随父母政策和单独二胎政策实施影响，预计人口自然增长趋势稳定，最高年份将达到16万人，最终在10万~12万人波动。常住外来以青年劳动力为主，婚龄人口占比高，20~40岁人口占外来人口的60%，学龄人口将稳步增加（图2-18、图2-19），未来一段时间基础教育服务需求仍将持续增强。

3. 形成不均衡状态的原因

从教育公共服务设施规划实施评估情况来看，造成现状设施问题的原因主要有几个方面。

其一，对人口规模与服务需求的快速增长缺乏合理预判。 北京作为特大城市，聚集了大量优质资源，在很长一段时间内仍将是流动人口的主要目的地。劳动力优先向特大城市聚集本就是城镇化快速发展过程中的最重要特征，历版北京城市总体规划的人口指标虽然都考虑了自然资源对人口承载力的约束，但对社会经济的增速和人口指标的

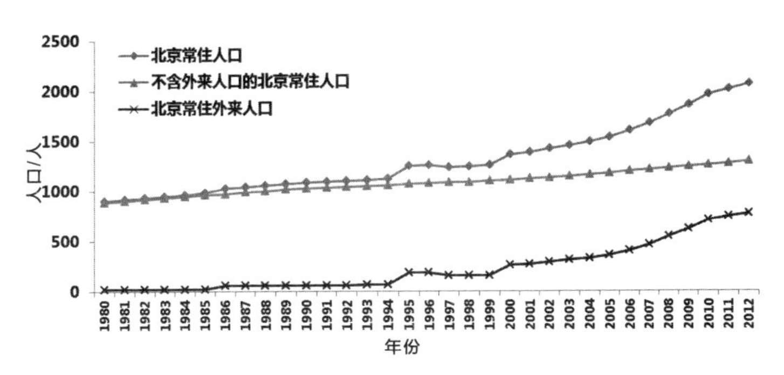

图 2-18
北京人口增长趋势示意图（上）
Beijing Population Growth Trend

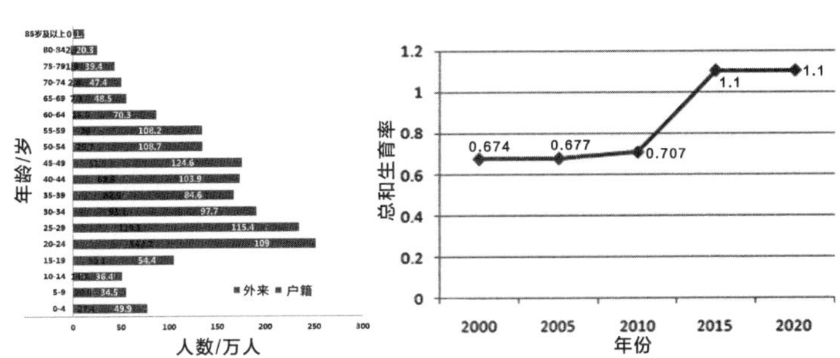

图 2-19
2011 年北京人口年龄结构示意及 2000—2020 年北京市总生育率示意图（下）
Beijing Population Growth Trend
图片来源：2013 年北京市统计年鉴

预判略显保守，常住人口快速增长，公共服务供给跟不上需求增长速度。流动人口在公共服务、收入和社会福利等方面和户籍人口存在差距，逐渐导致各种冲突和矛盾。

其二，对特大型城市的空间差异缺乏因地制宜的精细对策。北京城市规模巨大，不同区县、不同地区发展情况迥异。全市使用统一建设标准和管理手段已很难满足实际使用需求。从公共服务设施的空间发展来看，很多问题正是缺乏因地制宜的精细对策所导致。

其三，对基层设施配建和长期使用缺乏持续有效监管。在基层设施规划时期，导则中的“千人指标”值不断根据城市的快速发展而有所提升，但实际工作中的配建规划一旦完成，很少有调整的空间和可能，这一弊端导致了很多城市中的早期小区面临新旧公共服务设施的缺失和不足。

在建设管理方面，现行机制尚存在一定漏洞，难以确保公共服务设施同期的规划落实。以西城区广安门外街道为例，2005—2011 年，该地区常住人口由 11.8 万人增至 18 万人，二类居住用地建设量由 243.2 万平方米增至 560.8 万平方米。街区内的住区建设多采用化整为零的方式，使得单期项目规模达不到配建学校的要求，多数项目采用缴纳教育配套费的方式从而规避了配建教育用地和设施的问题，导致后期无空地增建学校。

其四，对复杂的设施隶属与管理体系缺乏统筹协调。北京作为国家首都，存在中央—市—区三级政府各部门及部队等各辖服务设施，在提供多样化服务的同时也存在一定的管理协调问题。部分大类设施细分后分属不同政府部门主管，政出多门，较难统筹协调。

4. 聚焦学区空间研究议题

基于上述基础教育资源的分布及人口和资源匹配的发展现状，北京学区的发展有诸多需要面对的问题，在实际操作中聚焦学区空间本身的发展，从城市规划和建筑学的角度，我们梳理后聚焦三个核心议题：学区教育资源均衡配置议题、学区出行空间品质提升议题、学区房溢价的空间影响因素议题。我们有理由相信在未来很长一段时间里，这些与空间有着紧密的联系的现实议题都将会成为社会持续关注的焦点。首先，这三个议题的提出是基于学区空间的基本活动范围，同时能够涵盖的受众最大化，教育管理者、政策的制定者、教育工作者、学生、家长、规划国土管理设计的相关部门，甚至是房地产开发商、房屋运营商……这些议题都能够在一定程度上反映各方关切的重点，具有代表性。其次，议题的提出具有时空的延续性和地域性，是当代北京最凸显的热点议题。最后，从建筑、规划和城市设计的学科背景出发以交叉学科的视角，能够围绕这些关键议题从学科本身提出改进意见。这也是三个基本议题能够不断被深入思考、探讨的基础。

同时，对于未来不能仅仅停留在探讨层面，还需要有一些实际的措施，围绕学区空间的发展，本文认为主要有以下几个思路。

第一，宏观发展目标来看，提高基础教育教学质量，满足适龄人口入学需求，完善基础教育均衡布局，健全公平教育服务体系，是当前乃至未来很长一段时间的工作重点和方向。

依据全市基础教育设施专项规划，全市规划基础教育设施用地共约 57 km^2，其中中心城内 21.2 km^2，中心城外 35.8 km^2。整体用地规模可以满足全市 2300 万人口就学需求，但中心城内基础教育设施用地仅能满足约 1278 万人口的就学需求，与规划的 1300 万人口有少量差距。

第二，从核心指标和总量控制来看，基础教育设施用地达到 45 km^2，改变了曾经出现的设施总量及规模减小的趋势，学校数量及占地面积每年有少量稳定的增加。在校生人数不断增加，2013 年达到 168.5 万人，较 2008 年增长 18.5 万人。非京籍学生比例不断增高，超过总数的 1/3，其中小学阶段比例最高，接近一半为非京籍学生。现状基础教育用地基本满足现状人口就学需求，但中心城教育用地严重不足，存在区域结构性矛盾，托幼设施有较大缺口。基于现状，坚持适宜规模建设标准，针对不同区域、不同情况设置合理的标准：中心城新建学校以《北京市居住公共服务设施规划设计标准》为基本标准，有条件的地区按照《中小学办学条件标准》设置学校；新城、镇（乡）区新建学校以《中小学办学条件标准》为基本标准。确因客观条件不能满足的，由各区县政府按照各自经济社会发展具体情况与教育主管部门协商后统筹研定，但不应低于《北京市居住公共服务设施规划设计标准》的规定。

第三，从设施结构优化来看，应重点加强托幼设施建设，满足市民基本入园要求。全市目前规划托幼用地约 10 km^2，可以满足 2300 万人口入园需求，但目前仅约 5.5 km^2，与实际 2069 万人口需求有较大差距，未来托幼用地保障和建设将是基础教育设施的重点工作。

第四，从空间布局优化来看，针对不同区域的问题、特点，应制定不同的标准及政策。对于传统教育大区（东城区、西城区、海淀区），挖掘现有资源的潜力，控制合理规模，注重整体教学质量的均衡提高；对于教育发展新区（朝阳区、丰台区、石景山区），加快优质教育资源引入，以优质学校带动区域水平提高，稳定本地区生源；加强对教育薄弱地区的投入。在加强优质学校建设的同时注意缩小校际、城乡之间的差距；对于周边重点新城（昌平区、顺义区、通州区、大兴区、房山区），着力引入优质资源机制，结合新城建设，提高区域内整体教学质量；加快农村学校改造升级，消除安全隐患；对于外围边远地区（门头沟区、怀柔区、密云区、延庆区）完善基本教育体系，建设布局合理、规模适宜、标准适中的农村学校。

从实施机制行动对策来看，应加强统筹协调，推进学区化管理机制，促进义务教育的均衡发展。有条件的区域应加快学区化、集团化、名校办分校改革，以优质学校发展提高区域内整体教学品质，缩小区域内、区域间的差距；突出特色高中建设，巩固素质教育成果；鼓励学校特色办学，以点带面，形成教学集群规模效应。市级单位研究制定中小学建设的相关支持政策和建立完善工作机制，在学校选址、建设用地、规划条件、经费保障等方面给予技术指导和政策支持；建立保障机制。各区县要切实落实基础教育设施专项规划各项要求，加强校园建设规划，完善学校建设项目库；建立和完善组织保障、资金保障和政策保障等机制，确保建设任务顺利实施。各区全面梳理每所学校的规划实施项目，科学制定实施计划和投资计划，对已经审批的项目加快开工建设，及时发挥扩充学位作用缓解入学压力。

推进义务教育优质资源均衡发展，扩大优质资源供给。结合本市人口调控政策，根据“十二五”“十三五”人口增长总量、布局和结构发展趋势，有针对性地增加学位供给，解决总量不足和分布不均问题。在已经完成了《中小学建设三年行动计划（2012—2014年）》的基础上制定后续建设规划，重点在城市功能拓展区、城市发展新区和生态涵养区，通过内部挖潜、资源整合、新建改扩建、接收小区配套学校等方式，建设一批办学条件、师资配备、学校管理等方面较好的优质学校，其中要着力建设一批优质的九年一贯制学校。认真贯彻落实好基础教育设施专项规划和中小学校舍安全保障长效机制的各项要求，重点以扩学位、调结构、促均衡为目标，提高基础教育设施的保障能力。

政策和措施的保障固然有效，但对于学区空间本身的认识也很重要，后面几章将聚焦学区空间的几个重点研究议题展开。

第三章

北京学区空间整体形态特征分析

面对北京学区 1241.22 km^2 的范围、上千所学校，如何全面系统地从城市空间的角度对当代北京学区空间现状进行分析梳理，是一个方法选择的问题。一般而言，显性的学区空间结构包括两个方面：一是学区物质空间形态本身的结构，如放射状、方格网模式等；二是学区功能在空间中布局所形成的结构，如校点的散点布局模式、校点和住区在布局中的联系模式等。除了描述和呈现这些显性的空间特征外，学区空间的运行规律究竟是什么样的？是否存在优化学区空间结构的可能？这些是本章要着重探讨的内容。因此，本章将从网络组构特征、形态指标特征、功能混合特征三个方面，基于空间组构的理论与方法，对学区物质空间形态的基本特征进行一些理论性探索，深入讨论学区空间的组构形态、开发强度，并结合学区空间的功能混合度，挖掘其功能形态所隐含的空间属性，以期发现一些当代北京学区空间的客观规律。

一、学区空间形态解读

1. 学区空间形态的构成要素

城市社会学和建筑学对于城市活力有各自的解读视角，城市社会学一般认为城市活力由经济活力、社会活力、文化活力三者构成，建筑学多认为城市空间活力是可以通过设计手法来营造的。近年来越来越多的学者认为城市空间活力可以被理解为一种基于城市空间形态影响的城市活动（Lees L，2010；Marcus L，2010），即城市空间活力是一种空间表象及空间承载活动的同构体，可以从空间形态特征和居民活动强度两方面进行界定。学区空间作为城市空间的子集，具有城市空间的基本属性，因此，如何定量描绘学区空间活力，是有前瞻性和指导意义的。

自 20 世纪 60 年代以来，伴随着对于以功能分区为主导的现代主义城市规划反思，多样性、充满活力的城市空间已被逐渐重视。从简·雅各布斯关于城市多样性的讨论（Jacobs J，1961），到扬·盖尔关于街道空间活力的建议（Gehl J，1971），许多旨在营造城市空间活力的相关设计理论被提出，但城市空间活力营造依然是一个难以明确界定且依赖于设计师直觉、经验和手法的过程（Rowley A，1994；**Carmona** M，2010）。

在此背景下，需要回归到城市空间的本体，深入探究城市活力背后的空间形态构成，从城市形态学角度出发对当前纷繁的学区空间活力营造实践进行再审视，可能是提升学区空间活力营造效率的一个有效途径。

传统城市形态学的鼻祖英国康泽恩学派（Conzen School）提出城市形态主要包括路网系统、建筑系统（包括建筑与地块）和土地利用功能三大部分（段进等，2008；Conzen M R G，1960，1981），后发展出的大多数城市空间活力的营造原则可以归纳为：舒适的街道空间可达、适度的空间建设强度及合理的功能空间混合（**Cuthbert** A，2003；Katz Pet al.，1994；Montgomery J，1998）。

雅各布斯提出培育多样性的原则包含足够的行人密度、短的街道及主要功能和建筑年代的混合，亦分别强调良好的街道可达性、适宜的建设强度和足够的功能混合度支撑居民密度，有助于形成良好的街道空间生态。同样，扬·盖尔所倡导的整合而非分离、汇聚而非分散、邀请而非排斥和开放而非封闭原则强调了可达性、适宜的建筑形态和功能混合度在形成良好的互动空间过程中的积极意义。蒙哥马利关于空间活力的十二点论述中提出细密的城市空间肌理、人性尺度、街道强联系、适宜的密度、街区渗透、混合使用和公共领域等细化的空间活力营造策略，依旧是紧密围绕空间活力营造的城市形态要素。

2. 学区空间形态的量化方法

适宜的建设强度、良好的街道可达性、足够的功能混合度被视为空间活力营造的三个关键城市形态要素，如何量化分析这三要素？同时能够适用于认识和发掘学区空间的空间特征与空间建设，本节将带着这样的目标展开。基于空间句法（Space Syntax）❶、形态矩阵（Formmatrix）❷和功能指标（Mixed-use Index，MUI）三个定量形态学研究的工具，以地理信息系统（GIS）为平台，展开学区空间形态的描述与分析（图 3-1）。

空间句法通过对城市街道联通关系的组构分析，在一定程度上能够客观刻画人、车在街道空间的流动性与可达性，通过已有的大量的空间句法与城市运行状态的统计与相关研究可以看到，高相关度且分析过程高效，使得空间句法有优势来评价空间设计的效应。一个不需要等太久就能得到的结果在咨询和实践领域意义非凡，最重要的是基于学

---

❶ 由英国城市学家比尔希利尔（Bill Hillier）提出，将城市街道抽象为一组彼此相交的直线段，在此基础上计算和量化它们之间的拓扑连接关系（空间整合度），进而能够被用于解释街道的可达性、相关的经济活动分布以及街道活动。

❷ 此项分析受城市形态学家 Berghauser-Pont 和 Haupt 提出的空间矩阵（Spacematrix）分析方法的启发，原方法对欧洲多个城市进行大样本分析，并构建起基于定量数据的城市形态分类标准。本书借鉴此方法的整合策略，但分析的单位不局限于住区范围，分析的尺度和范围涵盖北京中心城的全部学区用地，采取聚类分析的模式，依托学区范围，揭示全北京学区空间的形态矩阵特征。

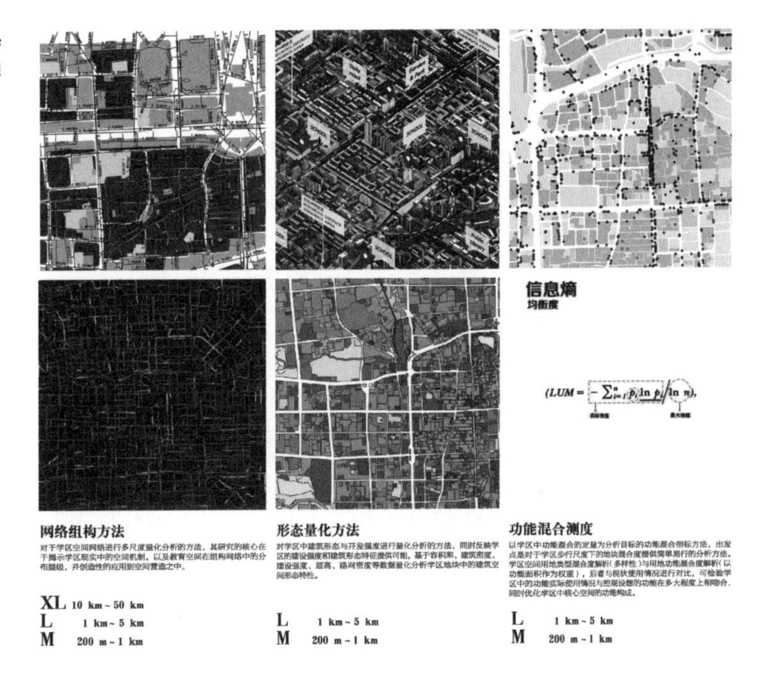

信息熵
均衡度
网络组构方法
对于学区空间网络进行多尺度量化分析的方法，其研究的核心在于揭示学区现实中的空间机制，以及教育空间在组构网络中的分布层级，并创造性的应用到空间营造之中。
XL 10 km ~ 50 km
L 1 km ~ 5 km
M 200 m ~ 1 km
形态量化方法
对学区中建筑形态与开发强度进行量化分析的方法，同时反映学区的建设强度和建筑形态特征提供可能，基于容积率、建筑密度、建设强度、层高、路网密度等数据量化分析学区地块中的建筑空间形态特性。
L 1 km ~ 5 km
M 200 m ~ 1 km
功能混合测度
以学区中功能混合的定量为分析目标的功能混合指标方法，出发点是对于学区步行尺度下的地块混合度提供简单易行的分析方法。学区空间用地类型混合度解析(多样性)与用地功能混合度解析(以功能面积作为权重)，后者与现状使用情况进行对比，可检验学区中的功能实际使用情况与控规设想的功能在多大程度上相吻合，同时优化学区中核心空间的功能构成。
L 1 km ~ 5 km
M 200 m ~ 1 km

图 3-1　学区空间研究的三种方法 Three Methods of Spatial Research in School District

图片来源：作者自绘

区空间的城市公共空间本质，组构能够反映出学区空间在不同空间尺度上的整合度核心、选择度核心、空间效率核心[1]等。形态指标是指限定城市地块上建筑物空间形态表征的容积率、密度和高度等相关技术导则数据，Berghauser 等为同时表达地块之上的建设强度与形态表征提供了探索性的一些研究（Berghauser Pont M et al.，2010）。混合功能主要以分析功能用地占总用地面积的比例及基于信息熵的混合度定量分析。综上，通过街道网络组构分析的空间句法、

[1] 库空间句法的基本原理是利用拓扑关系建立网络进一步计算有关指标。在社会网络分析领域，向心性 (centrality) 是一个基础概念，空间句法继承了社会网络分析方法，将后者的三个基础性计算指标做了转化，计算方法基本是一致的 (Wasserman，1994；Porta，et al.，2006)，社会网络中的“连接性”(connectivity) 换成空间句法的“程度”(degree)，“靠近性”(closeness) 换成“整合度”(integration)，“中间性”(betweeness) 换成“选择度”(choice)，这 3 个指标可用于分析建筑空间或城市空间内部的向心性 (centrality)。

地块的形态指标、地块的功能混合指标三个分析视角，可以实现对于学区的街道可达性、学区内地块建设强度与建筑形态、学区中地块功能混合情况的表述与分析，同时结合学区空间本身的一些指标，如学龄人口、师资状况、教育资源供给能力等，能够实现对学区空间形态的客观认知和比较评估，为学区空间活力的建构提供基础的量化分析支持。

3. 学区空间形态的量化意义

城市设计中的量化分析思想和研究历史由来已久，随着空间网络科学的发展与大数据计算方法的不断完善，学区空间形态成为一个可以感知、测量、分析及可视化表达的领域，基于关键形态要素量化研究学区空间形态特征成为现实。从城市空间形态学角度来说，学区空间活力取决于适量的空间建设强度、便捷的街道可达性、足够的功能混合度三者的同一时空集聚。伴随着这些空间形态学要素的集聚，学区空间活力会有相应的提升。从空间活动的角度来看，学区空间活力的高低可表现为家长和儿童选择性活动的强弱。

可量化的、能感知的学区空间形态学活力认知，为学区空间品质优化从单纯关注空间建构的艺术走向更为客观有效的空间组织提供了分析基础。传统的城市空间营造多依赖于设计师自身的直觉和经验，而可量化的学区空间形态认知基于 GIS 平台的分析和展示，将学区空间活力建构的城市设计目标与现实的城市空间运行状态对接，通过将空间句法、建设强度聚类分析、功能混合度解析等一系列定量的城市形态分析工具与传统的城市形态学及城市设计理论相结合，设计师在城市设计的多个阶段可方便地针对城市空间活力营造目标进行量化校核。此项分析所需要的空间形态学要素，比如街道、建筑高度、平面形态及功能等，都是开展城市设计所需要的基础数据。

同时在大数据时代，大量精确的位置数据能够展示居民与城市互动的图景，同时也是评价城市空间环境质量的有效手段。通过对个体数据的处理，能够获得城市空间如何被使用的实际动态精细图景，推动城市设计研究的深入化和设计效果反馈的直观化，这是传统方法无法展现的。这一尝试是城市设计在大数据时代的有效呼应，有助于定量回答城市设计中的关键问题——人们到底如何使用空间？基于这种大样本的检验，能够指导设计政策的提出，采取有效的技术手段更为高效地解决处理本质问题。

城市学区空间活力的建构作为当代北京城市设计的重要目标之一，是可以清晰地量化分析和解构的。这一认识，对于推动学区空间城市设计从经验集成走向科学分析，从而更高效地实现空间环境品质的提升具有相当重要的意义。

二、学区空间网络组构特征

空间句法是组构理论指导下的多尺度城市空间网络量化分析方法。该方法起源于 20 世纪 70 年代，是一种以定量指标表述建筑和城市空间网络特征及其对应的社会经济影响的方法（Hillier B，1984，1996，2005；Hanson J，2003），其研究的核心在于揭示社会经济现实中的空间机制，并创造性地应用到空间营造之中。

基于图论和网络理论，空间句法不仅提出了一种关于空间和社会的理论，并逐步创新了一系列方法，适用于处理巨大的空间数据。自20世纪70年代以来，空间句法一直专注于研究空间形态与行为模式、功能配置之间的互动关联，即人们对城市空间的建构本身就是一种最直接最根本的行为模式，实体的建成环境又反过来影响身处其中的人的行为，空间句法将其称为空间的建构逻辑。该理论不仅仅将城市空间视作人类行为活动的承载背景，而且从社会网络的视角将整个空间视作一个彼此连接相互影响的组织构成关系，并且认为这一组构关系对人们的社会经济活动产生了深刻的影响。

基于“理论源于对现象的实证分析并以此发现空间构成与功能之间的关联”这一基本原则，空间句法采用四个层级开展研究：空间表达、组构分析、空间模型及空间理论。空间表达指通过人对于空间的直观体验及其几何特征重构空间元素，以最少的线代表最多的空间。组构分析指通过整合度、选择度等一系列度量精确描述空间网络中元素之间的组构现状关系。空间模型是指采用统计与相关性检验组构与空间现象及其相关的经济活动之间的关联程度，解释空间组构在大样本空间现象中的影响力，衡量各种城市功能在空间中的组构分布差别，并试图去预测空间调整后各种潜在的空间现象及其伴随的社会经济现象。空间理论指建立空间与社会逻辑互动的理论，重点关注不同尺度层级的空间是如何潜移默化地影响不同历史时段的社会经济活动发展规律，指导空间建构实践。

从空间句法的发展历程来看，20世纪以来，重点关注城市空间形态中要素的流动性、相关性成为城市空间研究的主流（Castells M，2011；Hall P G，2006），空间之间的关联一直是其研究的最基本要素（Hillier B，2007），不管是空间网络的拓扑关系、实际距离，还是相关比较、几何特质，其目的就是回答“功能与形式之间的关系”这一经典的建筑学问题（Hillier B，2002）。不同等级的路网系统、慢行空间、用地开发强度与性质、街道界面等都是显性的物质形态，而这一切背后的功能区位选择与混合配比、人口构成比例、土地市场价格、房屋价格和租金情况、交通流量状况等都属于功能形态，空间句法认为功能构成与空间形态之间的匹配是通过不同尺度的空间组构实现的。城市的路网空间组构在一定程度上影响了人车的出行方式和功能布局，这些“空”的部分承载和影响着人们建造、使用那些具有功能的“实”的部分。空间组构是一种复杂的相互关系，是与物质空间相匹配的基本数学规律（杨滔，2016）。因此，空间形态本身被赋予三个含义，即空间形态的社会属性、认知情景与几何规律（Hillier B et al.，1989）。

空间句法采用了一系列变量来度量空间构成，其中两个最为重要的是整合度（integration）和选择度（choice）。前者对应于图论中的“接近度”（closeness），即图中任意一点到其他所有点的距离之和（即总深度 total depth）的倒数（Sabidussi G，1966）；后者对应图论中的“之间度”（betweenness），即图中任意一点出现在最短路径中的次数（Freeman L C，1978）。整合度被认为可预测到达性交通潜力，而穿行度被视为可预测穿越性交通潜力（Hillier B et al.，2005，2007）。基于这两个变量，空间句法曾提出一系列关于空间构成与功能的理论，例如自然出行的理论（Hillier B，1993）、无所不在的中心性（Hillier B，2009）、模糊边界（Yang T，2007）等。自然出行的理论是指空间形态的组织构成方式在很大程度上会影响、甚至决定人们自然的交通出行频率；无所不在的中心性是指城市中的中心不仅仅包括那些日常生活中耳熟能详的城市级别的中心，而且还与尺度规模紧密联系，换句话说，有可能社区的菜市场就是你每日生活半径的空间度量中心。中心不拘泥于人为指定，而是和出行的尺度紧密联系，中心无处不在的现象可以被看作是一种城市普遍性功能，由于学区空间中的上学活动具备日常出行半径的特征，因此描述不同出行半径尺度下的学区空间中心有助于进一步理解学区空间。模糊边界是指城市空间网络的多尺度分异现象，这种现象与行政区划的边界不可能完全重合，但是这种分异能够比较好地适应不同尺度的社会经济互动集聚。

空间句法分析的计算尺度分为全局和微观两类。全局尺度中高可达性的主要路径被识别；微观尺度中街区中心具有小尺度的可达性空间能被凸显（Van Nes A et al.，2012）。考虑两种尺度下的整合度、选择度与空间效率，在 GIS 平台上将各条街道的选择度数值赋予其所在的各个学区，作为学区空间组构特征的度量值。

采用空间句法作为学区空间研究的方法原因有三：其一，基于图论与网络科学，30 多年来这一描述分析城市空间的方法本身是客观、负责任、有说服力的，虽然近年来对空间句法的局限性以及方法改进的讨论逐步增多（肖扬等，2014；Ratti C，2004；Steadman P，2004），但这也恰好说明了一门正在不断发展的空间研究理论与方法是值得检验、完善并应用在实际空间研究与建构之中的，并且空间句法本身在世界城市空间形态分析领域中的作用已被广泛承认；其二，基于学区空间本身所特有的空间均布特质，各级各类学校的散点分布层级模式是能够被组构精确度量和分类表达的；其三，组构分析在一定程度上能够从空间拓扑的角度辅助学校的选点，面对这样一个量大面广的研究对象，选择合理的模型和合适的方法就显得尤为重要。

学区空间处在北京城的空间网络组构中，从空间整合度、选择度和空间效率的计算结果中能够看到，学区和学区之间是有差距的，这种差距一方面是空间位置的差距，另一方面是空间生长的时空效应所累加后产生的不同的组构特征。

1. 学区空间整体组构模型的验证

在对北京学区空间的整体组构分析开始之前，要对模型本身进行验证。保证模型解释效力有三个要素：其一，研究范围处于模型的中心位置，降低边缘效应；其二，尺度层级完备；其三，与现实交通有高拟合度。由于学区空间本身研究的尺度跨越因素，模型应当具备步行层级的网络，因此，本模型尽可能涵盖了所有学校周边的主要交通网络。同时需要进一步确认这些模型将传递的城市运作和城市结构的信息。

交通是个关键问题，组构检测的变量表达了交通的特征。空间组构在某种程度上能反映真实的交通模式，可非常容易地去检测这一点，所需做的是去比较交通潜力的价值，将每根线段的空间变量和真实观测的交通量做相关分析。相关度为0~1，表示所发现的结构与真实情况在多大程度上相吻合。如图3-2所示的散点图，每个点代表了北京中心城地区中的街道线段，横轴代表半径 n 的空间选择度，

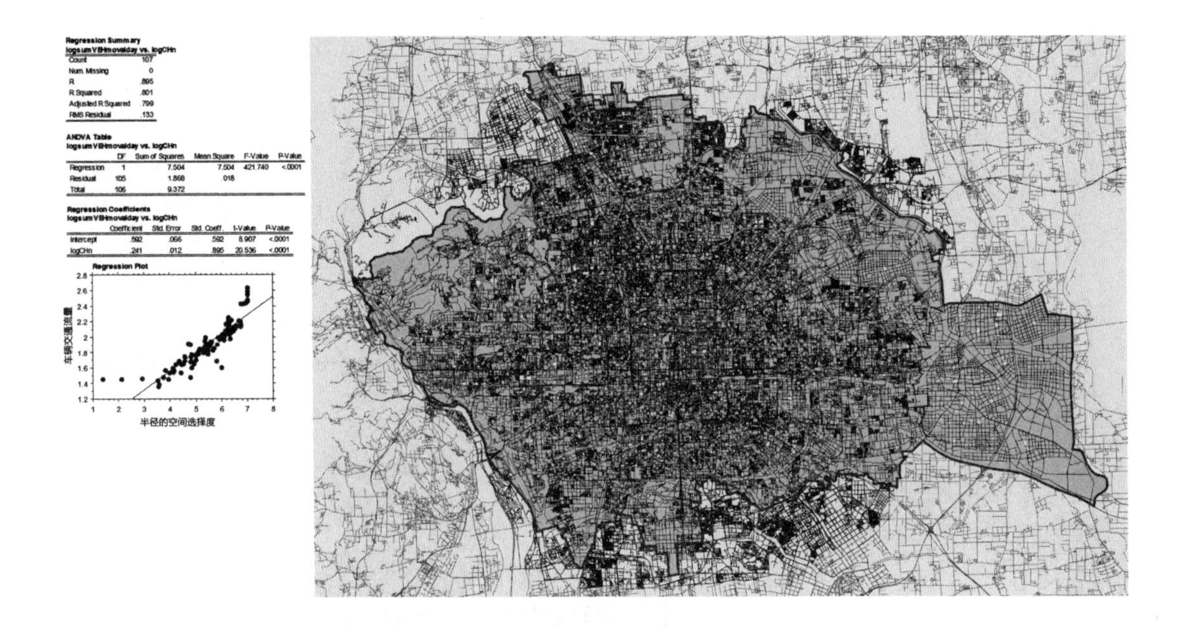

Regression Summary
logsumVBHmovalday vs. logCHn

Count	107
Num. Missing	0
R	.895
R Squared	.801
Adjusted R Squared	.799
RMS Residual	.133

ANOVA Table
logsumVBHmovalday vs. logCHn

	DF	Sum of Squares	Mean Square	F-Value	P-Value
Regression	1	7.504	7.504	421.740	<.0001
Residual	105	1.868	.018		
Total	106	9.372			

Regression Coefficients
logsumVBHmovalday vs. logCHn

	Coefficient	Std. Error	Std. Coeff.	t-Value	P-Value
Intercept	.592	.066	.592	8.907	<.0001
logCHn	.241	.012	.895	20.536	<.0001

图 3-2　北京学区空间车行交通与空间选择度相关性分析 Analysis on the Correlation between Traffic and Space Selectivity in Beijing School District Space

图片来源：作者自绘

纵轴代表观测到的车辆交通流量。根据数据分布特征，这两个轴都取了对数形式。如果相关度绝对完美，这些点将构成一条从左下方到右上方的直线。这两个变量的相关度为 0.8，表明大概 4/5 的交通分布取决于北京道路网络的选择度分布。因此，理论上度量交通潜力的变量能有效地预测真实交通，甚至没有考虑到其他影响因素。

基于空间组构的最基本度量整合度与选择度，下文将结合学区的行政划分范围、教育用地、居住用地的空间分布，从空间组构的前景背景双重结构、多层级中心结构、模糊边界和空间效率四个方面对当代北京学区空间的现状进行描述和分析。

2. 前景背景的双重结构（公共性）

从空间形态组构的角度来看，在较大的当代全北京市域范围内，基于出行尺度的差异，能够看到很明显的前景背景网络（图 3-3，图 3-4）。如图 3-3 所示，全局空间效率的计算中识别值大于 1.4 的空间，2004 版北京城市空间结构规划图所预设的“两轴—两带—多中心”的城市结构通过十几年的城镇化建设已然非常明显，总体空间架构基本确立，放射加环状的整体空间结构十分明晰，横向联系密切；同时也能看到实际的市域空间结构与 2016 新版北京总规所提出的空间布局有着紧密的联系，如图 3-4 所示在标准化整合度 R5 km（老城核心是 5 km 见方）的计算中，“一核一主一副、两轴多点一区”的城市空间结构被清晰地识别出来。在这样的空间结构格局背景和模型辅助下，聚焦到中心城本书的研究范围，当代北京学区空间依然具备前景背景网络双重结构的本质属性（图 3-5）。这一属性源于学区所处的城市空间（Hillier B，1996，2001，2009，2010，2012）。学区空间既有局部单元结构，源于从所有空间到其他空间的米制距离；也有不同尺度下联系各个局部单元的网络，超越局部性，源于拓扑与几何距离，体现了学区空间的整体特征。前景网络是最大化自然的共同在场，并在不同尺度将中心联系起来；而背景网络以住宅为主，在不同文化中该网络以不同的空间方式表达，取决于文化如何规范人们共同出现在同一个空间的方式。

学区空间中的教育设施恰好分布在前景网络和背景网络之间，并且随着学校等级的升高，更加靠近前景网络。前景网络由较长的街道构成，具有更多接近直线的连接；而背景网络由较短的街道构成，具有更多直角连接，体现了局部特征，且缺乏线形的连续性。从功能上看，前景网络呈现普遍化的形态，即不同尺度的中心彼此连接成为网络，微观经济活动使得街道网络对出行交通具有很强的影

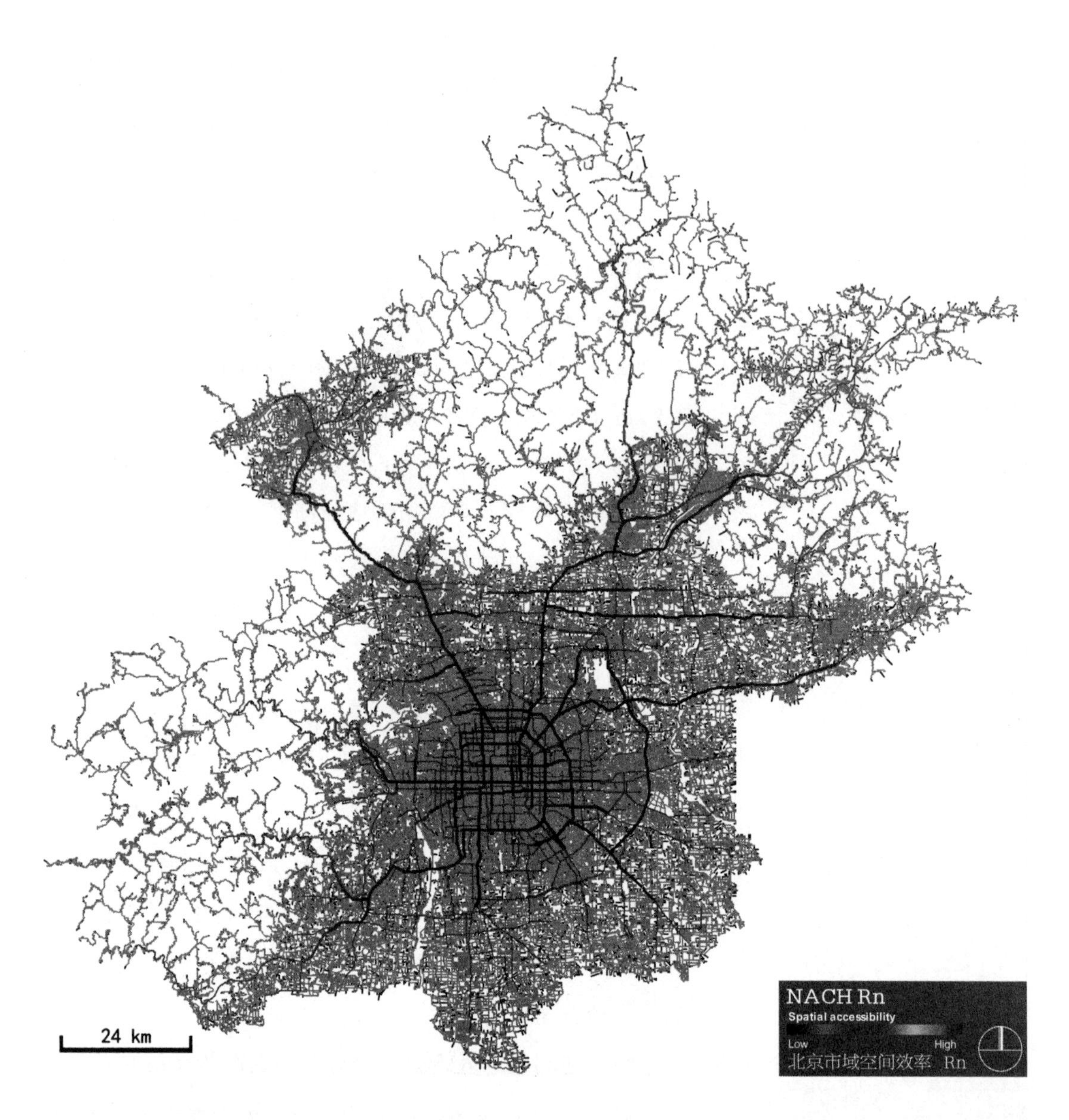

图 3-3 当代北京市域空间效率 NACH_Rn of Beijing
图片来源：作者自绘

响力。背景网络大部分是根据当地特定的文化建构的住区空间结构，规划出行交通，体现文化的独特性，常常表现为不同的几何特征，赋予城市整体空间以独特性。这些前景和背景的组构网络特征是学区空间与生俱来的特质，并且随着学区所处区位的不同而有所差别（图 3-5）。从全局

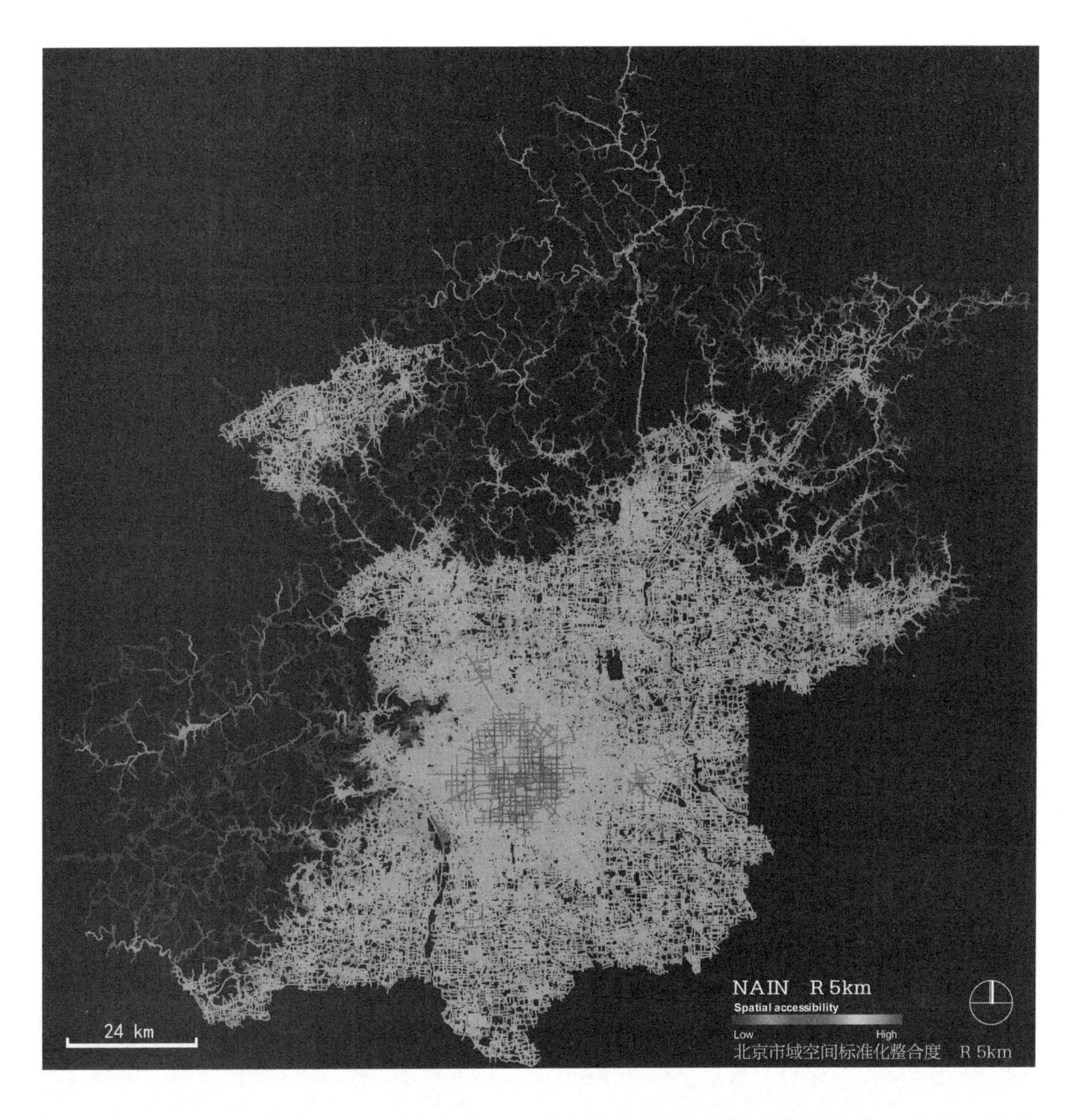

图 3-4　当代北京市域空间标准化整合度 R5 km　NAIN_R5 km of Beijing
图片来源：作者自绘

的选择度中能够看到环状放射的方格网结构，并且一些学区的边缘还恰好与前景网络架构吻合，而另一些学区被划分。这一方面说明基于路网架构和街道边界的学区划分与空间组构具有某些重合，另外一方面也说明城市空间本身所具有的本质组构特征并非会随着学区行政边界的划分产

图 3-5 当代北京学区空间全局与局部空间最小角度选择度分析 T1024 Choice Rn and R1000 m of Beijing
图片来源：作者自绘

生变化，空间组构自身所具有的空间客观性是一种更为潜在的对人们使用空间的影响力，学区由于其在城市空间分布位置的不同从而恰好被赋予了不同的前景背景空间组构特征。

线段模式下选择度分析，其本质是描述街道段在一定的分析半径内被作为最短路径的穿越频率，每个街道段都是路径，只不过被选择性穿过的机会不同，因此选择度反映了该街道段作为运动通道的潜力。因此，也可以将这个度量理解为空间公共性的潜在衡量指标。

一般而言，不同米制半径下最小角度的变量 T1024 Choice 能够显示城市的线性结构（图 3-6），基于学区空间出行的不同半径，能够看到分散的中心逐渐发生了联系，这也从一个侧面印证了城市中心扩张的线性方式。映射学区边界及学校后发现，学校一般会偏离这些局部的中心但不会离开太远，并且等级越高的学校越靠近这些局部的中心。

随着半径的逐渐增加，选择度核心逐渐从局部的小街段过渡到格网环路放射的形态，通过对城市空间全局及局部选择度的核心与学区边界、校点分布进行对比可知（图 3-7）：全局选择度的核心部分与学区的边界相重合，部分全局选择度的核心穿过了学区内部，如金融街学区的西侧边界与全局选择度核心相重合，展览路学区、新街口学区、什刹海学区、安定门交道口学区、幸福村学区、呼家楼学区等被作为全局选择度核心的平安里大街横穿；局部空间的选择度核心多数落在了学区的共有边界附近，且多数与住区空间相互重叠，同时观察校点与这些局部选择度核心的关系能够看到，城市中心的校点与选择度核心的融合程度较城市外围的校点略好。

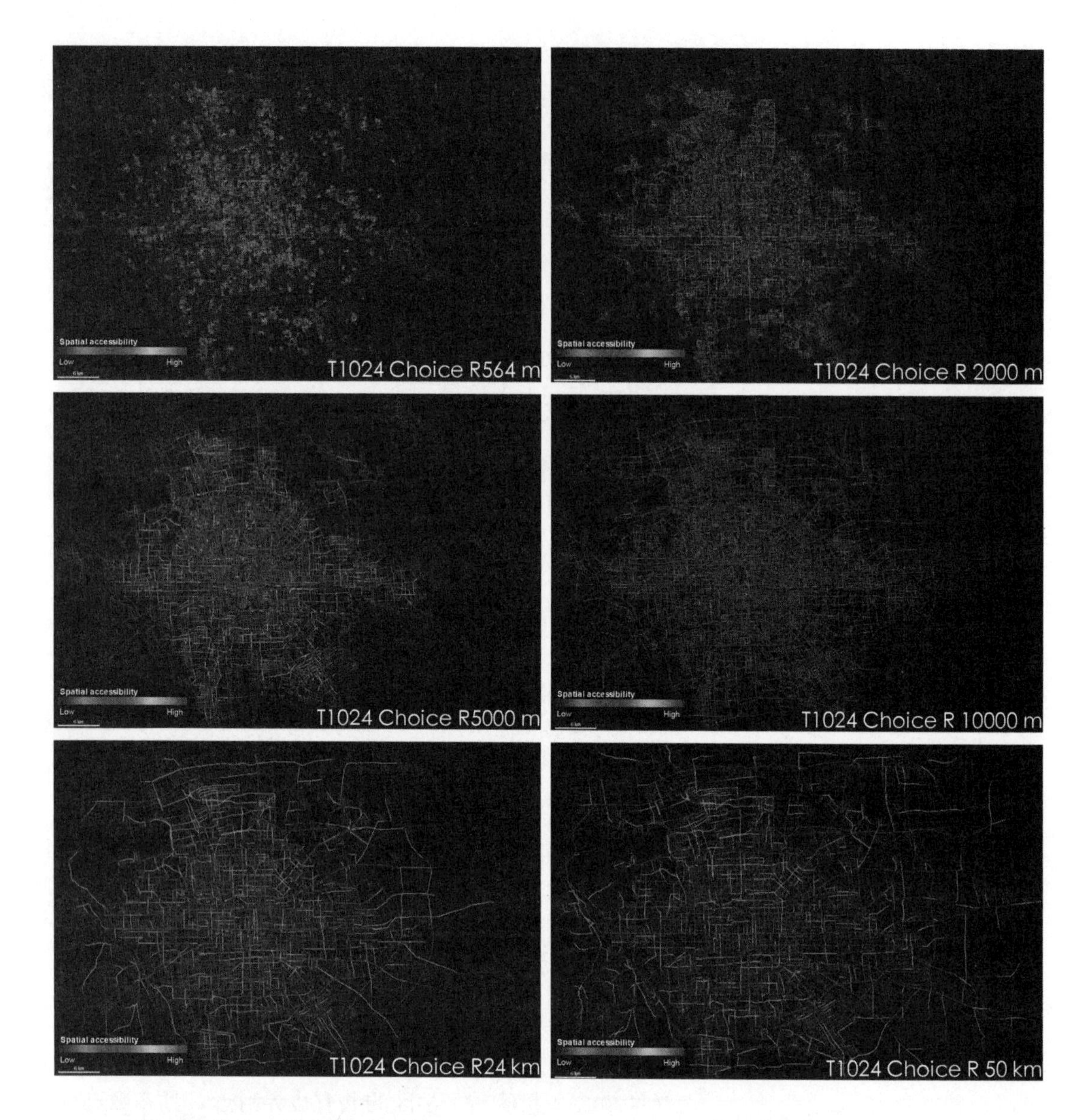

图 3-6
当代北京学区空间最小角度选择度 R564 m ~ R10 km，T1024 Choice R564 m ~ R10 km of Beijing
图片来源：作者自绘

3. 多层级的中心性结构（可达性）

在特定半径内的线段分析模式下，整合度是指每个街道段到其他街道区段的便捷程度，即描述该街道段的中心性和可达性。从算法指向的隐含空间行为来看，每个街道段都是中心，只不过它们辐射和控制的范围不同，因此整合

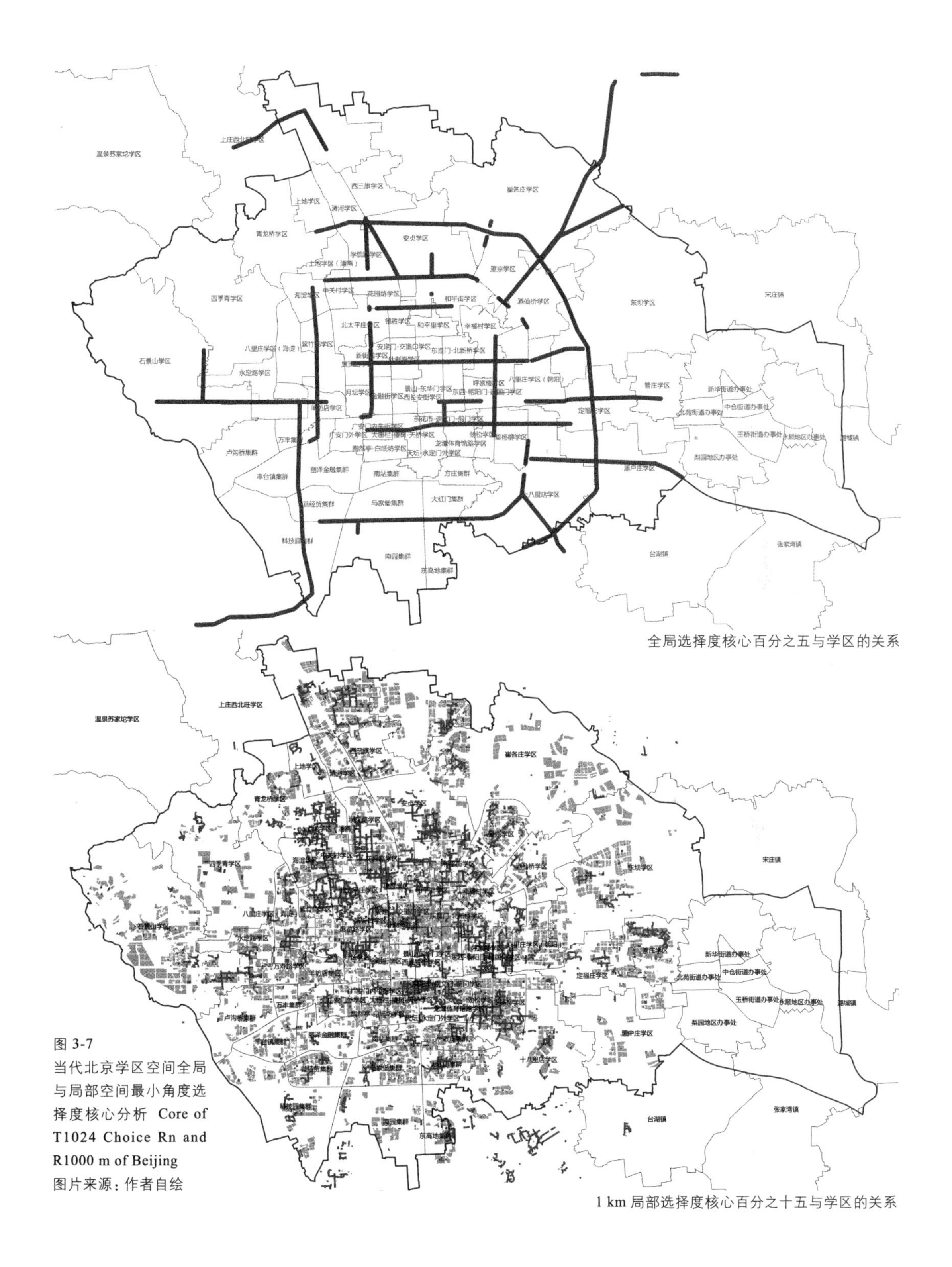

图 3-7
当代北京学区空间全局与局部空间最小角度选择度核心分析 Core of T1024 Choice Rn and R1000 m of Beijing
图片来源：作者自绘

度反映了该街道段作为运动目的地的潜力。从全局整合度来看学区空间，整合核心是具备环状的放射特质，这是城市空间的本质特征（图 3-8）。加粗显示全局整合度前 5% 的道路段，可以发现几乎五环以内所有学区都被全局整合中心穿过，并且部分学区的边界本身就是全局整合度的核心，全局空间整合度呈现放射环状的整体形态。局部空间整合度能够发现空间的整合中心散布在学区之中或者学区与学区的共有边界上，并且每个学区都存在其局部的整合核心（图 3-9），并且随出行距离的增大，局部整合核心会发生变化；同时中心城区学区局部整合核心的数量和密度远高于外围的学区，最显著的局部整合度核心集中在呼家楼学区与八里庄学区（朝阳）、东崇前学区和大椿天学区、上地学区（清燕）与海淀学区中关村学区的交界区域。

城市网络结构会影响用地模式，由于吸引交通的用地会选择那些带来更多交通的区位，其他用地会分布在（譬如住宅用地）那些交通流量较小的区位。经济价值会伴随这种区位选择的过程，通过反馈和叠加效应，局部的中心模式将遍布城市网络。根据其区位及相应的交通量，这些中心大小不一。在某些尺度上，局部和整体因素总在相应的中心融合在一起。事实上，城市的网络结构决定了中心的布局模式，形成了对城市空间形态的新定义。就北京而言，城市空间形态的时空演变，形成了联系各种中心区的前景网络。这些中心区规模大小不一，交织在以住宅为主的背景网路之中。微观经济活动导致了前景网络的形成，遵循让人气最旺的普遍规律，前景网络形成普遍的整体形态，包括中心、放射状道路、环形道路以及不同的衍生特征。背景网络则受到社会－文化因素的影响，彼此不同，从而形

图 3-8　当代北京学区空间全局与局部整合度分析，T1024 Integration Rn and Integration R1km of Beijing

图片来源：作者自绘

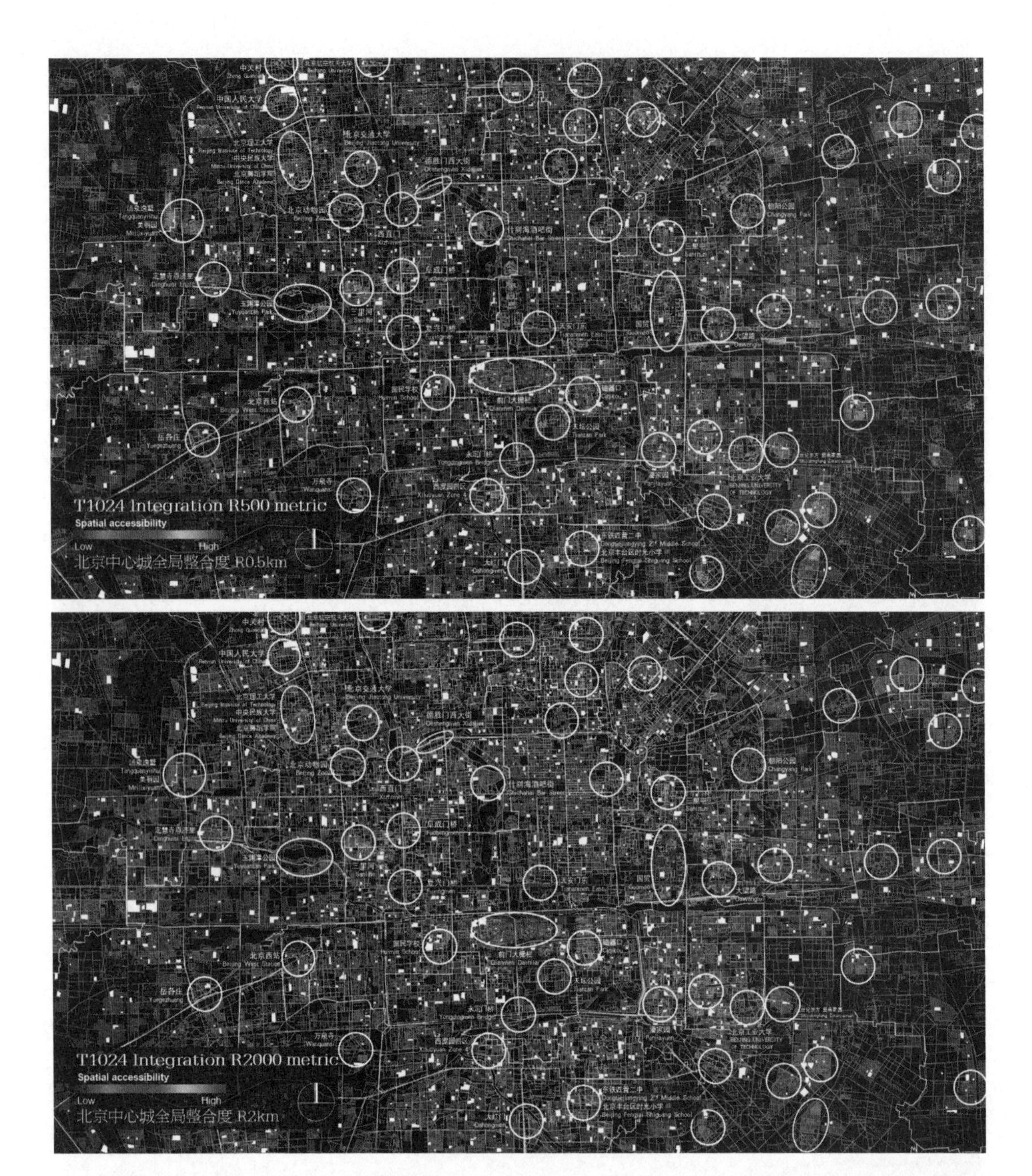

图 3-9 每个学区都存在基于不同出行半径的局部整合核心 Each School District Has a Local Integration Core Based on Different Travel Radius
图片来源：作者自绘

成了城市网络的分区。这两种网络具有不同的几何和实际距离特征。前景网络有更长的街道，几乎是连续延伸；而背景网络则由更短的街道构成，彼此以直角相交，形成更为局部的网格结构。

空间整合度中心随着出行半径的增长而逐渐扩散，从原先局部的点扩散到局部的面，然后形成中心密集的网络状，因此对于城市中心区域的理解应当打破城市中心的二元认识论，即城市中心和局部中心，而应当以出行半径的空间层级理解城市中心的多尺度层级分布状态，或者说学区空间包含有若干中心性结构（Hillier B，2001）。好的城市具有无所不在的中心性，即在不同的尺度下，中心性特征遍及城市网络（图 3-10）。这种模式比多中心理论更为复杂，学区城市网络的各个部分，比通常设想的多中心模式更为精致，体现了一种中心性在空间上的可持续性，即无论你身在何处，你都会靠近某个较小的中心，也不会远离某个更大的中心，同时城市学区空间的普遍性功能与不同尺度的空间组构显著相关，并非简单的区位。当然与学区儿童关系最紧密的空间中心是基于步行上学半径的学区空间整合度核心区域，如图 3-11 所示，局部整合度的核心主要分布在新街口学区、金融街学区、大椿天学区、东崇前学区、呼家楼学区、中关村海淀上地等学区的交汇处，事实上只有部分学区的学校坐落在这些整合度的核心空间上，这也从一个侧面证明了学校靠近次整合核心的偏心分布特征。

4. 学区空间的模糊边界（簇群性）

学区的范围是一个基于当时当地教育资源现状进行的统计划分单元，但就学区空间的组构特征而言，由于城市空间本身具有拼贴模式（Yang T et al.，2007；Hillier B，2010、2012），因而学区空间也具有模糊边界的特征。城市分区

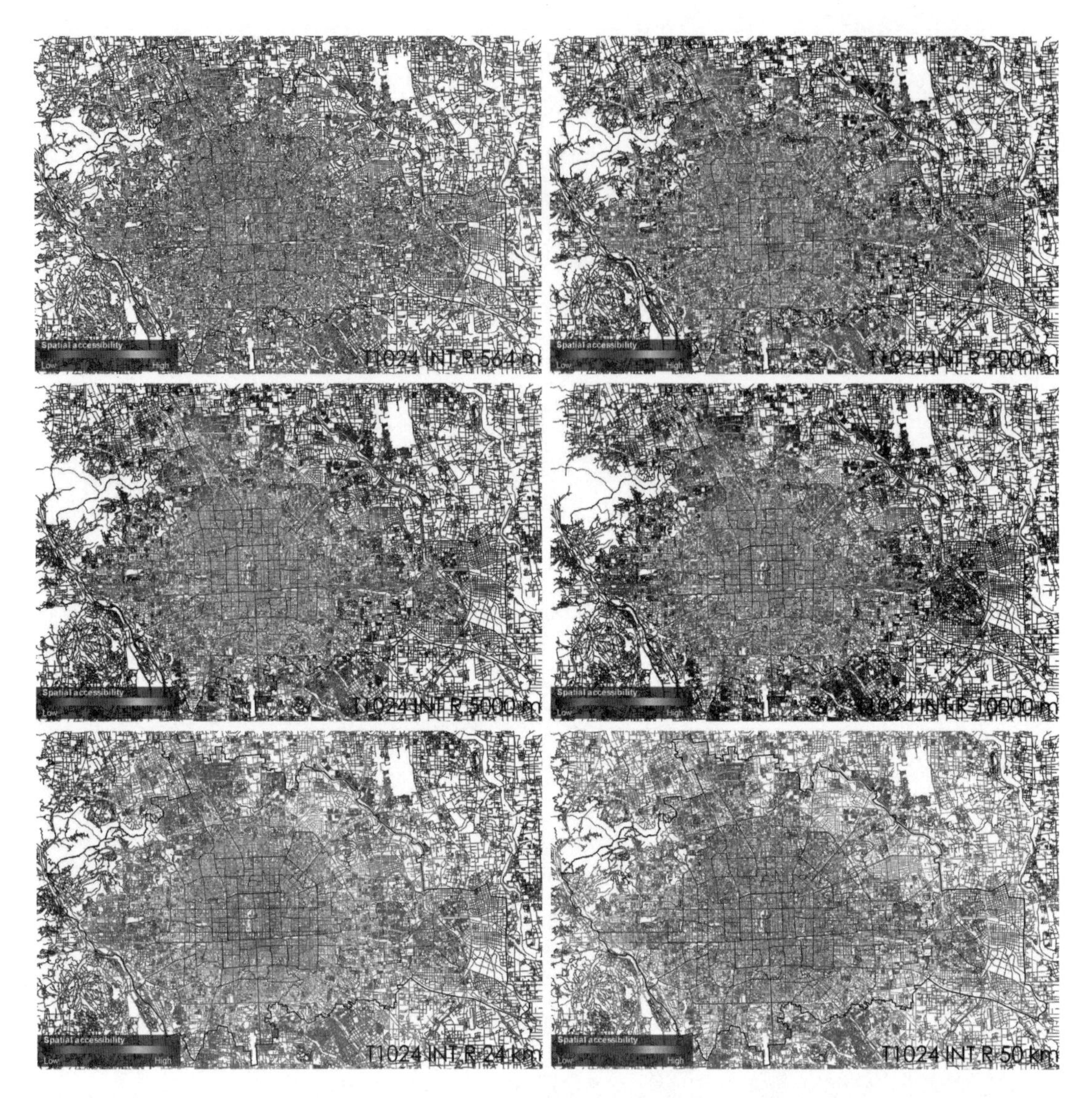

图 3-10 当代北京学区空间局部整合度变化 T1024 Integration R564 m to R50 km of Beijing
图片来源：作者自绘

的边界源于各个分区内部空间结构的建构以及分区与周边空间结构的关联，以维持该分区与其他分区之间的可达性和可识别性。如果将行政划分的学区范围与这些空间组构本身所形成的拼贴模式叠加后，能够看到一些有趣的图景（图 3-12）。城市组构分区的边界不是固定不变的，而是随感知尺度的变化而改变，呈现模糊的特征，不同尺度生成不

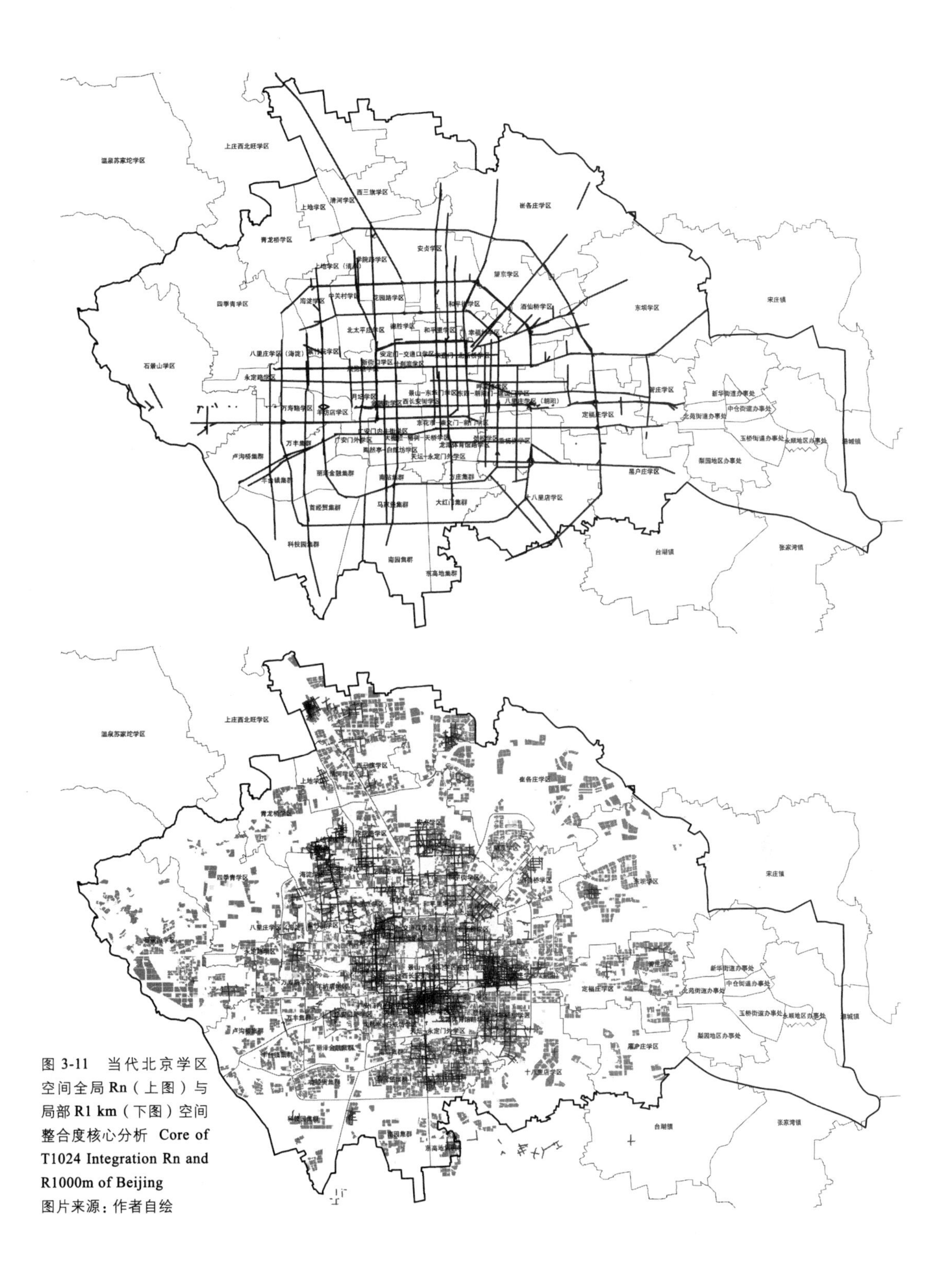

图 3-11　当代北京学区空间全局 Rn（上图）与局部 R1 km（下图）空间整合度核心分析　Core of T1024 Integration Rn and R1000m of Beijing

图片来源：作者自绘

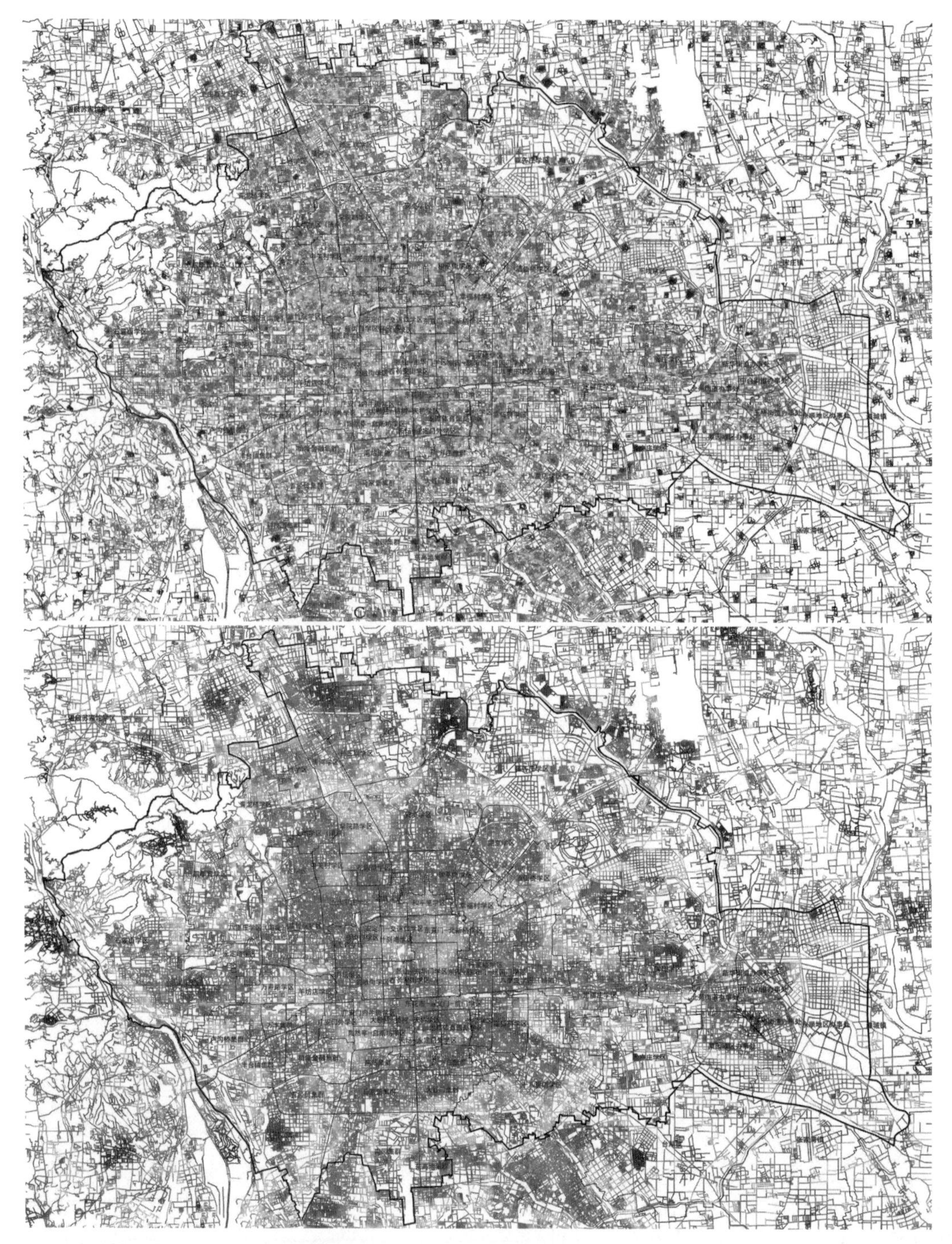

图 3-12 当代北京学区空间模糊边界 Metric Mean Depth R1K and R5K
图片来源：作者自绘

同的拼贴模型，在步行尺度的半径距离内，米制距离非常近似于角度分析。随着半径的增加，可以发现米制距离与角度距离之间的相关性变得越来越弱，也就是说全局尺度下，城市空间网络结构的角度距离与米制距离分别表述了不同的空间组构特征。角度分析所揭示的重要路径往往与交通流相符；然而当使用米制度量分析时，分析结果与人车行交通的相关性并不强（Figueiredo L et al.，2005）。因此，需要重点强调的是米制距离分析并不适用于大尺度下的城市建模和预测。它更可能适用于强调局部半径内的可步行地区，所以基于就近入学，学生在学区中出行半径的要求，这一衡量指标更能够揭示出空间组构本身的区块模式。在一定米制距离半径的限制下，系统的平均米制距离深度通常可以揭示拼贴模型。当半径较小时，拼贴模型会选择密集局部结构中较小的斑块。随着米制距离半径增大，斑块就会越变越大。图 3-12 所示为 1000 m 半径限制的平均米制距离深度，可以看出米制距离定义下局部地区的聚集程度，在 5 km 的半径层级，某些学区是和这种拼贴模式相吻合的，这个尺度和某些学区的规模相吻合。这样，在城市化区域内，大尺度半径就可以揭示规模更大的稀疏或紧凑的地区，然而这并没有交通和社会经济的内涵。同时需要注意到，街道结构的密度和不同半径的分析结果也与城市街区的布局和规模有关。在学区所处的空间系统的中心地区，随着街区块的缩小。街道结构增强，且平均米制距离深度降低。然而，当学区所处城市中心地区的街区逐渐变大时，结果则完全相反。因此，学区所处的城市中心往往是强化其网格密度，从而使深度最小化。

拼贴模型可以展现在规模和网络距离方面特性相似的

区域，而有另一种模型则可以用于识别模型中的非连续性，杨滔的模型（Yang T et al.，2007）可以解释因城市系统中每个元素分析半径变化而造成的节点数变化。空间网络会选择非连续性，而这反过来又与拼贴模型相似。一般来说，在决定局部网格结构的特性方面，米制距离深度和节点数都起到了至关重要的作用。然而随着分析尺度的扩大，它们的影响也随之减小。当分析半径非常大时，最能表现城市结构全局特性的是角度拓扑几何结构。

5. 学区空间的空间效率与标准化整合度分析

整合度和穿行度是城市空间组构网络的两个度量指标，在空间的分布规律不相同，折射出到达性与穿越性的行为模式。总深度可被认为从某个空间到达其他所有空间需要付出的空间成本，而穿行度可被视为某个空间被其他空间路径穿越带来的空间收益。从数学逻辑而言，穿行度与总深度的比值用于度量空间效率。该变量不受系统规模的影响，可用于比较不同城市、街区、街道的物质空间形态。实证研究也表明了空间效率这个变量几乎完全排除了系统规模的影响，并且与穿行度高度相关（Hillier W R G et al.，2012）。因此，空间效率又作为对选择度进行标准化的一种方式。整合度标准化是指理论上总深度的均值与实际总深度进行比较，这一模式延续了早期空间句法的技术路线。这两个变量目前被广泛地应用于城市、片区、社区尺度的研究与实践。本节尝试将这种分析方法运用于学区尺度的研究，同时空间效率和整合度还可形成复合变量，用于度量空间的影响力，即空间效率和整合度越高的空间，对周边的影响力越大。这不仅是对变量本身的适用性检验，而且从空间连接的角度揭示出学区尺度的物质形态特征。

NACH 标准化选择度是将规模效应排除在计算之外，因此这些数值可用于比较不同规模的空间结构。可以将这种变量视为对空间“交通潜力”的度量，体现为穿行性和到达性交通。例如，采用标准化选择度（NACH_Rn）解析城市的整体结构，凸显那些数值大于 1.4 的空间，我们能看到北京的中心和放射结构明显，部分学区要么被凸显的放射线穿过，要么其边缘就是放射线本身。同时放射道路之间的横向联系也很突出（图 3-13）。

近年来，希利尔、杨滔、特纳提出了角度选择度标准化和整合度标准化（Hillier B et at.，2012），这对角度分析是新的提升，其目的是使不同规模系统中的元素之间可以直接进行比较。提出关于线段模型中角度距离的新的标准化方法是非常有必要的，这是由于在轴线模型和凸空间模型中用于标准化拓扑距离的钻石值（D-value）在线段模型中是不适用的。选择度标准化源于对高选择度和高拓扑深度之间关系的研究，即越隔离（拓扑深度大）的系统，其选择度越高。因此，选择度被看作是克服街道网络中隔离成本的必要条件，这是由杨滔提出的成本效益原则。新的标准化角度选择度被命名为 NACH，即

$$NACH=\log(CH+1)/\log(TD+3)$$

在希利尔等人的实验中，NACH 被证明了与城市规模（基于线段数量）没有关系，反而与街道的连接度有相关性。整合度可以更为简单地解释为系统与城市平均值的比较。标准化角度整合度（NAIN）的计算公式为

$$NAIN=(NC+2)^{1.2}/TD$$

这两个标准化的方法更容易揭示城市形态的内部结构，

图 3-13 当代北京学区空间效率 Rn 与 R1 km NACH Rn and R1 km of Beijing School District

图片来源：作者自绘

借此可以比较不同城市或同一城市不同地点的街道结构，因此在学区空间的研究中，这一方法显然具有很强的适用性。理论上讲，根据整合度与选择度的最大值和平均值可以解读城市空间整体与局部的形态特征，最大值可以解读空间组构的前景网络，平均值可以解读空间组构的背景网络。比较不同学区的最大值和平均值时，我们发现较高的数值表示城市结构化的程度较高；而平均值则可以揭示学区是在多大程度上构成了方格网的形态，然而它们并不是城市结构化的决定因素。与整合度的定义类似，NAIN 的最大值和平均值与街道网络中可达性的高低程度有关。NACH 的平均值与背景网络中街道的连续性有关，而 NACH 的最大值可以表示前景网络是如何变形或被打断的。不同学区的 NACH 和 NAIN 值不同。NACH 和 NAIN 值展现了不同学区的类型，不论是规则网格模式的变形，还是完全自下而上的有机形态。

在全局空间效率与全局标准化整合度的图示中(图 3-13，图 3-14)，我们能够清晰地解读出城市空间的整体架构，学区的行政边界成为了一个管理教育资源的边界，局部 1 km 半径下的空间效率与标准化整合度显示出了学区中更为精致的核心空间，尤其是半径在 1 km 时的空间效率核心与几乎所有的学区空间的住区和学校有着紧密的联系(图 3-15)。同时由于这两个变量剔除了规模效应，因此可以对所有学区的网络结构空间效率和标准化整合度进行均值和最大值比较。

以空间效率均值为例（图 3-16)，有两种解读：第一是随着半径的增大，学区网络空间效率的变化趋势；第二是随着半径的增大，学区空间效率数值的离散程度。随半径的

图 3-14 当代北京学区空间标准化整合度 Rn 与 R1 km NAIN Rn and R1 km of Beijing School District

图片来源：作者自绘

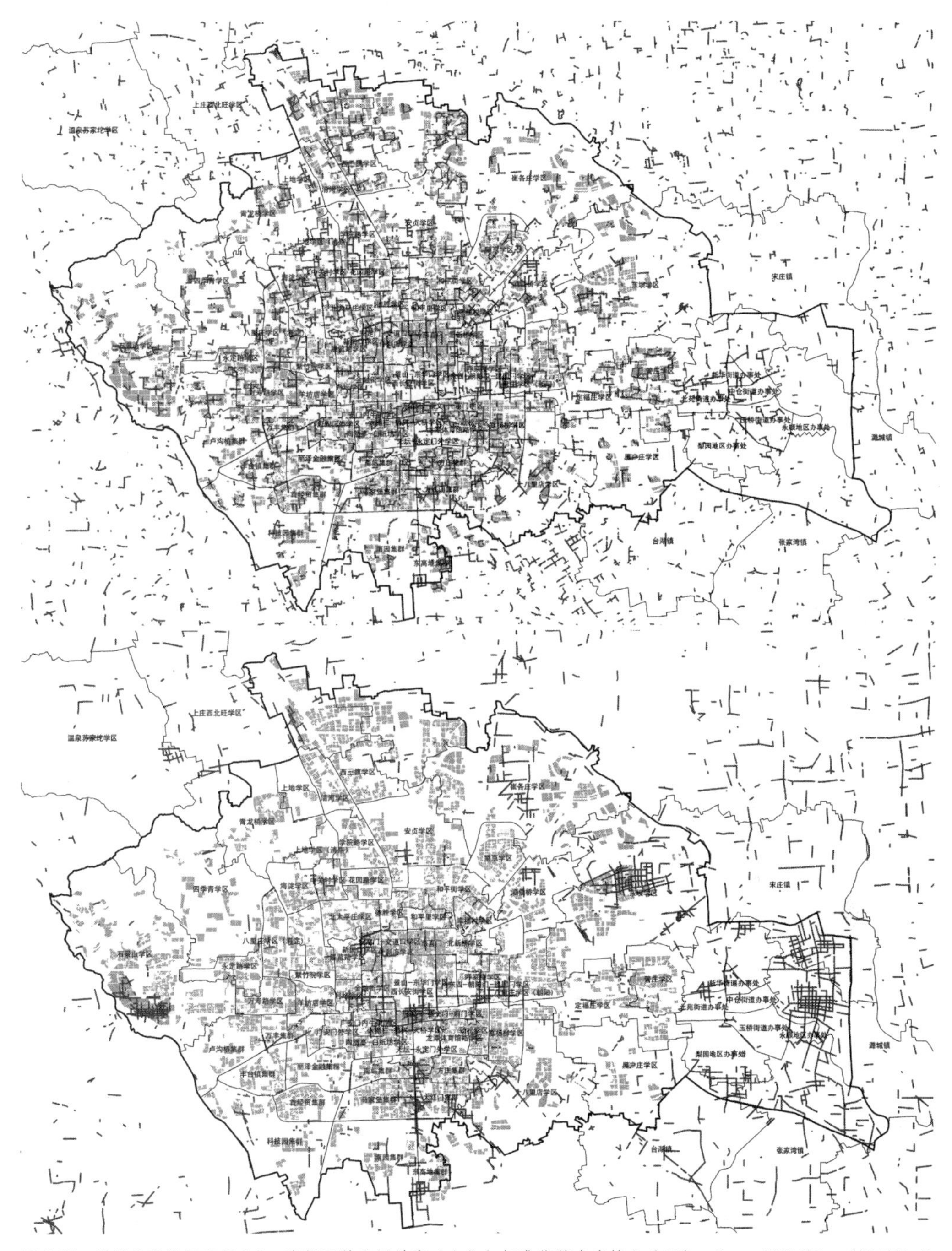

图 3-15　当代北京学区空间 1 km 半径下的空间效率（上）与标准化整合度核心（下）　Core of NACH and NAIN of Beijing School under R1 km

图片来源：作者自绘

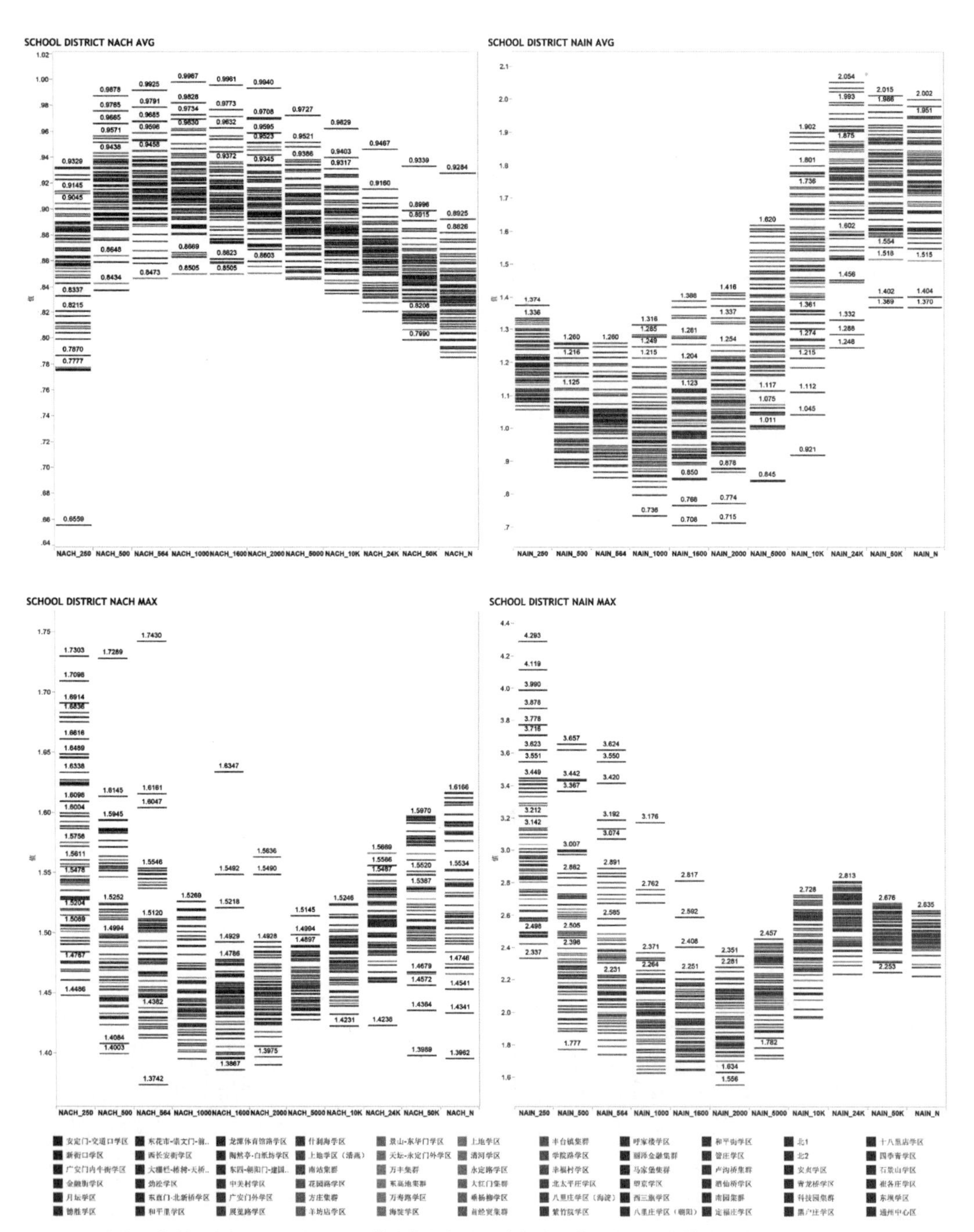

图 3-16　当代北京学区空间 NACH 与 NAIN 的均值与极值随半径变化的比较（每条横线代表一个学区）Comparison of NACH_avg/max, NAIN_avg/max of all School District

图片来源：作者自绘

增加，所有学区的空间效率都是先升高再降低，整个变化过程中，全体学区空间效率均值的最高值出现在 1000 m，说明学区空间网络存在最佳尺度的空间效率。以标准化的空间整合度均值为例，随着度量半径的增大，学区的标准化整合度均值先降再升，峰值出现在半径 24 km，这表明每个学区空间网络存在最佳尺度的空间整合度。标准化整合度无论极值还是均值，随半径升降的趋势基本相同，并且最大值与最小值的差值在每个半径研究中相对保持一致。

空间效率的极值随半径增大呈现先降再升的模式，极值的最低点出现在半径 1600 m 左右，同时在 5 km 时学区空间网络极值的离散程度最小，分布相对集中，并且随着半径的继续增大缓慢上升，在 250 m 半径的空间效率极值离散程度最大。标准化整合度的极值随半径增大呈现一个先降再升再回稳的态势，极值的最低点出现在 1 km 与 1.6 km 左右，在 24 km 出现离散程度最小的局部高点，然后随半径的增大趋于稳定。同样在 250 m 半径下的标准化整合度极值的离散程度最大，整体离散趋势是随半径逐渐减小的。

根据空间效率与标准化整合度的复合变量，我们称之为“空间影响度”（图 3-17）。从空间影响力图谱随半径增大的变化可以看到，起初一些很分散的影响度核心随着半径的增大逐渐连片（2 km），随着半径继续增大，更大尺度的影响力空间结构被描述出来，因此在 2 km 左右的空间影响力核心与学区有紧密的联系。

通过对以学区为单位的空间效率平均值和最大值随半径变化情况的研究，我们对学区空间的组构特征有了一个初步的判断，对于每个学区，计算其边界范围内的空间效率均值，包括 R=1 km 和 R=n 的空间效率均值，作为局部

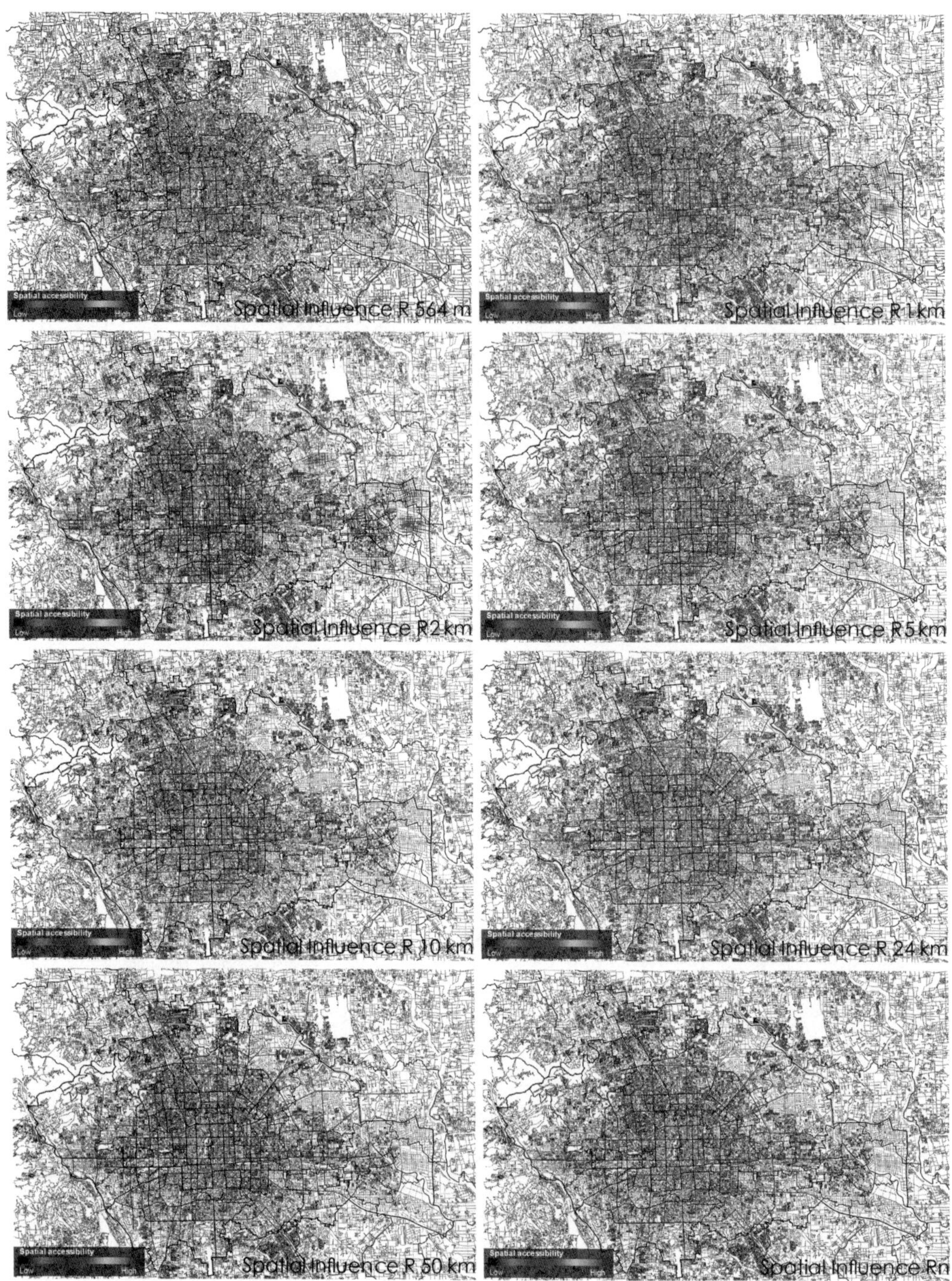

图 3-17 当代北京学区空间空间影响力图谱 Spatial Influence R564 m to Rn of Beijing

图片来源：作者自绘

（社区尺度）和全局（城市尺度）的空间效率，绘制坐标图，横轴为学区全局尺度的空间效率均值，纵轴为学区局部尺度的空间效率均值。当代北京学区空间 NACH 与 NAIN 在全局与局部半径的分布态势可以看出，中心城的学区空间效率与标准化整合度相对较高（图 3-18）。标准化的方法更容易揭示城市形态的内部结构，也便于我们比较不同学区的街道结构。当比较不同学区的最大值和平均值时，我们发现较高的数值表示城市结构化的程度较高，而平均值则可以揭示城市是在多大程度上构成了方格网的形态，然而它们并不是城市结构化的决定因素。与整合度的定义类似，NAIN 的最大值和平均值与街道网络中可达性的高低程度有关。NACH 的平均值与背景网络中街道的连续性有关，而 NACH 的最大值可以表示前景网络是如何变形或被打断的。不同城市的 NACH 和 NAIN 的值是不同的，展现了不同类型的城市。在后面的学区空间路径研究章节中，将会在社区尺度下的学区空间效率以及学校入口道路的空间效率现状展开更为深入的探讨。

从宏观视角来看，城市空间是连续性的整体；然而个体对城市的感知与体验是建立在对局部空间片断的感知上的，个体对这些局部空间体验的整合，构成了其自身对空间整体的感知和解读。学区空间有明确行政管理划定的边界，以路网作为骨架，因此，一个区域的空间整合度及其空间效率在一定程度上表明了这个空间整体在城市中的空间等级。可以通过颜色分辨哪些区域最有活力，哪些区域空间最具备效率，这是以评价单个学区在城市中的空间地位角度来衡量学区。同时，在单个学区中，学区内部空间的整合度、选择度、空间效率也是可以进行比较的，譬如学校路径的空

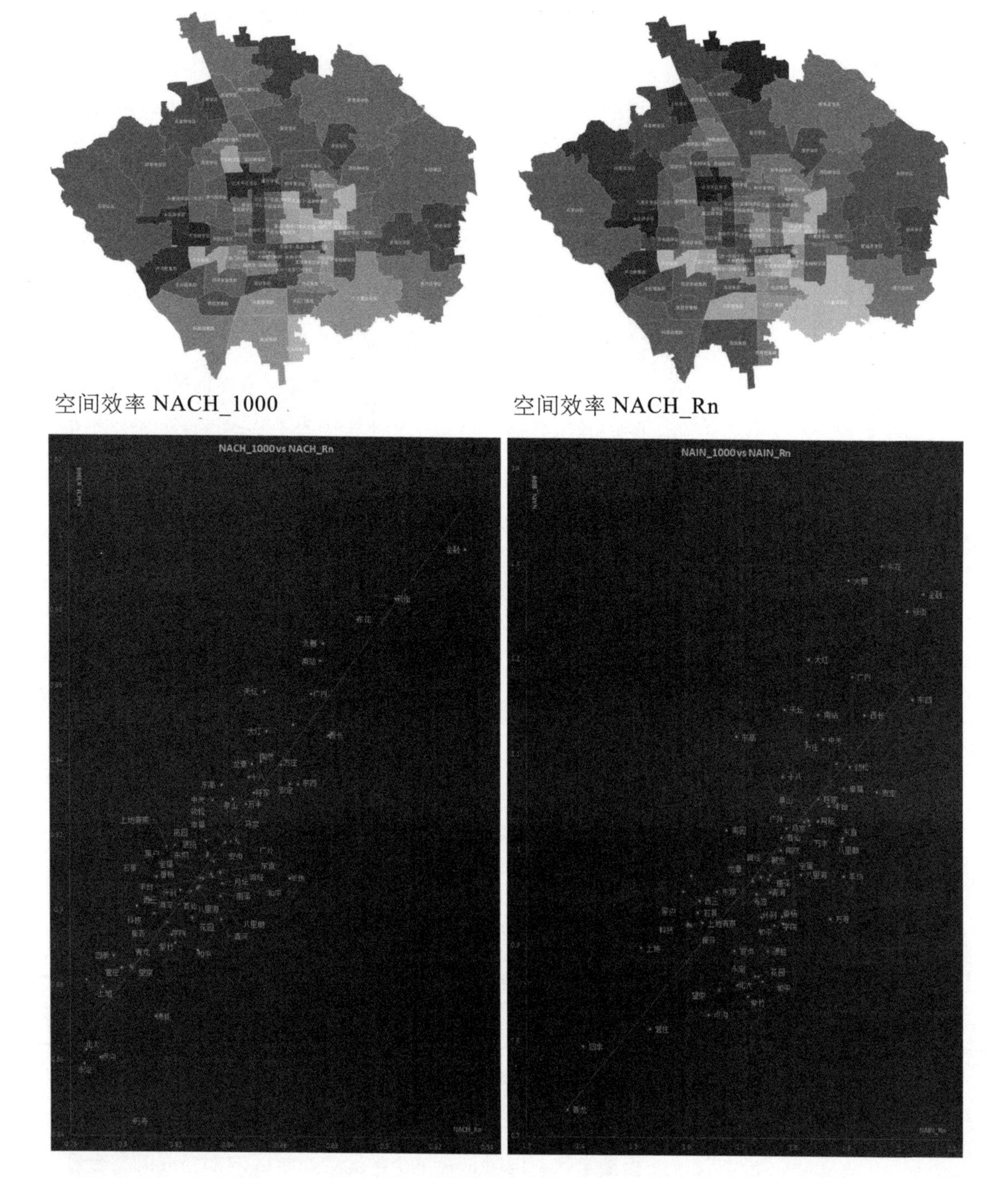

图 3-18 当代北京学区空间 NACH 与 NAIN 在全局与局部半径的分布态势 Comparison of NACH_1 km/n, NAIN_1 km/n of all School District

图片来源：作者自绘

间整合度如何？校园门前的那条路的整合度和效率如何？所有的这些对学区的分析能够总结出什么规律？能否进一步得出具有一般意义的结论，是值得深入探索的。

三、学区空间形态指标特征

1. 学区空间形态指标的定义和聚合方式

城市形态学者 Berghauser Pont（2007，2009）提出了能同时反映地块建设强度和建筑形态特征的 Spacematrix 方法。该方法基于容积率、开放空间比例、层高、建筑密度等数据量化城市地块中的建筑空间形态特性，以更为客观的方式超越传统城市形态学研究中依赖于研究者个人专业素养和认知的定性判断，通过聚类图表构建了一个详细而直观的建筑类型与开发强度分类架构，同时能够应用于现实空间的评价（Joosten V et al.，2005）。借助这一方法，建筑师、城市设计师、规划师能够对城市尺度的建筑形态特征进行量化与直观分析展示。

在基本的四项指标[1]中，除了设计师比较熟悉的三项指标外，开放空间率（OSR）是一个在规划设计工作中不常用到的变量，本书仅借鉴聚类分析的思路，并且分析的单元不拘泥于单块选定的用地，而是扩展到全中心城的学区空间用地，在具体的指标设置中剔除了开放空间比率。

本节提出名为 Formmatrix 的聚类评价法。该方法是量

---

[1] FSI（Floor Space Index）= 总建筑面积 / 用地面积，FSI 即容积率，反映用地的开发强度；GSI（Groud Space Index）= 建筑占地面积 / 用地面积，GSI 即建筑密度，反映了用地的紧凑度；OSR（Open Space Ratio）= 非建筑占地面积 / 总建筑面积，OSR 即开放空间率，反映了用地的开放性和对非建设区域的压力；L（Layers）= 总建筑面积 / 建筑占地面积，L 即层数，反映了用地内建筑物的平均层数数值。

化学区空间建筑形态与开发强度的基本分析方法，主要包含规划设计工作中常用的三个指标和两个尺度统计层级。三个指标是容积率、建筑密度和高度，其中

容积率 = 总建筑面积 / 用地面积

建筑密度 = 建筑占地面积 / 用地面积

两个尺度统计层级是指以地块为尺度统计和以学区为尺度统计。聚类的方式横坐标代表容积率，纵坐标代表密度，用颜色区分高度的差别，越深代表平均高度越高。下面以地块为尺度统计单元和以学区为尺度统计单元分别检验空间形态的现状。

2. 学区空间形态指标的聚类分析

如图 3-19 所示，通过对学区空间全地块的用地情况进行聚类分析可以发现：二环以外跨越四环的学区的空间形态指标状态是容积率处在高段位，密度处在中等层级，整体高度较高；二环以内的大部分学区整体容积率和密度都处在较高的段位，但建筑高度处在中等的段位；外围学区有大部分的地块容积率密度都处在较低的段位，同时高度也处在较低的段位；对于一些容积率较高、密度较低的地块，主要分布在城市西北部分和东部的一些学区之中；对于那些容积率和密度都处在中间段位的用地，均匀地散布在各个学区之中。这些都是对于以用地地块为单位的学区空间形态指标聚类分析的直观解读，虽然较为精细，但是对于学区本身的概括就显得略微琐碎，要点不明确。因此，在这个分析的基础上，以学区为单位进行再次聚类，可以得出一个比较直观的结果。

学区总体容积率和密度都处于高段位的学区共有 14 个，

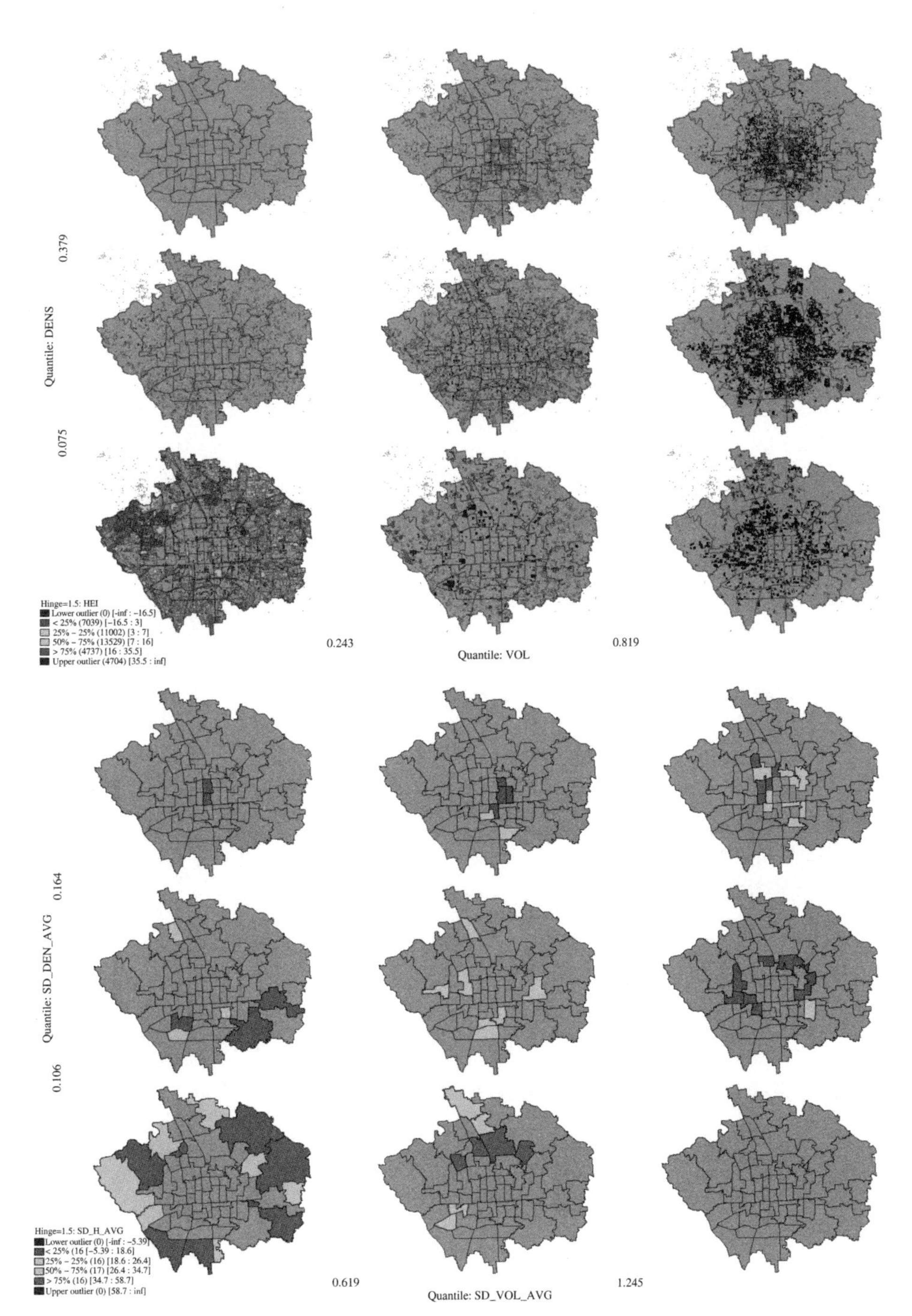

图 3-19　当代北京学区空间形态指标聚类分析 Cluster Analysis of Spatial Form Indexes in Contemporary Beijing School District

图片来源：作者自绘

主要分布在四环以内，其中学区总体平均高度处在高段位的是中关村学区、德胜学区、展览路学区和月坛学区，总体平均高度较低的是新街口学区。

学区总体容积率和密度都处于中段位的学区共有 7 个，包括清河学区、永定路学区、紫竹院学区、八里庄学区（朝阳）、天坛永定门外学区、南站集群和马家堡集群，这 7 个学区的平均高度都处于中等偏下的段位。

学区总体容积率和密度都处于低段位的学区共有 14 个，呈环绕分布，其中上地学区（清燕）的平均高度相较其余的 13 个学区处在较高段位，其中四季青学区、科技园集群、南园集群、黑户庄学区、东坝学区、崔各庄学区的平均高度处在低段位，属于形态指标三低的学区。

3. 学区为单元的教育资源空间形态指标聚类分析

基于上述学区整体空间形态的描述，我们能对学区空间总体形态的指标特征给出初步的筛选和评估，但是对于学区教育资源的形态指标特征，就有必要再次聚焦。如果说学区整体形态指标的描述是为了了解学区的全貌，那么聚焦学区教育资源的形态指标就能够为学区教育物质资源的均衡提供一个初步的比较框架。

在进行比较性描述前，有必要对几个基本的指标进行定义。由于使用的是细化后的教育资源空间形态指标，因此相关的指标设计就会聚焦在教育设施的相关指标上，统计以学区边界为单位，主要指标设置如下：

学区平均密度（DEN_ R5SCHDIS）= 学区内学校建筑总基底面积 / 学区内学校总用地面积

学区平均容积率（VOL_ R5SCHDIS）= 学区内学校总

建筑面积 / 学区内学校总用地面积

学区教育建筑平均高度（HEI_R5SCHDIS）=（学区教育建筑的总建筑面积 / 学校总的基底面积）×4.5（m）

如图 3-20 所示，横坐标代表容积率，纵坐标代表密度，用颜色区分高度的差别，越深代表平均高度越高。通过聚类分析我们能够发现，学区教育资源空间形态指标反映出的占据容积率和密度较高段位的学区共有 11 个，分别是北太平庄学区、展览路学区、月坛学区、羊坊店学区、金融街学区、陶然亭白纸坊学区、天坛永定门外学区、景山东华门学区、

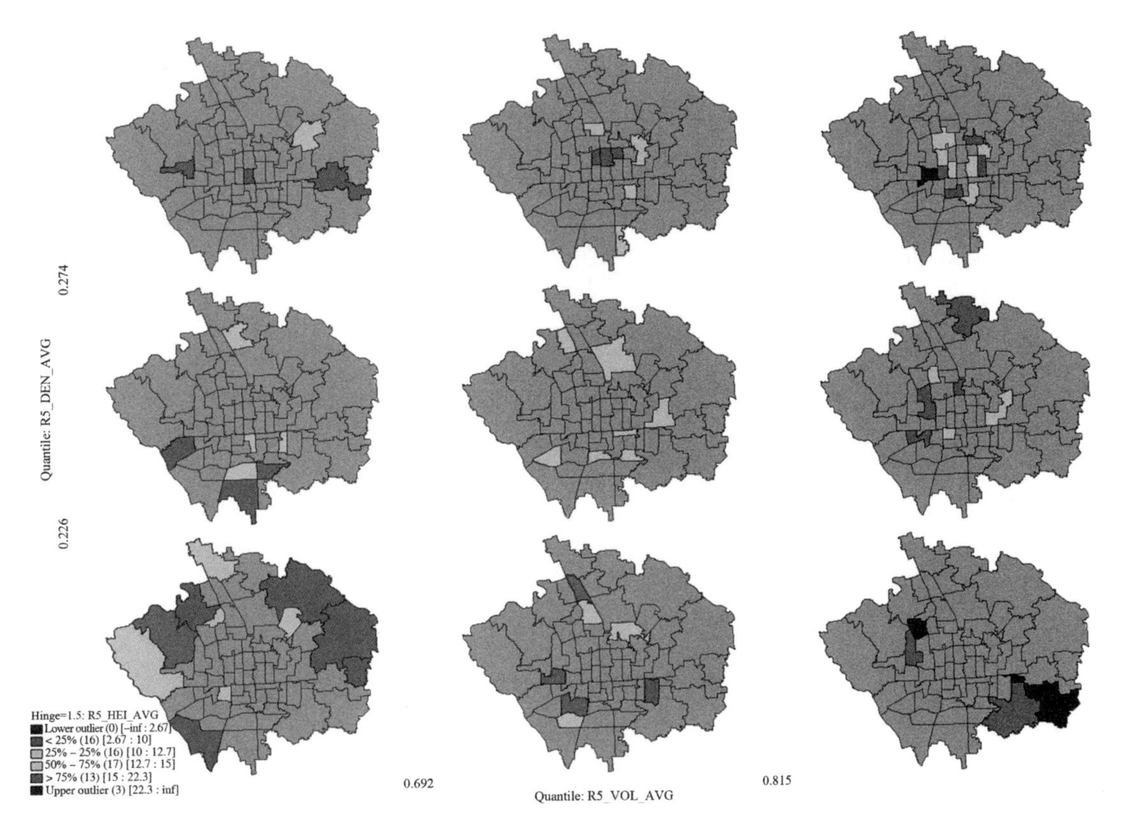

图 3-20 当代北京学区教育资源空间形态指标聚类分析 Cluster Analysis of Spatial Pattern of Educational Resources in Contemporary Beijing School District

图片来源：作者自绘

东四朝阳门建国门学区、东直门北新桥学区、和平里学区。在这11个学区中，羊坊店学区具有较高的平均高度，月坛学区与和平里学区紧随其后，北太平庄学区、东直门北新桥学区、景山东华门学区、金融街学区又同处在再低一级的平均高度层级，东四朝阳门建国门学区和陶然亭白纸坊学区的平均高度处在最低的层级。

学区教育资源空间形态指标反映出的占据容积率和密度中级段位的学区共有7个，分别是上地学区、安贞学区、八里庄学区（朝阳）、东花市崇文门前门学区、方庄集群、南站集群和丰台镇集群，这7个学区的平均高度相对都处于中级段位。

学区教育资源空间形态指标反映出的占据容积率和密度低级段位的学区共有11个，分别是青龙桥学区、上地学区、四季青学区、石景山学区、科技园集群、管庄学区、东坝学区、崔各庄学区、望京学区、广安门外学区和回龙观地区办事处区域，其中四季青学区的平均高度处在较高段位，望京学区、广安门外学区平均高度处在中部段位，其余学区都处在较低的平均高度段位中。

进行空间形态指标聚类分析有两个主要目的：一是反映学区整体的空间形态面貌，并且能够在现有学区边界的划定下，有一个相对客观的比较架构；二是聚焦学区教育资源的空间形态指标，能够初步通盘考虑以学区为单元的教育资源均衡布局现状，为后续均衡的策略制定起到辅助作用。当然，这些空间形态的绝对指标在没有人均指标的辅助下，解释力度依然值得商榷，但是这种对空间形态指标思考的方法和策略，尤其在制定政策、建构正向博弈模型、发挥实际效用的过程中是有一定借鉴和参考意义的。

四、学区空间用地功能混合特征

1. 学区空间用地功能混合度的概念解析

学区中的城市控制性详细规划主要确定城市的土地使用性质与开发强度，倡导城市用地功能混合的纲领性文件是1977年在世界建协会议上通过的《马丘比丘宪章》。通过对《雅典宪章》“功能分区”的反思，土地使用功能混合成为了追求高效、综合、便捷、有序城市发展的手段之一，与之相关的研究陆续涌现。现实中最直接的实践意义在于减少普通工作群体在住区与工作地点之间的钟摆式奔波，提升社区空间使用过程中的便利性。

城市发展的时空历史积淀，决定了不同区域的功能混合状态，既有承接历史发展脉络的自下而上的自我混合发展状态，也存在新建区域功能人为设定不太符合的状态，当然也存在一些新建或改建的比较成功的混合开发项目。传统城市中的功能由于发展时间较长，功能更替和变化，其本身在不断自我完善，因此混合程度较高；而新建的区域由于未有发展过程的自微调，因而显得混合程度比较低，尤其使人们在与日常生活息息相关的功能混合使用中体验欠佳，应当有针对性地根据土地所处城市的不同区域、不同使用状态、不同问题，提出与之相适应的发展对策。因此，基于学区空间的边界范围，分析学区空间的土地利用混合特征，是明确学区空间现状特征的重要视角，对学区空间发展策略制定具有重要参考意义。

对于混合概念有多重角度的定义，有从房地产混合功能开发角度的定义，有从社会混合居住角度的定义，同时我国地方规划主管部门对土地混合使用亦有不同的分类办法规定。

在实际分析过程中还有两个关键的技术要素，一个是分析的尺度，另一个是分析的要素构成。分析的尺度是指混合度度量的基本单位是一个单独的地块中功能构成的混合度，还是多个地块组成的街区所体现出的功能构成混合度？构成的要素是指包括全功能的混合度检验还是挑选出的主要功能混合度的鉴别？鉴于概念的定义以及操作过程中的现状，同时根据分析尺度的差异，并结合学区空间研究的主要特征，本节重点聚焦学区空间用地类型混合度的研究[1]，同时借用信息熵的计算方法，对学区空间中的功能混合度给予评估。由于混合度研究的条件对混合度计算结果有深刻的影响，因此，对于检测要素和检测范围的限定就显得很重要，对此本节采用两种功能构成的检测：一种是城市用地全功能构成的混合度检测，另外一种是与日常生活有着密切联系的居住（R）、办公商业（C）、绿地（G）、学校（R5）作为功能构成，进一步综合检测混合程度。通过在ArcGIS中编写Python脚本的方式实现对土地利用混合度的计算公式：

$$\text{Landmixuse}=\frac{-\sum_{K=1}^{K} p_{k,i}\ln(p_{k,i})}{\ln(K,i)}$$

式中，K表示学区i的土地利用类型数量；$p_{k,i}$表示第k种类型的土地在学区i中的面积占比；Landmixuse计算值的

[1] 单独地块中所包含的功能构成混合度暂且不谈，当然这种基于POI的功能混合度识别是一种更为真实的功能空间使用混合度量度，是能够将空间的实际混合使用情况呈现出来的，可以这样理解：规划过程中所限定的土地用地性质只是为形成建筑体量容量和基本的形象奠定了一个大的基础，而在后续使用过程中什么类型的功能进驻，如果在非人为过度干预的自发形成过程中，众多的POI构成了空间使用功能构成的现实图景，是更加真实和丰富的空间图景，这一图景的形成事实上在某种程度上是遵循本章第二节所描述的学区城市空间的网络组构特征的。

取值范围在 0~1，表明学区中土地利用功能的混合状态。Landmixuse 值越趋近于 0 表示学区土地混合度越低，用地分配越单一；值越趋近于 1 表示学区中土地混合度越高，功能分配得越均衡。

下面将分别讨论两种不同功能构成测度计算下的学区土地利用混合度空间分布情形。

2. 学区空间用地全功能性质混合度解析

用全功能混合度来解析城市用地功能混合情况的分布模式以及学区边界限定后所产生的对应关系，我们可知，全功能混合度较高的位置分散于二环以外的区域，如果按照学区投射的区域对应，我们能够看到几个显著的特征（图 3-21）。

其一，南城的丽泽金融集群、南站集群、首经贸集群、马家堡集群、大红门集群、万丰集群、八里庄学区（朝阳）、八里庄学区（海淀）、永定路学区、垂杨柳学区都处在功能混合度较高的区位。

其二，混合度热力图显示老城中学区的全功能混合度相对较低，这是由于和二环以外南城的学区相比较，老城的用地功能相对集中在居住、办公商业、教育、绿地，相对于与二环以外的用地类型多样混合的现状，这些区域用地类型较为单一。这也从另一个角度证明了，设置混合度要素集合对混合度的检测结果存在影响。

其三，部分学区中的局部呈现全功能混合度较高模式，如和平街学区、望京学区、酒仙桥学区、定福庄学区、管庄学区、黑户庄学区、十八里店学区、南园集群、科技园集群、卢沟桥集群、石景山学区、四季青学区、青龙桥学区、

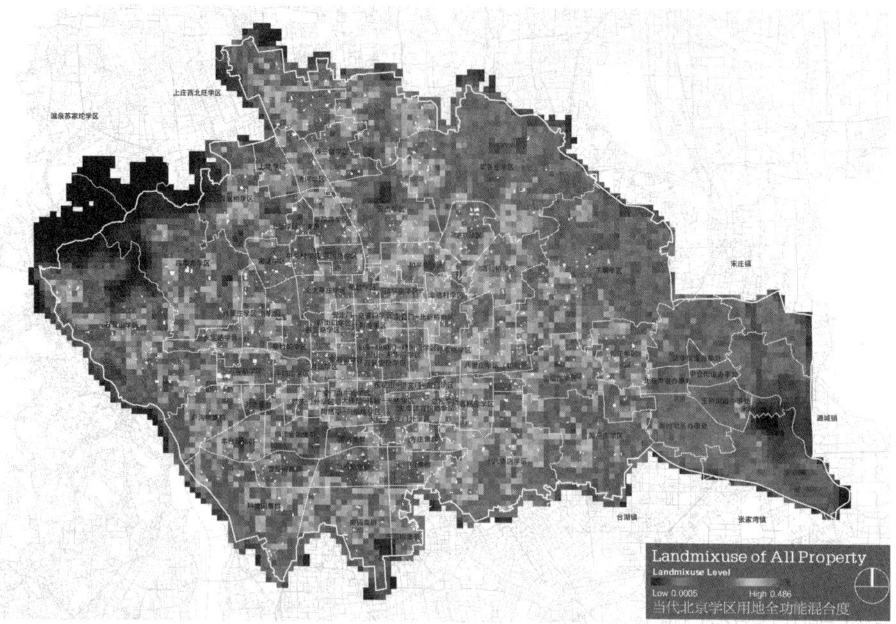

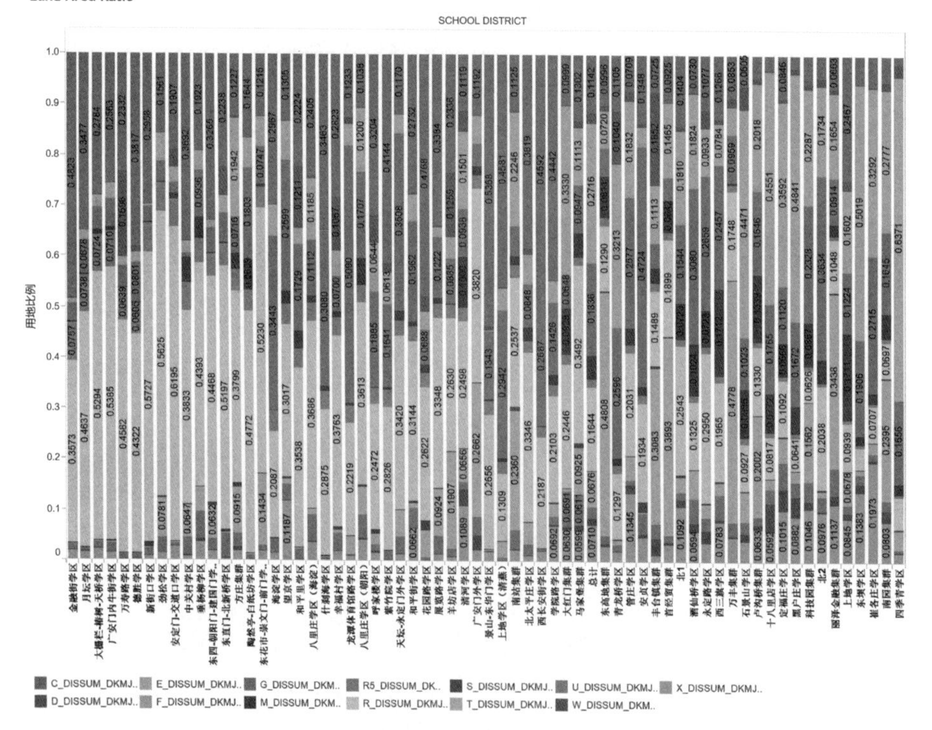

图 3-21 当代北京学区空间全功能混合度分析 Analysis of Space Full - Function Mixing Degree in Contemporary Beijing School District

图片来源：作者自绘

上地学区和学院路学区。

其四，一些学区中较多的高校占据了功能用地的主导，也使得其全功能混合度显示较低。由于这种功能用地的混合度显示只能反映用地配置的混合情况，对于现实中真实的使用状况以及个人日常生活微观级别的功能混合度体验是有差别的，其中海淀学区、中关村学区、花园路学区、学院路学区的局部、上地学区（清燕）都是此类学区全功能混合度较低的学区，并且在一些学区中，学校会分布在混合度指数较高的部分区位。

由于混合度与功能构成的种类密切相关，因此以学区为单位的用地功能构成也是学区功能构成的重要解析指标。本节对中心城学区的用地功能构成进行了按比例解读，暗含的一个排序是按照学区中基础教育用地占学区功能用地总面积的比值按由大到小降序排列。以中心城用地面积占比来看，基础教育用地约占 1.62%，金融街学区、月坛学区、大栅栏椿树天桥学区、广安门内牛街学区的基础教育用地面积均达到了其学区全功能用地的 7%。改革开放以来，教育设施的布局一直是作为住宅的配套设施布置，因此从各个学区中住宅占比的变化也能够解读出这个大的趋势，同时我们看到，随着基础教育用地占比的逐渐降低，学区中某项功能独大的现象逐渐缓解，进而变得混杂多样。

3. 基于日常功能的学区空间主要用地混合度解析

由于全功能的混合度是城市资源配置角度上的反映，对学区而言是一种城市视角的混合特质映射，然而基于日常生活体验的功能混合体验更能够反映学区功能混合的现状。这一混合度检测的数据来源有两种类型，一种基于日常生活的主要功能用地性质，另一种以大数据POI所挂接的分类信息为主。本节不深入探讨不同类型数据源所产生的混合度指数差别，主要以第一类基于日常生活的功能用地性质为主，来计算混合度指数。计算涉及的主要用地性质功能包括居住（R)、办公商业（C)、绿地（G)、学校（R5)。通过计算映射后可以看出主要功能混合度的核心主要分布在四环内的大部分学区中（图3-22)，这和日常生活中的体验是相吻合的。混合度比较高的部分主要映射给三环内的一些学区，如展览路学区、新街口学区、什刹海学区、德胜学区、安定门交道口学区、东直门北新桥学区、月坛学区、金融街学区、广安门内牛街学区、大栅栏椿树天桥学区、陶然亭白纸坊学区、东四朝阳门建国门学区、和平里学区、幸福村学区等，同时通州中心城的部分地区也具有较高的功能混合度。

整体上来看，长安街以北学区的主要功能混合度普遍高于长安街以南的学区，三环以内学区的主要功能混合度高于三环外的学区；部分学区局部主要功能混合度较高，如西三旗学区、定福庄学区、管庄学区、青龙桥学区。仔细观察可以发现，校点大部分落在功能混合度较高的区块中。

基于上述功能混合度在学区空间范围内的投射，本节对主要功能在学区空间的构成比例进行描述性统计，按照教育用地在这四类功能用地总和中所占比例降序排列。总体上，基础教育用地在主要的用地功能中占比在3.38%，其中，万寿路学区、金融街学区、大栅栏椿树天桥学区、月坛学区、广安门内牛街学区的基础教育用地占比均在7.7%以上。同时我们也能够分辨出教育用地与居住用地在面积上的比例差异。当然面积的差异仅仅能够衡量供给中的一个侧面，但

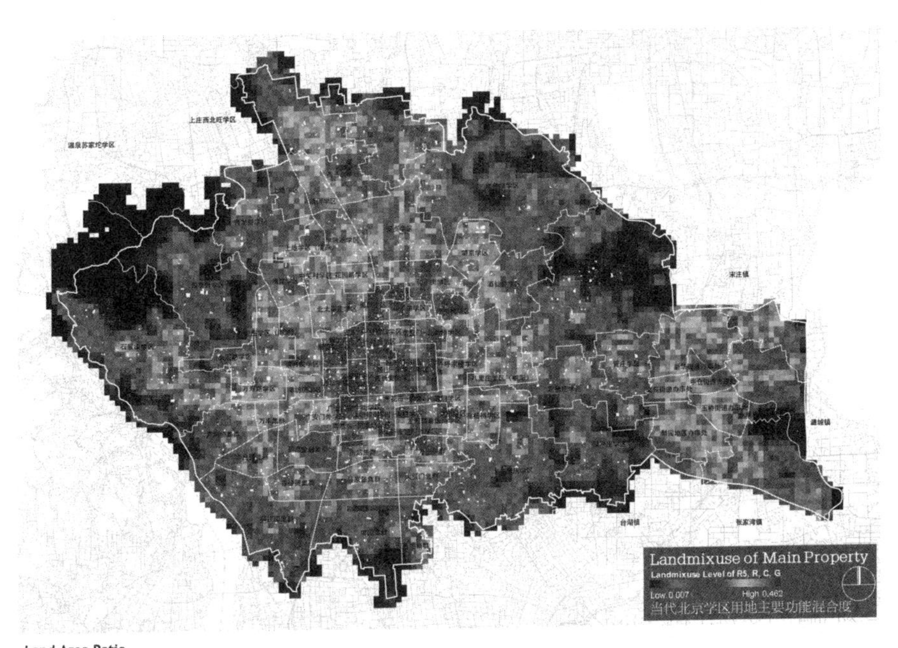

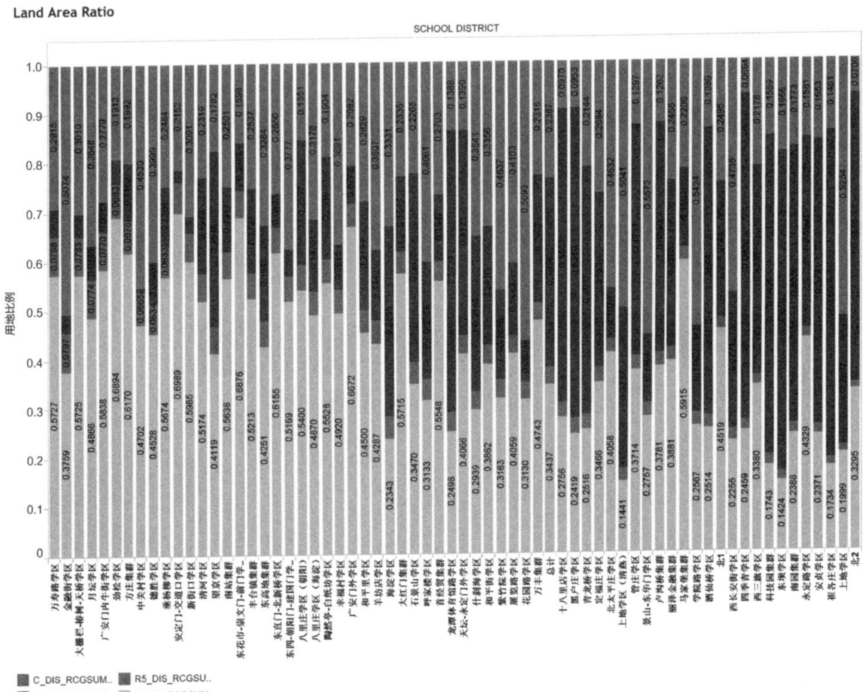

图 3-22　当代北京学区空间日常功能混合度分析 Analysis of Space Daily Function Mixing Degree in Contemporary Beijing School District

图片来源：作者自绘

是这为学区之间的比较建构了一个可能的向度和方式，为后续土地资源的均衡提供初步的参考。

当不同性质功能的用地处在一个相互可影响范围内时，其本身就会产生千丝万缕的联系，这种联系远远超过了设定之初正向博弈的简单构想。不同性质的功能地块之间起初只是基于承载人口或功能需求等多样目标诉求所产生具备时空延续性的配比模型，但在真正建成之后，会发现这其中的联系和混合态势呈现一种远远超乎想象的极其复杂的状态。

对于管理者和空间规划的技术人员而言，关注空间整体是一种有效的工作方式。在分配教育资源的时候能够对均等布局的含义有更为深刻的领会，近距离量化描绘特定功能在城市空间中的分布规律和分布层级也具有空间科学研究的普遍意义。

同时，笔者认为任何一种研究方法、任何一种研究思路和具体手段都只是刻画了事物时空发展的局部，并不能反映研究对象的全貌，因此，基于空间组构特征、形态指标聚类、功能混合特征的学区空间整体形态特征分析依然只是初步探讨了在学区边界映射下学区之间的空间特质差异，后续各章节将以日常生活轨迹所涉及的学区空间要素为逻辑主线进一步展开论述。

第四章

学区空间教育资源均衡配置研究

教育权利平等，教育机会均等，教育资源均衡，是当今世界基础教育发展的方向。面对知识经济的挑战和契机，各个国家普遍将基础教育的发展视为国家核心竞争力的体现之一，具备优先发展的战略地位，谋求教育公平，促进教育均衡，提高教育质量。如何从学区空间教育资源的评估与配置角度实现教育均衡是本章重点关注的内容。

一、学区教育资源的内涵与均衡布局的概念

教育是人类信念与价值观的代际传递，是一项循序渐进的活动。在当前精英选拔制度下所产生的教育资源供需不平衡的现实情况值得深入探讨和分析，要实现教育权利平等、教育机会均等，教育资源均衡是手段，因此如何理解教育资源的内涵，如何理解均衡发展的理念，是本节讨论的重点。

1. 学区教育资源的内涵

基础教育有广义和狭义之分。联合国教科文组织定义的广义的基础教育是指保障青少年能够具备基本的知识技能，激发其潜能，实现自我理想，并有益于社会。狭义的基础教育是指以青少年儿童为对象的中小学教育，具有基础性与普及性。

教育资源是指围绕教育活动的一切人、财、物资源的综合。从办学角度看，可分为基础教育资源与高等教育资源；从属地角度看，可分为国家资源与地方资源；从动态角度看，可分为流动资源与固定资源；从经济角度看，可分为市场资源与计划资源。社会发展的不同时期，人们对教育资源的理解与使用存在差异。在当今知识经济、人工智能的时代，如何识别资源、调配资源、利用资源并与当地的发展紧密

联系是关键问题。教育从诞生的伊始便担负了民众对理想和社会公平的希望，时代发展到今天，教育资源更是一种社会资源与市场资源的复合体，如何既发挥其作为公共资源的服务能力，保证社会的创新发展，又能运用市场的收益来反哺教育的发展需求，这是一个很实际的问题。

本节从学区空间的角度出发，聚焦学区空间中的核心教育资源，主要包含幼儿园、小学、中学的教育用地及建设指标、教师数量、学生数量等。这些核心的教育资源是开展教育活动的基础条件，其在空间中的分布状态以及均衡与否直接影响每个学生是否能公平地接受良好的教育。

2. 均衡发展的理念认知

应当承认，教育的问题相对复杂，我们看到学校的办学条件达标了，教育硬件资源的配置相对均衡了，但是择校现象却有增无减，民众普遍看重的学校教育质量似乎与学校硬件并无必然联系，因此，仅有合理的用地、良好的校舍、先进的设备，也只是为理想教育的实现提供了物质基础。应如何认识教育均衡呢？

《世界全民教育宣言》（1990 年）第四条指出：教育平等要实现教育机会与教育结果的双重平等，教育的目标要指向有效的发展，个人要充分利用一切教育机会，掌握立身的基本知识与技能，获得能够不断进步的方法，提升价值，同时社会依靠教育产出的人力资源实现创新发展；尤其要使基础教育资源在教育群体之间实现公平分配，最终达到教育供需的相对均衡，保障教育结果的均等；要让每一个儿童达到既定的标准，使每个人的潜能得到发展，实现教育资源均衡发展与人均普惠。

理解学区教育资源均衡发展，应当从以下几个方面入手。

其一，均衡与否是一个通过比较产生的概念，没有比较就没有差异，也就不存在所谓均衡与否。因此评估差异，建立衡量指标，设定合理的比较范围和比较单位，构建标准化的比较方法是首要工作。人们在这方面开展了不少探索，但是学术研究与实际工作接轨还有相当差距。以学区为单元的教育资源均衡性比较体系尚未建立，笔者认为，在这一体系中，有关学区基础教育人地房差异的反映是最基本的学区资源空间分配特征衡量指标。

其二，教育均衡的标准具有极强的城市特质，希望在全国范围内以统一的标准考虑基础教育均衡发展是不现实的。以中国教育高地北京为例，在有关用地配置的指标设定方面，来自不同部门的指标设定尚且有差异，可见一个普遍适用的标准是不现实也不科学的。

其三，宏观的均衡实际是一个个小点的均衡实现的，基础教育均衡发展涉及教师、设备、图书、校舍、教育经费等各项教育资源的配置。在当代北京以学区为单位发展教育的现实状况下，从全市学区的视角构建多层次的评价体系，应先评估学区在全北京的资源均衡性，考察教育资源分布存在的不平衡现象；然后将体现出的差异指标以学区内的校点为单位再次评估，可以找出产生差距的真正原因，实现精准补齐短板。已有很强或者超出平均水平的正向资源，可以适度放缓政策和财政的补偿和支持，对薄弱的学校和区域，可以适当加大资源投放倾斜力度。

其四，不光对投入需要进行均衡性的评价，对教育成果产出的均衡性也应当给予评价。教育管理者和受教育个体对教育产出均衡的理解存在极大的差异。从教育管理者的角度而言，使受教育个体经过一定时间的学习训练，达到一定受教育水准，并保证绝大多数比例的受教育个体能够通过水平测试即可，但是受教育个体寻求的是个人受教育产出的极大值，这种诉求是与受教育个体在整个学生时代的关键考试节点紧密挂钩的，这些为数不多的关键节点考试是选拔性质的，与学生期中期末检测等考试是完全不同的。检测考试的目标在于使大部分学生掌握知识，能够运用技能，但选拔性考试必须具备区分度，便于拔擢以绝对优势通过考试的学生，这是不同的考试类型所决定的，同时和生源的构成具有紧密的联系。受教育个体所期望的这种选拔结果的均衡是很难实现的，但是对于这种教育成果均衡的评价是必要的。为了具备可比较性，可以转化为教育资源利用率的评估，可以用教育成果除以教育资源消耗这样的模型来表达，具体的指标以及权重需要进一步细化设计。

其五，学区教育均衡的实现依赖于学区教育资源的内部配置效率。学校教育质量是综合因素影响的成果，如果忽视资源投入后的配置，是不能使教育资源效率最大化的。并非投入更多，教育差距就能缩小。教育主管部门应当紧紧抓住师资和课程标准两个要点，提升对资源使用调配规则的设定。各区的教育主管部门、各个学区的具体执行者、各个学校的一线参与人，都应当参与到资源均衡提效的工作中，对不同尺度和行政管辖范围的教育资源进行详细的论证，了解现状，制定有力、可落地、可执行、不走样、有效率的政策与措施。最终目的是保证每个人拥有优质教育的机会，这一机会与拥有财富的多寡和社会网路级别的高低无关，仅仅与个人能力有关。

UBER 共享经济的诞生事实上已经从一个角度证明了对

资源利用方式的创新和重组远比重新制造新类型的运输工具来得高效，因此探讨资源的调配方式是以一个新的角度去实现资源均衡。本节仅仅提出一个引子，不做展开论述，但这会是一个有趣的研究方向。

一项教育政策的设立，有可能会影响一个孩子的一生。管理者寻求的是整体效益，而受教育的个体更看重的是个体的发展，因此，如何保证一个正向的博弈模型，按照设计者的初衷公平、有力、不走样地执行，进而形成良性的循环，这是考量所有决策者管理水平的标杆。实现稳定的均衡，事实上是多种力量博弈之后的结果。在各种政策和措施的制定过程中，要有预判，以避免一个正向的逻辑措施被利益驱动和策略博弈扭曲，进而引起更大的不均衡。因此，正确理解均衡，理解均衡中的相对稳定、时空的动态调整至关重要。

本章的重点并不在于均衡路径建构的设计，而是聚焦于均衡路径建构的第一步——对现状的梳理和描述，尝试建构一个基于学区空间的比较体系，能够将学区之间的差异相对客观地展现出来，为均衡政策的制定提供新的切入视角和方法支持。下文将从学区学生和学校的空间分布特征、学区教育资源指标的聚类分析、学区教育资源均衡配置优化路径三个方面分别展开论述。

二、学区学生和学校的空间分布特征

1. 基础教育就学学生人数空间布局特征

在讨论教育资源的供求问题时，学校的数量、分布、容量、师生比与学龄人口的分布、密度以及未来的增长趋势等都是重点被关注的问题。生源结构的变化也会对学位的供给产生影响。过去教育部门常见的资源配置方式是，用研究区域当年毕业人数与来年入学人数的匹配程度来进行校舍班级容量的微调，使得来年入学的孩子都有学上，但是随着人口的增长及学区制的推进，多元需求的现状混杂于各级各类教育的海量数据之中，以学区为单位的宏观层面的共性与差异缺少研究，对于北京而言，作为全国教育的示范之都，应当在全市乃至京津冀协同发展的高度对公共基础教育人口的变化进行深入的研究，本节基于《北京市教育事业统计资料》（2001—2015）对该时期北京学生人口数据统计分析后，发现几个主要特征（图 4-1）。

其一，幼儿园、小学的在校生人数和接受高等教育的在校生人数较多，中学在校人数相对较少，并且在图中所显示的时间段内，整体数量呈现上涨趋势。幼儿园在校生从 2003 年的 22.7 万人、占全体在校生总数的 7.5% 上升到 2015 年的 39.4 万人、10.6%；小学在校生从 2003 年的 69.1 万人、占在校生总数的 19.8% 上升到 2015 年的 85 万人、22.8%；初中在校生从 2003 年的 45.3 万人、占在校生总数的 15% 下降到 2015 年的 28.3 万人、7.6%；高中在校生从 2003 年的 25.1 万人、占在校生总数的 8.3% 下降到 2015 年的 16.9 万人、4.5%；中职在校生从 2003 年的 21.7 万人、占在校生总数的 7.2% 下降到 2015 年的 13.4 万人、3.6%；大学在校生从 2003 年的 117.9 万人、占全体在校生总数的 39% 上升到 2015 年的 189.5 万人、50.8%。

其二，基础教育就学人口空间布局呈现功能拓展区人口逐渐增大的趋势。本节的研究范围主要落在首都功能核心区与城市功能拓展区，从《北京市教育事业统计资料》（2001—

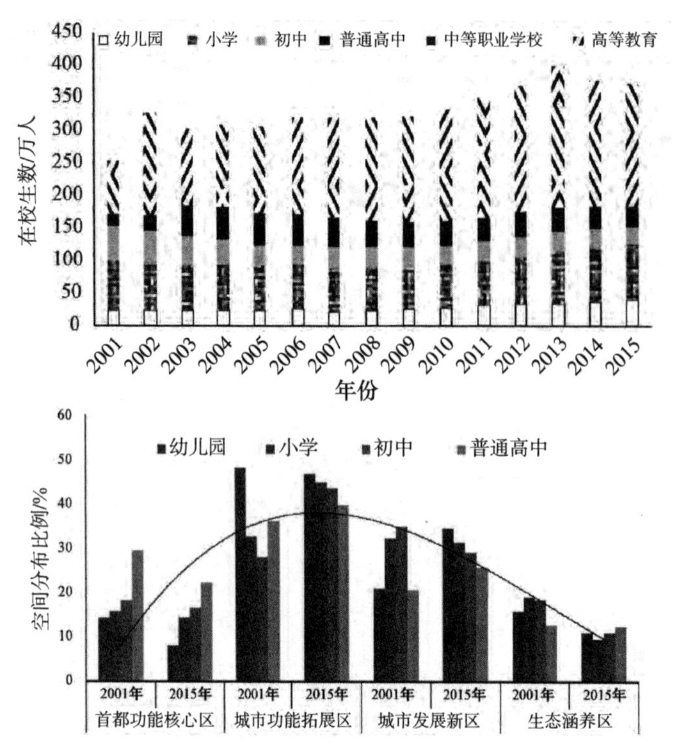

图 4-1 2001—2015 年北京市各级各类教育在校生数的历史变化及各教育阶段学生数的空间分布比例 The Historical Change of the Number of Students Enrolled in Various Grades of Education and the Spatial Distribution of the Number of Students in Each Stage of Education in Beijing from 2001 to 2015

图片来源：北京市教育委员会《北京市教育事业统计资料》(2001—2015)

2015）显示出的数据可知，城市功能拓展区中各级各类学生的人数增幅最大，因此对教育资源的需求压力逐渐增大，其余三类区域的就学人口明显不及功能拓展区。从幼儿园在校生数量分布来看，2015 年城市功能拓展区和发展新区承载了将近 80% 的幼儿园学生，功能拓展区的幼儿园在校生是全体幼儿园在校生的 46.6%，但承接这个数目的幼儿园数量仅为全市的 37.9%，其中朝阳区的在园幼儿占比相对较高，面对供不应求的局面，功能拓展区的幼儿园数量有待增加。2015 年有 44.8% 的小学生分布在城市功能拓展区，与其对应的小学数量占全市小学数量总数的 29.1%，京籍学生向功能核心区与功能拓展区集中，以东西朝海四区为主，其中朝阳海淀的数量和增幅较大；非京籍学生向功能拓展区与发展新区集中，以海淀朝阳为主，丰台昌平通州大兴也不同程度地呈现该趋势。高中生有60%集中在功能拓展区和发展新区，呈现核心区向外扩张并持续增长的趋势，海淀容纳了23.9%的高中生，几乎每4名高中生就有1名在海淀上学。

其三，学龄人口增长的趋势明显（图4-2）。对北京近10年以来的人口结构分析可知，人口数量总体增长，在年龄结构传递的影响下各年龄阶段占比相对较为稳定，其中0~18岁的人口数量呈现先降后升的趋势，借助王蓓等学者对常住人口年龄结构预测的方法（王蓓等，2015），建立向量自回归模型（Vector Auto Regression）来预测北京人口发展趋势与年龄结构的变化。0~6岁幼儿数量占总常住人口的比例将由4.9%上升至5.6%；7~12岁儿童数量占总常住人口的比例将由3.8%增至4.9%；13~15岁初中生数量占常总人口的比例将由1.0%升至1.9%；16~18岁高中生数量占常住人口的比例将从1.0%升至1.3%；23~59岁群体数量占常住人口的比例将从69%降至57%；60岁以上人口数量将从约350万人、占常住人口比例16%升至约700万人、26%。由于人口增长受社会政治、经济、产业、户籍政策等诸多因素的影响，上述人口的预测仅在一定条件下有效，依然需要不断追踪研究，但从趋势上看总体呈现社会中坚力量抚养压力增大、低龄化老龄化现象并存。现状是除了托幼数量需补充外，其余教育设施总量基本能够满足当前人口需求，但是随着0~15岁人口占比将逐渐提高，势必出现局部基础教育设施需求缺口，基于上述判断，规划工作需要提前着手配置。

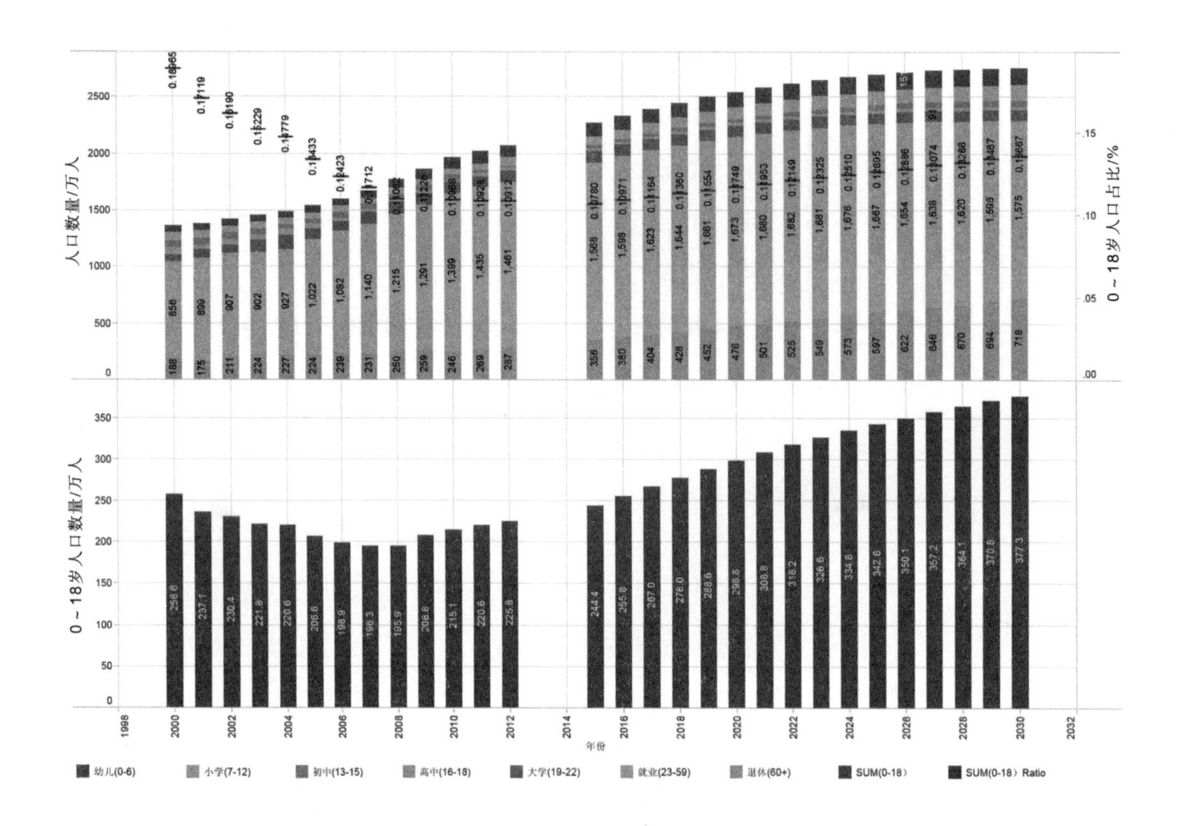

图 4-2 2000—2030 年北京市常住人口年龄组历史数据及未来预测
Historical Data and Future Forecast of Resident Population Age Group in Beijing from 2000 to 2030
图片来源：作者根据相关资料整理自绘

2. 学校在学区空间中的覆盖范围及正态组构分布

2013 年北京市共有基础教育各类学校 3115 所，教职工 19.5 万名，在校生 168.5 万名，其中中学 638 所，小学 1093 所，幼儿园 1384 所。这些学校散布在城市中，经过若干次基础教育设施专项规划工作的调整，总体来说，校点覆盖面广、承载力优良。即便使用基于路网的实际覆盖半径检验校点对周边住区的覆盖程度，除了公立幼儿园的覆盖情况欠佳外，小学和中学依然能够实现良好的覆盖度，这完全要归功于教育设施专项规划对校点均衡布局的全局掌控。如图 4-3 所示，从现阶段校点的全局分布来看，中心城区的校点分布相对密集，外围相对舒朗，总体上与住区相互匹配，对于城市基础教育能够起到有效的支撑作用。

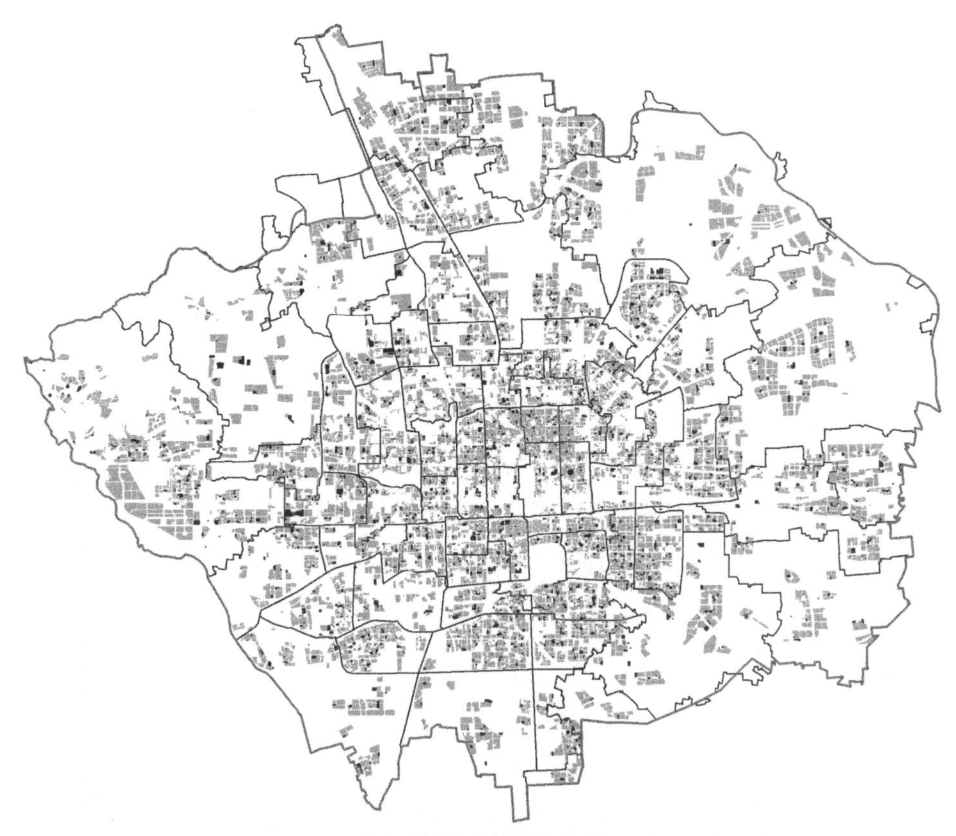

School + School District + Residence area

图 4-3 北京城学区空间校点分布及全局整合度 Rn School Points in School District Spatial Distribution and Global Integration Degree

图片来源：作者自绘

但是除了仅仅解读这种显而易见的分布特征外，本节将重点解读校点在学区空间中的组构分布等级特征。为了便于观察分布特征，本书将校点按照幼儿园、小学、中学三种类型，分别单独提取该类型的校点所占据的全局空间整合度。对数据进行分类解读可以看到，三种类型的学校在学区空间组构中的全局整合度都呈现正态分布(图 4-4)。

对于幼儿园而言，校点分布最多的整合度区段集中在 51394.799~54816.875，有 290 个幼儿园校点集中分在其中；263 个校点分布在 47972.723~51394.799 的全局整合度区段之中；224 个校点分布在 54816.875~58238.951。这三个区段的校点总计 777 个，占所有幼儿园校点总和的 65.7%，因此可以作出一个初步的判断，即占据上述三个组构区段的空间，有潜力成为幼儿园的布局地。

对于小学而言，校点分布最多的整合度区段集中在 54446.392~57899.788，有 277 所小学校点集中分布其中；其次有 260 个校点分布在 50992.996~54446.392 的全局整合度区段之中；再次有 198 个校点分布在 47539.6~50992.996。这三个区段的校点总计 735 个，占所有小学校点总和的 68.6%，因此，同样可以作出一个判断，在城市学区空间中，占据上述三个组构区段的空间有潜力成为小学的布局地。

对于中学而言，校点分布最多的整合度区段集中在 52208.327~56393.869，有 283 个中学校点集中分布其中；其次有 178 个校点分布在 56393.869~60579.411 的全局整合度区段之中；再次有 174 个校点分布在 48022.786~52208.327。这三个区段的校点总计 635 个，占所有中学校点总和的 73.9%，因此，同样可以做出一个判断，在城市学

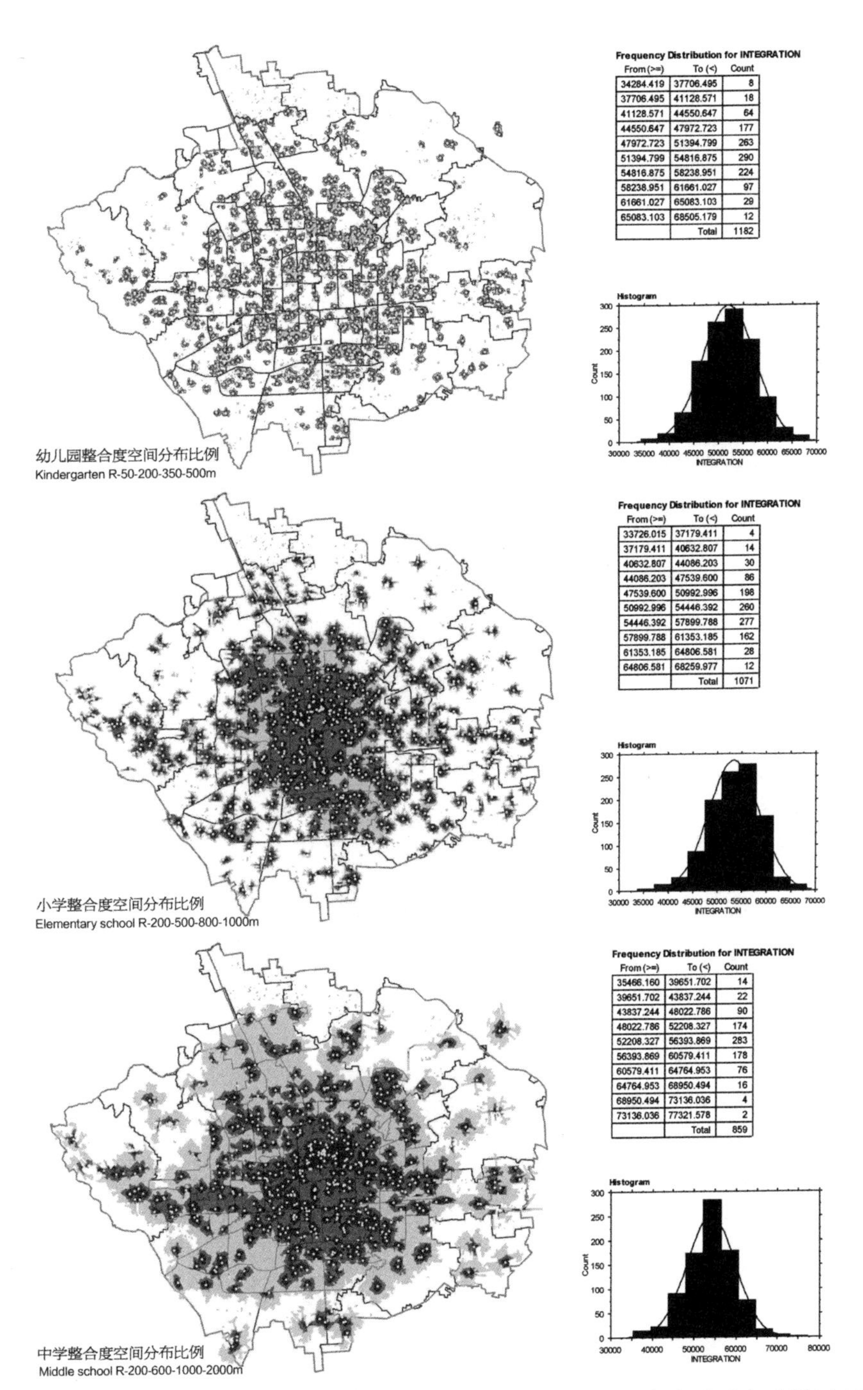

Frequency Distribution for INTEGRATION

From (>=)	To (<)	Count
34284.419	37706.495	8
37706.495	41128.571	18
41128.571	44550.647	64
44550.647	47972.723	177
47972.723	51394.799	263
51394.799	54816.875	290
54816.875	58238.951	224
58238.951	61661.027	97
61661.027	65083.103	29
65083.103	68505.179	12
	Total	1182

Frequency Distribution for INTEGRATION

From (>=)	To (<)	Count
33726.015	37179.411	4
37179.411	40632.807	14
40632.807	44086.203	30
44086.203	47539.600	86
47539.600	50992.996	198
50992.996	54446.392	260
54446.392	57899.788	277
57899.788	61353.185	162
61353.185	64806.581	28
64806.581	68259.977	12
	Total	1071

Frequency Distribution for INTEGRATION

From (>=)	To (<)	Count
35466.160	39651.702	14
39651.702	43837.244	22
43837.244	48022.786	90
48022.786	52208.327	174
52208.327	56393.869	283
56393.869	60579.411	178
60579.411	64764.953	76
64764.953	68950.494	16
68950.494	73136.036	4
73136.036	77321.578	2
	Total	859

图 4-4　校点在学区空间中的覆盖范围及正态组构分布　Coverage of the School Point in the School District Space and the Distribution of the Normal Structure

图片来源：作者自绘

区空间中，占据上述三个组构区段的空间有潜力成为中学的布局地。

综合分析可知，在所有学校中，27.3% 的学校分布在全局整合度 51394.799~57899.788，即占据该全局整合度区段的空间是最具备成为潜在校点可能性的空间。

人们愿意因为自己对“好”的喜爱而支付更多的出行成本，譬如对于好学校、好工作、好医院、好图书馆、好体育场所、好绿地，对于工作所在地的选择依赖于市场的偏好，然而对于社会性公益性的设施，城市规划可以通过调节它们的空间布局从而使得公共资源能够均衡地分布在城市之中。无论是佩里的邻里单元还是新城市主义、精明增长、日本的日常生活圈理论，都是以小学幼儿园作为社区中心来建构城市的最基本住区单元，因此合理的公共设施空间布局网络不仅能够影响城市的空间形态结构，还能够减缓交通拥堵的影响，更重要的是会影响其他功能（例如商业、办公、住宅等）在空间的植入状况，从而整体降低空间能耗，提升资源效率，节约管理成本。因此，厘清学区中校点的空间分布组构特征以及分布区段，有助于帮助规划师找到合理的潜力空间，从空间合理的角度入手，进而根据学龄人口需求进行资源的匹配。

通过上文对学区校点与住区之间的分布模式、覆盖情况、校点在空间中的分布组构特征、分布的层级特征以及分布的规律的梳理，我们初步探讨了教育资源中的学生与校点的深层次分布规律以及未来可能会出现的变化。下面将进一步对学区教育资源指标展开聚类分析。

三、学区教育资源指标的聚类分析

本节主要从三个层次来衡量当代北京学区空间教育资源的均衡程度与分布特征，主要利用聚类分析方法，围绕教育资源的基础指标尝试解读学区教育资源的空间分布差异。

1. 以学区为单位的学生人数、教师人数、师生比聚类分析

以学区为单位比较师资相对数量与绝对数量能够体现教育核心资源的差异。如图 4-5 所示，横坐标表示学区的基础教育教师绝对数量，纵坐标表示学区内基础教育总的学生绝对人数，颜色代表师生比。根据聚类分析中可以解读，师生绝对数量均处于较高段位的学区有 17 个，分别是中关村学区、北太平庄学区、紫竹院学区、八里庄学区（海淀）、万寿路学区、青龙桥学区、和平里学区、八里庄学区（朝阳）、垂杨柳学区、龙潭体院馆路学区、望京学区、幸福村学区、呼家楼学区、景山东华门学区、安贞学区、丰台镇集群、石景山学区，其中石景山学区、安贞学区与青龙桥学区的面积较大，因此师生绝对数量大和学区包含学校相对较多有一定关系。但是从基础教育师生比的相对统计角度来看，丰台镇集群的师生比最高，中关村学区、北太平庄学区次之，紫竹院学区、八里庄学区（海淀）、万寿路学区、青龙桥学区、和平里学区、八里庄学区（朝阳）、垂杨柳学区、龙潭体院馆路学区再次之，其余学区的师生比都高于 1∶9，师生比反映出的师资配备相对充足。

师生绝对数量均处于中级段位的学区有 11 个，分别是学院路学区、清河学区、东花市崇文门前门学区、马家堡集群、酒仙桥学区、东直门北新桥学区、什刹海学区、天

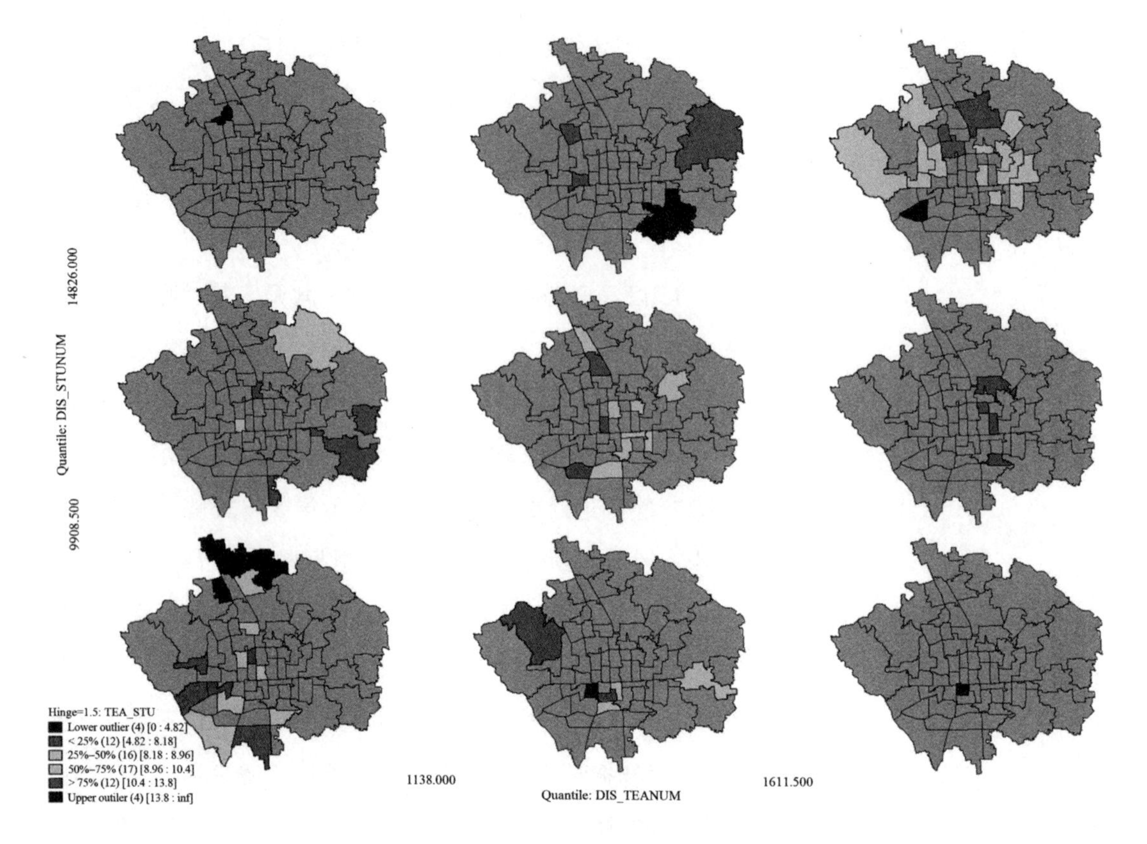

图 4-5 以学区为单位的学生人数、教师人数、师生比聚类分析 Number of Students with School District as a Unit Number of Teachers and Students
图片来源：作者根据相关资料整理自绘

坛永定门外学区、劲松学区、金融街学区、首经贸集群。从基础教育师生比的相对统计角度来看，学院路学区的师生比最高，清河学区、东花市崇文门前门学区、马家堡集群次之，酒仙桥学区、东直门北新桥学区、什刹海学区、天坛永定门外学区、劲松学区再次之，金融街学区、首经贸集群的师生比数据显示较 11 个学区相对良好。

师生绝对数量均处于低级段位的学区有 13 个（北部回龙观地区办事处和东小口地区办事处因为没有准确的师生数据，暂时不列入该段位的比较之中），分别是上地学区、永定路学区、南苑集群、西三旗学区、花园路学区、西长安街学区、大红门集群、展览路学区、丽泽金融集群、科技园集群、新街口学区、万丰集群、卢沟桥集群。从基础教育师生比的相对统计角度来看，上地学区的师生比最高，永定路学区、南苑集群次之，西三旗学区、花园路学区、西长安街学区、大红门集群再次之，新街口学区、万丰集群、卢沟桥集群的师生比在13个学区中相对较好。

之所以进行这样的细节比较，有两层目的：其一，体现以学区为单位的师生绝对数量在空间中的分布，相对师生比在一定程度上提示了师资相对紧张的学区在空间中的分布；其二，按照这个基础教育的平均师生比，可以督促学区中的各个学校比照自身的师生比例，同时依照未来潜在的学龄人口及时适度地补充师资，实现相对均衡的师生配比。但是总体来说，当代北京中心城基础教育的总体师生比资源配置水准已然高于城市小学师生比的标准，并且随着近几年教育资源的不断均衡与调整，此方法仅显示一定阶段的师生分布情况，并不是固定不变的。并且由于没有关于师资水平构成的详细数据，该方法只能从数量的角度，默认师资水准全体相同进行比较，因此比较结果存在瑕疵，相信教育主管部门和学区学校拥有更为细致的数据，随着具体数据的不断完善与披露能够得出更加科学和精准的比较结果。

2. 学区生均指标的空间聚类

以学区为单位比较生均用地、生均建筑面积并辅以师生比能够体现个体分配到的教育资源的差异。如图4-6所示，横坐标表示学区的生均用地面积，纵坐标表示学区的生均建筑面积，颜色表示师生比。从聚类分析中能够解读出，各个指标的聚类显示较为分散，关注这个学区教育资源均衡

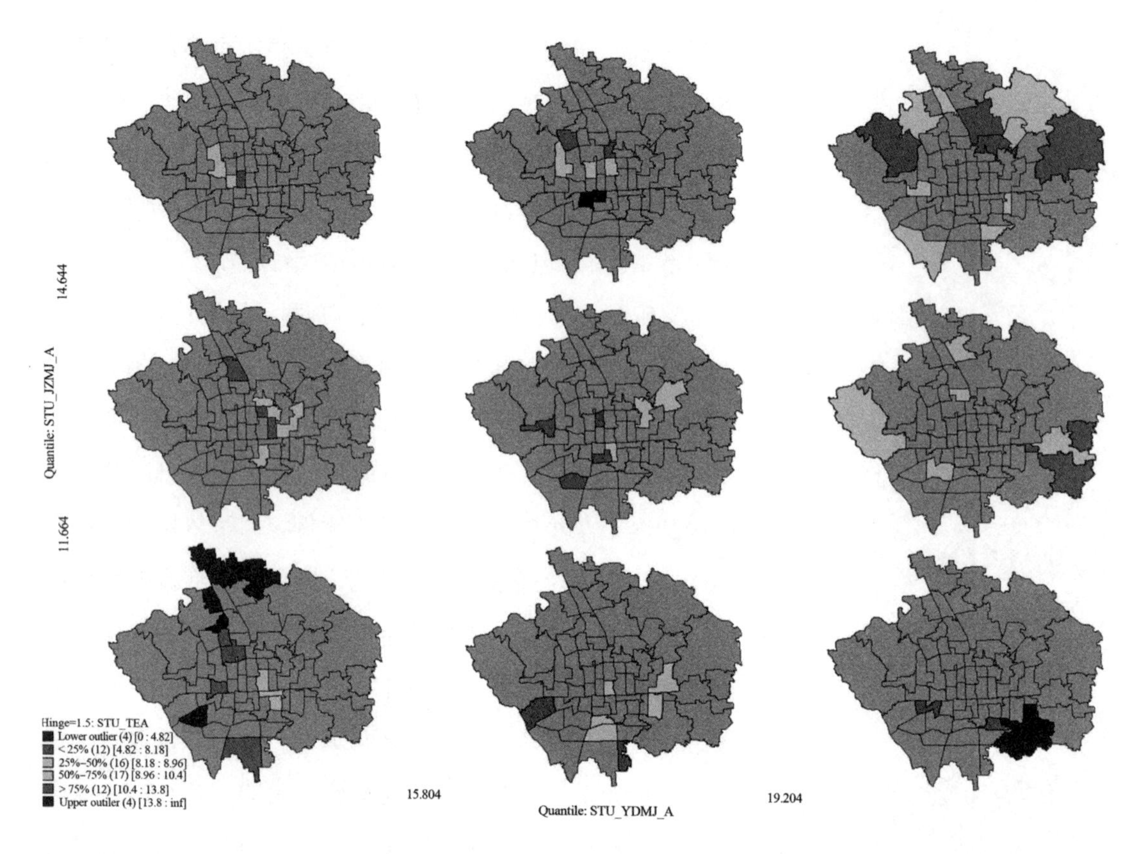

图 4-6 以学区为单位的学生人数、教师人数、师生比聚类分析 **Number of Students with School District as a Unit Number of Teachers and Students**

图片来源：作者根据相关资料整理自绘

度比较项的目的在于发现最不利的学区生均用地和生均建筑面积情况。处在学区生均用地和生均建筑面积最低段位的学区一共有 10 个（北部回龙观地区办事处和东小口地区办事处因为没有准确的师生数据，暂时不列入该段位的比较之中），分别是上地学区、上地学区（清燕）、丰台镇集群、中关村学区、太平庄学区、羊坊店学区、南苑集群、东花市崇文门前门学区、龙潭体育馆路学区、景山东华门学区。在这 10 个学区中，师生比相对较低的是上地学区、上地学区（清燕）、丰台镇集群，这三个学区是应当被重点关注的学区，三项指标有待同时提升。

同时我们看到生均用地面积处在低段位、生均建筑面积处在高段位的学区共有三个，分别是紫竹院学区、月坛学区和金融街学区。总体比较来看，这三个学区的师生比都处在均衡状态，所以可否做出一个推断：对于这一类的学区，具有在不增加建筑的前提下适当拓展学区中的教学用地供给的可能性，给学生们相对舒适的活动空间。

生均建筑面积和用地面积都处在中段位的学区主要包括永定路学区、酒仙桥学区、幸福村学区、大栅栏椿树天桥学区、新街口学区、陶然亭白纸坊学区、首经贸集群，同时这些学区中的师资相对较为均衡。

综上所述，对于学区中的生均用地生均建筑面积的聚类分析，要点在于找到最不利学区，根据未来学龄人口的预测数据实现有效的建设指标投放。

3. 学区空间教育承载力的差异化表现

本书中所指的学区空间教育承载力是指：在现状住宅规模与校点规模相对稳定的情况下，对学区中的住宅面积与教育设施的建筑面积之间的比值进行以学区为单位的评估，同时对教育建筑面积占学区总建筑面积的份额进行评估。通过这两类比值的聚类分析，探寻已有建成空间的承载力情况。如图 4-7 所示，横坐标表示教育建筑面积占学区总建筑面积的份额，纵坐标表示学区内基础教育建筑面积与本学区内的住宅建筑面积的比值，颜色代表学区内基础教育建筑面积的绝对值。

由图 4-7 可知，处在两类比值高段位的学区全部集中在四环以内，共 17 个，包括海淀学区、紫竹院学区、羊坊店学区、万寿路学区、中关村学区、月坛学区、金融街学区、广安门内牛街学区、德胜学区、什刹海学区、天坛永定门外学区、

图 4-7 学区空间教育承载力的差异化表现 The Differentiation of Carrying Capacity of Spatial Education in School District

图片来源：作者自绘

安定门交道口学区、和平里学区、东四朝阳门建国门学区、景山东华门学区、大栅栏椿树天桥学区、龙潭体育馆路学区，说明这些学区的建成空间具有较好的承载力。基于基础教育建筑面积的绝对值，可以看到在这 17 个学区中：海淀学区、紫竹院学区、羊坊店学区、万寿路学区的基础教育建筑面积最多；中关村学区、月坛学区、金融街学区、广安门内牛街学区、德胜学区、什刹海学区、和平里学区、天坛永定门外学区次之；其余最少，这很大程度上是因为它们处在老城中。

处在两类比值中段位的学区有 11 个，分别是石景山学区、八里庄学区（海淀）、幸福村学区、呼家楼学区、青龙桥学区、酒仙桥学区、方庄集群、花园路学区、南站集群、清河学区、万丰集群。在这11个学区中，由于石景山学区的面积较大，所以包含的基础教育建筑面积也较大，绝对面积和其他学区不具备可比较性。在其余的10个学区中，八里庄学区（海淀）、幸福村学区、呼家楼学区的基础教育建筑面积最多，青龙桥学区、酒仙桥学区、方庄集群次之，花园路学区、南站集群最少。

处在两类比值低段位的学区有17个，包括东小口地区办事处、安贞学区、回龙观地区办事处、崔各庄学区、北太平庄学区、管庄学区、定福庄学区、上地学区、西三旗学区、展览路学区、永定路学区、广安门外学区、丽泽金融集群、卢沟桥集群、马家堡集群、大红门集群、南苑集群。这些学区中基础教育建筑面积与本学区内的住宅建筑面积的比值在全部中心城的所有学区中处在低段位，因此，这些学区中的基础教育建筑面积配置还有提升的空间。

虽然本节从三个层面对学区教育资源指标进行了聚类分析，但是依然存在以下局限：

局限一，分析具有时空局限性，只能反映一个时期内的情况，因此需要多时段的数据连续评估，才能给出一个较为清晰的学区现状轮廓。

局限二，缺少教育投入产出绩效的衡量。由于没有以学区为单位的财政投入数据，直接的手段是比较教育财政的经费划拨投入与达标和选拔两种考核模式下的教育效率。这类比较方式虽然无法反映全面素质教育方面的成果，但是这是能够建立明确衡量体系的一个侧面，所以这方面的工作需要依赖教育部门所掌握的考试成绩数据。

局限三，学区边界发生变化后，评估的数据需要重新统计评估，相信在不久的将来，这个学区边界会随着人口和资源的调配发生变化，因此统计的边界发生变化、结果也会变化，但是这个方法的思路有继续探索的价值。

四、学区教育资源均衡配置优化路径

1. 对现状的清晰认知和对未来的准确预判

其一，建立一套科学的评估体系，以学区为单位，全面评估学区现有资源的现状和运行状态，同时将学区层面的评估结果反馈给学区内的每一所学校，从学区层面的评估推进到学校层面的修正改进。

其二，对于未来的预判，包括对有多少资源和需要多少的供需关系进行预判，对已经出生的和未来将要出生的学龄人口的数量预判，对现状教育资源的承载能力的预判，对可支持的财政投入的预判等。持续关注需求的变化，一方面适应需求变化，另一方面实现学区教育资源的优化整合。

2. 初步设立学区运行准则、标准化校点资源配置

建立初步的学区校点运行准则，对于学区给出达标的衡量指标体系，按照年度发布；从资源与需求匹配的角度建构均衡的教育资源分配模式，优化调整校点的容量，实时根据当年的学区学龄人口进行通盘考量。至于具体的技术路线，可以选派教育学、地理学、城乡规划学、建筑学相关背景的专业人员共同搭建学区信息平台，优化计算模型，实现学区资源的标准化管理。

学区资源的标准化包括物质资源和师资资源的标准化。物质资源包括基本的城市评测指标。师资资源可以包括有多少特级教师，有多少高级教师，有多少中级教师、初级

教师等。建立统一的师资评价平台，与空间分布相结合，同时与教育管理学、教育人力资源方面的专家相配合，建构合理的师资系统标准。

3. 合理设计动态调整实现教育资源的精准投放

对于教育管理部门对人财物在学区空间中的投放，需要建立一个科学的投放审核标准，对于缺乏的要补上，对于过剩的要调配。对于师资优化布局,不仅仅要取得整体的效益，更要将每一个受教者的个体成果作为衡量的关键标准。

教育的问题是复杂的，学校的办学条件与硬件设施配置达标且均衡，但择校有增无减，民众普遍更看重学校的教育质量，仅有良好的校舍、先进的教学设备并不能实现人们心目中的理想教育。教育的投入、政策的出台、师资力量的整体提升对基础教育均衡发展至关重要。

对于公共资源认知的理念需要调整，不仅仅要优化校点的布局，更重要的是优化师资在空间中的布局。对每年新入学区的师资进行统一考量，摆脱单一的以学校为单位的招聘状态，适当采用计划经济思维，全市统招，师资向教育主管部门提出去向意愿，学校向教育主管部门提出需求计划，进行双向选择。教育主管部门依托所当年掌握的学龄人口变动、当年招聘的师资水平等级以及各个学区各学校师资的需求和水平情况，在考量水平级别后，采用公平优厚的待遇标准，双向选择、按需投放的方式，将教师资源合理地分布在学区之中，真正实现师资的均衡。这在短时期内，不会立竿见影，但是长期看来对于解决很多衍生问题是有益处的。同时应当加强教师的互相学习，教学相对薄弱的学校应当指派学校的骨干力量在强校学习。学区建立基本兜底的学区教育标准，用多种手段整体提升学区的教育水平。相信教育层面还有很多方法能够对师资的均衡进行调控，同时有合理完善的考核机制和收入保障，既均衡了分布，又防止了流失，相信在一定程度上会缓解因为教育资源不均衡所衍生的诸多问题。

本节中没有过多地讨论关于学区划分的方法以及实际操作中的技术性问题，因为已经有很多学者在这方面做出了很有实际意义的探索和实践。这些研究中总的思路无外乎在供给和需求之间寻找合理的服务空间范围，给出对于具体校点的改进建议，并且多以单个校点或多个校点进行讨论。由于本章主要建构对资源现状的评估框架，并对当代北京的学区空间教育资源现状给予分析，故没有过多涉及细节。

必须承认一个基本的事实是，教育资源的均衡是相对的，而不均衡是绝对的。目前存在几种不均衡的模式：结构性不均衡、周期性不均衡、临时性不均衡。对于这些不均衡的情况，在对资源均衡发展的实践过程中，通过完善教育法律法规、实施教育资源的合理配置、加强薄弱学校改造、完善基础教育督导制度等，从制度设计和空间布局上共同推进均衡立法、均衡投资、均衡师资力量配置。

缩小差距，说到底是要缩小选拔性考试结果的区域自然分布差距，如果缩小了这个差距，我们相信很多衍生问题会得到大大改善，大家对基础教育的满意度也会逐步提升。

第五章

学区空间通学路径品质提升研究

假设每天一个学生从教室到进家门的往返一共需要40 min，粗略统计一个孩子小学中学加起来12年的上学时间，保守估计每个小孩在这十二年一共会花53天时间在路上，在这段不短的时间里孩子们有着怎样的上下学城市空间体验？是舒适的，友好的，抑或是乏味无趣的，甚至是不安全的？现有的学区路径空间呈现什么样的现状和问题？如何提升学区空间中上下学路径的空间品质？如何为孩子们创造健康安全的上下学路径空间环境？这些都是本章将要展开讨论的。

一、学区街道空间品质的评价视角与方法

1. 街道空间分析的评价视角

关于学区中儿童出行环境的研究大部分集中在社区空间环境对儿童出行空间的影响这个角度，韦茨曼等人对孩子们的机动出行进行过深入的探讨，不同年龄的孩子的出行方式各不相同，尤其是那些年龄较小的孩子，父母对孩子安全的担忧事实上对城市空间的设计提出了很多细节要求。已有大量关于步行与骑行的研究更多关注诸如健康和体育运动的时间等普适意义方面的探讨，而并非对空间品质本身或是空间组构特质的探讨。一些专门的儿童步行研究提出，基于儿童对街道的感官距离、障碍物的识别以及街道繁忙与否等因素一起构成了孩子们最终是否选择步行去往学校的缘由（Ewing et al., 2004; Timperio et al., 2006; Black et al., 2001; Timperio et al., 2004; CDC, 2005）；Giles-Corti基于对儿童课外活动以及步行环境的研究后发现，对于那些更为独立以及年龄稍大的孩子来说，目的地是否具备强

的吸引力，是否具备游玩的设施等成为了他们出行的一个诱因；研究还发现一些和种族、性别、年龄、社会经济状况等因素相关的结论；基本上所有的研究成果都在文末会表达该领域需要继续深入研究的希望。放大到更宽广的学术视野中，在过去的很长一段时间里，城市设计与公共健康共同聚焦于步行空间的研究，步行是最常见的一种运动方式。据 Behavioural Risk Factor Surveillance System 的统计，参与步行健身的成年约占总人口数的 41%，围绕步行活动有很多监测方法，一般被称为 walking audit instruments，这些方法被用于监测步行空间环境的质量。在 Robert Wood Johnson 主导的 Active Living Research 网站上，相关的检测工具就有 13 个之多，其中 5 个已经在一定程度得到验证，并被广泛用于研究、政策制定以及非政府组织的工作之中。这些工具着重关注步行空间环境的物质特质，诸如街道的长度、高宽比、人行道的品质、界面的开放程度等。除了这些物质环境的监测评价以外，由于个人的行走喜好、特定的街道行走体验这些基于心理的空间感知研究也是一个重要方向，Handy 以及 Ewing 关注到了这些复杂微妙的环境特质对行走心理的影响，并将这种感知反映在城市设计的实践之中；Ewing 基于环境心理学和视觉偏好对以建筑、公园绿地、园林景观等场景作为空间样本，归纳出 51 个感知品质[1]，并且从定性的角度提出了重要性的判断。本章主

---

[1] 适应性、特殊性、纷乱性、丰富性、模糊性、多样性、易读性、知觉、向心性、优势性、联动性、奇异性、明晰性、围合空间、意义性、宽敞性、连贯性、预期性、神秘性、领域感、兼容性、聚焦感、自然性、肌理、舒适感、拘束感、新奇感、透明度、互补性、人的尺度、开放性、协调性、复杂性、标志性、装饰华丽、维护、连续性、意象、期待感、变化、差异性、可理解性、庇护感、可见性、偏差度、趣味感、规律性、生动性、深度、亲密感、节奏感。

要聚焦于学区路径空间的组构特征与街道界面的特征，从空间的可理解度、路网密度、学校的慢行核心区三个角度对学区路径的组构特征进行分析，同时基于行走中的空间体验，对界面的城市设计问题进行梳理，从空间界面优化的角度提出一些城市设计可以关注和改进的方面。

2. 儿童与城市环境的研究概述

街道是一座城市历史文化的空间承载体，与居民的关系尤为密切，城市道路、附属设施、沿街的建筑等共同构成了完整的街道空间，川流不息的行人与车流构成了丰富的街道生活。过去几十年北京的街道空间发展为城市的经济生活提供了强有力的支持，但同时也给街区活力、历史人文传承、城市安全出行带来了挑战和压力。为了实现人们对于街道生活和社区归属感的期许，近年来，国家层面积极出台了鼓励慢行交通建设和群众低碳出行的一系列政策。从 2010 年首批开展 6 个自行车和步行交通示范城市以来，示范城市的数量不断增加，2012 年，发展改革委、住房和城乡建设部、财政部联合发布《关于加强城市步行和自行车交通系统建设的指导意见》，旨在加强城市步行和自行车交通系统的建设；为了能够让各地科学编制城市步行和自行车交通系统规划,2013 年 12 月,住房和城乡建设部印发《城市步行和自行车交通系统规划设计导则》，为步行网络规划、环境设计、空间设计，以及自行车与公共交通的接驳等提供了指导细则；同时鼓励公众参与、引导绿色出行。2014 年 10 月，国务院发布《关于加快发展体育产业促进体育消费的若干意见》，鼓励全民日常健身活动，而步行是一项普通人很重要的健身活动。2015 年 2 月,国家发改委印发《低碳社区试点建设指南》，倡导绿色低碳出行，鼓励居民采用步行、自行车等低碳方式出行。截至2015年，先后又有三批示范城市开展慢行交通的建设，由此可见国家正在从硬件层面的基础设施建设和软件层面的绿色低碳理念推广两方面为民众的步行出行创造更为有利的条件。基于这样的大背景，如何在学区上下学路径空间的建设中找到借力点，从什么样的视角审视学区路径的空间品质，是值得探讨的。

学区中通学范围内的街道空间属于能够留下记忆的空间，凯文·林奇在提出著名的空间意向五要素之前就做过大量关于街道的儿童认知调查，项目最初的目的是观察青少年如何使用空间，如何赋予空间价值（Berg M et al.，1980）。这个项目最后命名为“在城市中成长”，也被称为“关于研究青少年视角下城市环境的国际协作”。该研究被公认对探索城市儿童生存条件有重大的学术贡献。凯文·林奇重点关注的是儿童自发使用、非经安排的空间，如城市街道、院落、楼梯间，这些场所中儿童偶遇随机发生一些非正式的游戏活动，同时也关注到在组织游戏过程中，穿行城市遇到的各种障碍，譬如个人恐惧、危险的交通、空间认知的缺乏、公共交通的花费以及父母的控制。研究中有一个环节是让儿童凭记忆画出自己的社区地图，结果显示与他们实际居住的社区地图大相径庭。到了20世纪八九十年代，研究重点转变为城市用地如何影响儿童游戏活动，物质环境、游戏场地可达性与儿童社会化发展的相互作用，以及安全和机动性对游戏的影响。在80年代后期，更为复杂的统计学方法被用来定义环境质量（Homel R et al.，1989）。90年代初期更有一些与儿童具体行为相适应的不同尺度的游戏装置和儿童园区的规划设计方法讨论（图5-1）（Herrington

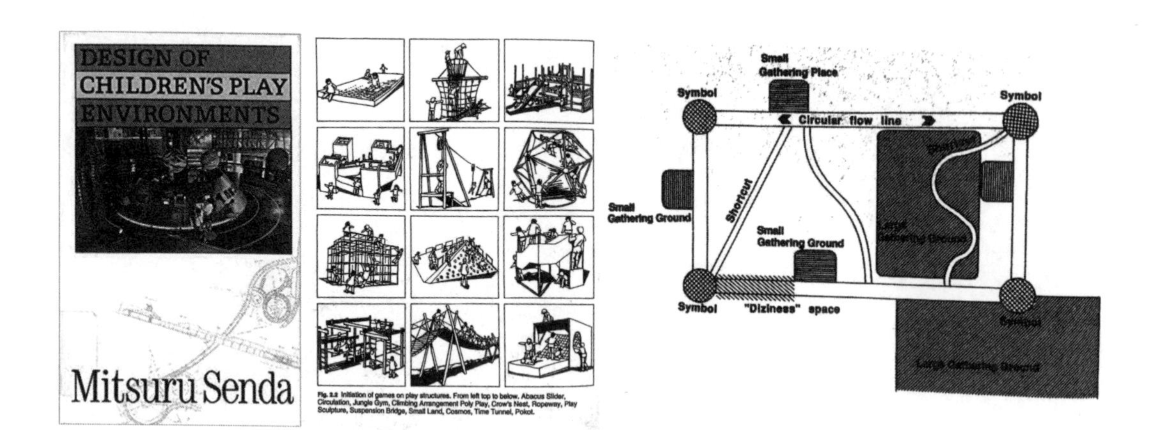

图 5-1
仙田满的游戏环境设计
Mitsuru S. Design of Children's Play Environments
资料来源：Mitsuru S. Design of children's play environments [M].McGraw-Hill, 1992

S et al.，1998；Mitsuru Senda，1992）。90 年代中期与公共健康领域的交叉再次将青少年健康问题与建成环境交通模式交织，成为一个更为广阔的研究领域，这一时期的许多专业杂志都发表了大量的儿童健康与城市环境方面的学术论文，试图寻找西方国家城市儿童肥胖症和行为呆滞的根本原因（Grundy S M，1998；Katzmarzyk P T et al.，1998）。研究儿童健康和城市环境的学者或组织大部分源自美国，许多学者将儿童健康下降的原因归咎于城市扩张（Frumkin H，2002；Burchell R W et al.，2003；Ewing R et al.，2003；Krizek K J et al.，2004；Sturm R et al.，2004），认为最主要的原因是城市中的儿童缺乏足够的体育锻炼和活动空间，同时也有一些研究认为需要客观看待城市形式是若干对身体健康有不利影响的因素之一。到了 21 世纪初期由于家长对儿童安全的担忧，儿童活动的范围变小甚至局限在室内（Collins D C A et al.，2001），出现了关于城市环境如何让儿童得到社会化的发展，如何让他们在社区和城市中学会独立活动，对周围环境的社区邻里的不断探索，逐渐认识和适应周围的环境的探讨。所有的学术研究都试图去解释儿童是如何与城市环境相互作用的，但总的来说，这些相互关系的研究都没有定论，因此需要持续的关注。

单独从儿童对街道的使用来看，儿童对街道的理解不同于成年人。即使有其他可供游戏的场所，孩童们还是喜欢在街道上嬉戏玩耍。街道上的的设施、邮箱、消防栓、停泊的车辆等都可能成为孩子们的玩具（Barker 和 Wright，1966；Eubank-Ahrens，1987；Francis, 1985；Moore, 1987；Brower, 1988）。在社区商业街道上，儿童对环境的使用与成年人有非常大的不同。形态、空间、物品的含义以及功能对于成年人和儿童不尽相同，这种差异可以从他们的身体姿势和活动中看出来。社区商业街道距离住宅很近，便于带着儿童的成年人使用街道，父母以这种方式把孩童带进公共空间。作为公共空间的街道可以让儿童接触很多书本上学不到的东西。儿童通过对街道的使用、对环境的感受、对他人的观察获得学习。在公共空间（如街道）中获得的体验对儿童来说是非常宝贵的教育资源，可以让他们学会如何在真实生活中应对各种新局面（Jacobs, 1961; Gehl, 1987; Moore, 1987; Francis, 1988）。

对于儿童来说，街道设施和物品都能够成为游戏的组成部分：长凳、杂志或报纸自动售货机、公共的健身器械、广告牌、停泊的车辆、没有栽树的树槽等都是儿童的玩具。所有的这些设施和物品除了可供儿童玩耍之外，还可以给儿童提供探索的机会。当然在北京的街道空间中，较少有特别适合孩子们游憩玩耍的空间，游戏设备电子化、游戏装置室内化已然成为一种趋势，但这并不是一种值得特别提倡的方式，户外设施中有许多可以帮助年幼的儿童发展运动和平衡技能，对于自然的接触事实上更有利于儿童身心的发展。通常带着儿童的成年人会都留在那些热闹的场所，儿童就会使用这些场所附近的街道设施和物品，儿童对于公共空间的使用也具有一定的自主权，在成年人的看护下玩耍，也会让成年人在街道上做更长时间的逗留。

学区街道上对上下学的儿童具有吸引力的是什么？学区空间中的人行道除了保障安全外，还必须有足够的空间容纳街道设施和物品、树木绿植景观设施以及那些能够提供歇脚的空间，各种不同地面、图案、构造、植物和颜色的街道会让孩子们觉得很有趣，街道家具创造了更多游戏和探索的机会。街道界面也是孩子们所感兴趣的，孩子们与建筑的立面有时能够形成临时的互动，譬如触摸建筑物表面的各种不同材料，通透的店面可以让外界感受到商店内的活动，一些文具店、小书店、糕点店店面的通透性对儿童来说具有强大的吸引力。通透的临街面展现了商店内的一切，儿童在街上就能够观察并了解到商店内的活动和物品，这使他们的好奇心得到了满足。街道环境给儿童创造了体验的机会，让他们接触到不同的物品、平面、质感、气味和颜色，并且让他们了解到了这些元素的具体运用。此外，在街道上与不同人的相遇能够帮助儿童掌握一些基本的社交技能。虽然任何一条街道都不是十全十美的，但是他们或多或少都能够提供一些适合儿童的活动空间。儿童友好的学区街道空间能够创造机会和条件，帮助他们发展各项技能。这样的街道是具有公平性的，这种空间氛围将远远胜于那些强调各自领域的围栏所形成的拒人千里之外的街道感受，它考虑到儿童不同于成年人的需求，保证了儿童在公共空间中的权利。设计时把儿童考虑在内的街道显得更加富有生气、更具社交氛围，这样的街道对所有年龄层的人来说都是更加理想的。当然所有这些户外的活动都有赖于一个良好的空气环境条件。

街道空间研究的方法过于庞杂，因此在对方法进行甄别、选择以及创造新方法时，需要针对所遇到的问题采取合理的方法。如何辨识学区空间街道网络的差异？学区街道空间使用中的问题是什么？引起这些问题的主要原因是什么？如何改进这些问题？这些都是本章紧密围绕的核心议题。研究街道空间的方法主要分为两个大类，一类是统计量化的评估体系，一类是基于视觉的空间体验评价。量化的意义在于样本的比较并基于样本寻找到普遍规律，学界关于街道空间的统计量化已经有很多特别成熟的方法，这些方法可以从学区层面或单个校点两个空间尺度层次对学区内的上下学街道空间进行评价。但是影响学区街道空间体验的主观和客观因素庞杂，除了一些客观指标外，本书认为以图像直观解读学区街道空间的视觉评判更加一目了然，能够将现有的街道空间迅速地纳入街道空间品质层次理论模型（图 5-2）的分级中来，对照同等级所对应的客观指标，就能够清晰地判定在学区慢行核心区中需要调整注意的缺项，针对问题投放解决的方案。

3. 三种通学方式与街道空间体验

学区中的上下学出行方式有三种，每种不同的出行方式所涵盖的空间要素有差异。

步行——街道通学路径两侧的界面、铺装、绿化是否人性化、街道界面是否友好等，是城市空间文化的体现，并且在城市不同区域的学区中有很大的差异。内城的保护区有些地方是古朴精致的，有些是现代怡人的，而有些巨大

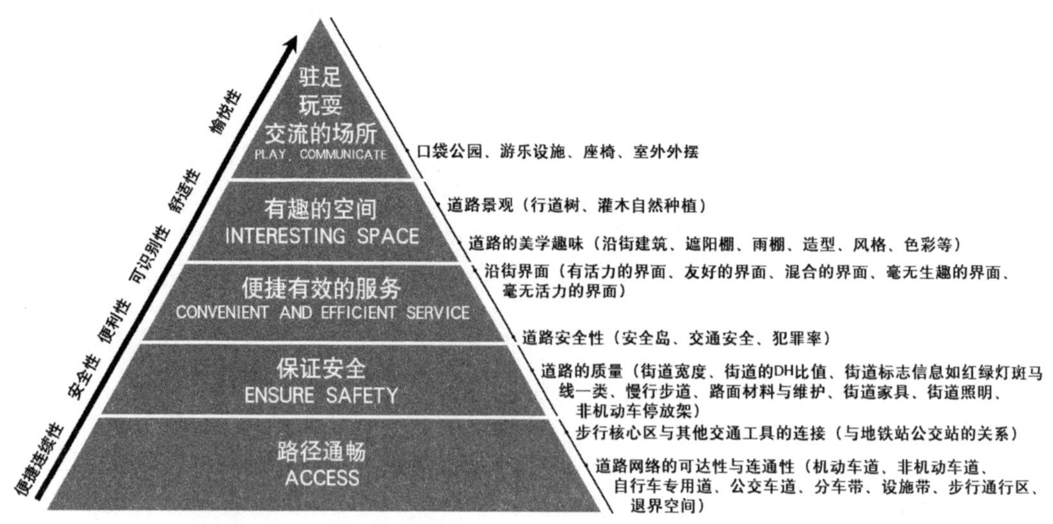

图 5-2
街道空间品质层次理论模型
Theory Model of Street Space Quality Level
资料来源：作者自绘

尺度的步行空间的体验是无归属感的，甚至一些老城以外的步行上下学空间体验是很粗糙、不友好的。

自行车——慢行通道共享出行理念背景下的城市空间模式如何应对？学区空间如何应对“慢城”这个理念？2017年3月上海市的共享单车公司和数量多到要当地的交委给这些单车公司开会，要求他们不再往城市里投放单车，非机动车的停车问题很严重。初中生或更大些的青少年直接骑车上学，那些乘坐地铁上学的青少年，是否存在最后1 km到学校需要骑车的问题，这最后1 km的街道空间是否安全顺畅，交通标识是否清晰明确都是需要重点关注的问题。所以说从空间设计的角度，开辟慢行车道，先从学校能够覆盖的500 m路径范围开始做起，严格区分机动车和自行车的路径、设立绿化隔离等，实现骑行路径的最佳体验状态。城市设计手法如何结合共享经济时代的城市空间需求成为了关注的焦点，虽然各种单车模式的竞争有点利欲熏心的味道，但是自行车出行这件事情本身还是很有价值和意义的。如果能够在学区建设的过程中强化这种慢行交通，为慢行交通提供基本的空间保证，那么即使未来的共享单车模式发生变化，总是还会为学区空间留下慢行交通的路径，可以适当向这些单车公司要求对慢行基础设施的建设进行投资。这种谁投放谁投资谁建设的模式，真正实现共享，这可能是一种在共享经济背景下的城市空间运作模式设想。

车行——包括公交地铁出行、校车出行以及私家车出行。公交地铁出行反映公共交通布局模式与校点和路径之间的关系，存在站点到校点之间的最后 1 km 的问题；校车存在路径规划的问题；私家车存在上下学的校门前瞬时集聚问题，因此需要整理停车区域，对校门附近不同地段的停车方式给予有针对性的调整，发挥地下停车的优势。

二、学区街道空间的可理解度及街网密度

本节基于空间组构客观地衡量步行环境中的显性要素——可理解度与路网密度，同时基于实际出行半径、以校点为圆心映射出校点的实际覆盖范围以及全体校点所形成的覆盖连绵带，这一全体的覆盖连绵带事实上成为了空间研究和空间设计的核心区域。

1. 学区空间组构可理解度差异

如何认识学区空间的可理解度？对于城市空间系统的可理解性是一个具有挑战性的课题。人对城市空间的整体印象来源于一个个街道行走片段的叠加，“可理解度”代表通过局部行走的体验对整体空间的感知能力，从而以局部的体验去推断整体的空间网路形态，即通过可见的局部连接

度去推断不可见整体的整合度的能力。对于一个容易理解的空间网络，局部良好的“连接度”能够对空间整体良好的“整合度”产生影响；相反一个不容易理解的空间网络，局部空间上连接良好，但整体的空间整合度较低，以至于某个空间的局部连接度不能帮助我们理解这个空间在整个空间系统的地位。一般城市空间的可理解度趋于0.45，小于0.2的空间结构可认为不利于对空间整体的认知，不能够从局部的空间感知整体的空间形态。基于上述空间可理解度的意义，我们就有必要从学区空间的可理解度角度来对中心城中的63个学区进行辨识，从组构的角度对学区空间的可理解度进行判断。

通过对学区之间可理解度排序可知（图5-3），处于可理解度高阶的前十个学区分别为新街口学区、金融街学区、西长安街学区、大红门集群、大栅栏椿树天桥学区、羊坊店学区、马家堡集群、方庄集群、八里庄学区（朝阳）、东四朝阳门建国门学区，这些学区具有较好的可理解度，也就是说这些学区的局部空间有良好的局部相邻关系，整体空间也有良好的整合关系，规模也适中。同时我们也发现，有部分学区的可理解度在数值上是相同或相近的，譬如东四朝阳门建国门学区、龙潭体育馆路学区、万寿路学区的空间可理解度趋同，安定门交道口学区、广安门内牛街学区、首经贸集群的可理解度在数值上几乎相等，但是就校点数量、住区的数量和分布态势以及学区本身的规模来看，这三个学区之间还有比较大的区别：安定门交道口学区和广安门内牛街学区在规模类似的情况下，路网的架构显示出明显的差异，一个相对规整横平竖直，一个相对不那么规整，校点的数量前者多于后者，但后者中出现了较大规模

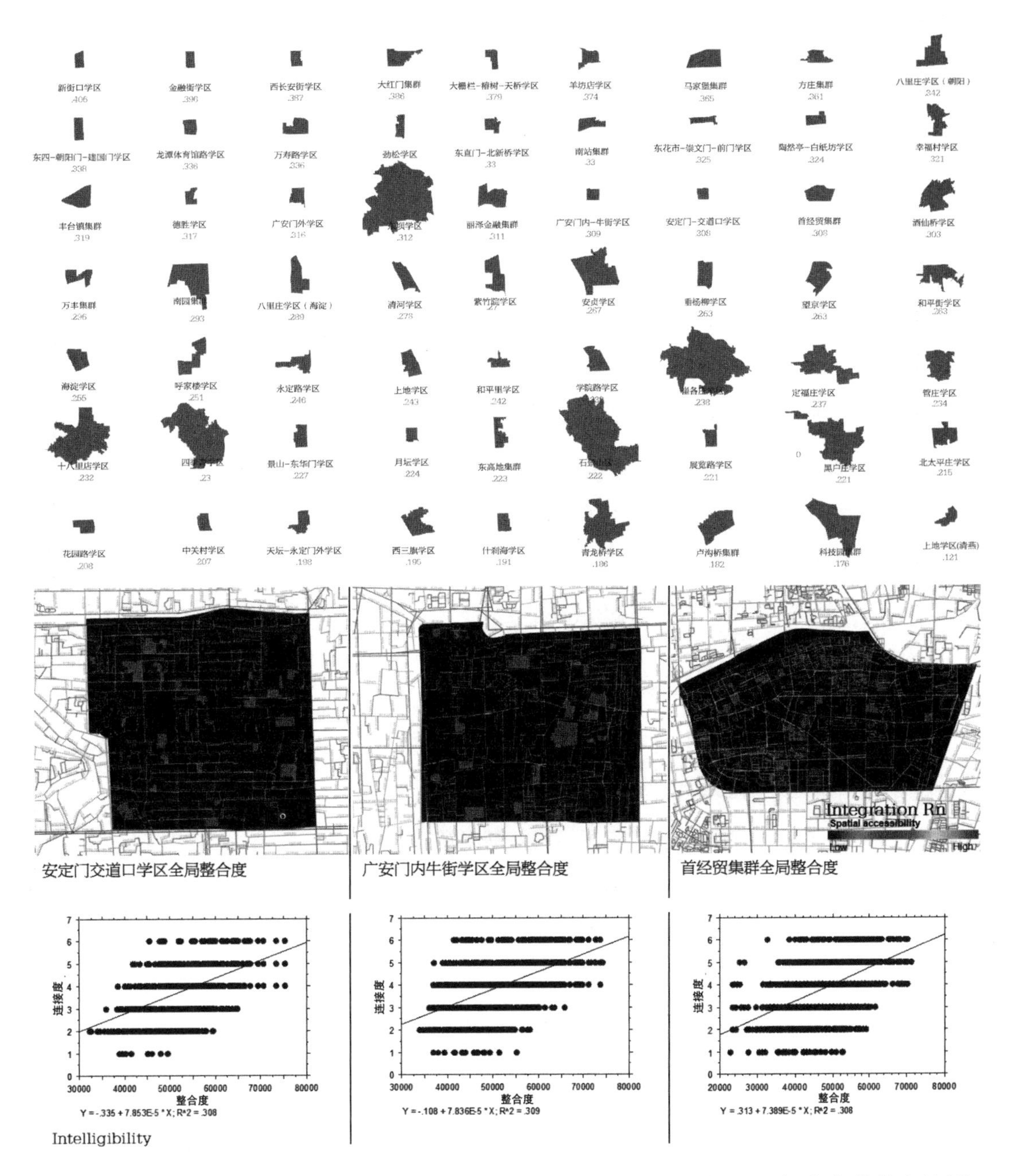

图 5-3　可理解度排序及相同理解度不同规模的学区 Comprehensibility Ranking and the Same Degree of Understanding of Different Sizes of School Districts
资料来源：作者自绘

的校点。无论路网的形态有什么差异，理解度在数值上趋同，也从一个侧面证明了学区空间的可理解度并不与其所反映出的形态与规模有直接的联系，规整的网络有时与非规整的路网有着相似的组构可理解度。另一方面，首经贸集群显然在规模上大于安定门交道口学区和广安门内牛街学区，虽然学区规模不同但是其空间可理解度与另外两者相同，并且从路网架构的表象可以识别出局部规整而整体非规整的路网架构表象，同时住区及校点在学区中占有的份额比另外两个学区小一些。

基于上述对空间可理解度的解读，我们对学区空间的可理解度现状有了一个初步的感知，是否可以做出大胆的设想，在空间可理解度较高的学区中上学的孩子，更不容易在学区中迷路呢？或者说通过局部空间理解学区空间的整体结构更容易些呢？这些要借助于更多基于孩子们自身个体空间活动实证数据调研再做探讨，这将是未来一个可以深入研究的方向。

2. 学区空间组构的路网密度差异

人对城市空间整体的感知是基于众多小尺度空间感知叠加后的结果，本节将继续解读学区空间中的另一个重要显性要素——路网密度。通过对学区空间不同活动半径下所对应的街网密度，来评价学区空间街网密度的分布情况。

组构理论衡量街网密度有长度密度和线段数密度两种方式。

长度密度表明了在半径 R_x 的区域其内部街道的总长度之和 (total lenth) 与该区域面积的比值；线段数密度则说明了在 1 km 内街道的单位线段数量之和 (node count)，它只表示出街段的多少，而与长度无关。本节主要讨论衡量街网长度密度，高强度集聚的街网组合预示了学区空间中相对充满活力的街区。

本节基于学区空间中的出行半径，分析展示了两种半径（564 m 与 2 km）下街网中的密度核心分布，在学区范围能够清晰地辨识学区路径中的核心区域。如图 5-4 所示，在半径为 564 m 的出行半径下，街道网络密度的核心分布呈现散点聚集状态，每个学区范围内都会有一个局部的路网密度核心，并且这些局部的核心会呈现绵延扩散的趋势，有的学区中的校点坐落在这些路网的核心区域之中，有的靠近这些核心的边缘。随着半径的增大，当出行半径增大到 2 km 时，路网密度核心区域逐渐扩散，一些在 564 m 半径中的核心被更大范围的路网密度核心所替代，但是依旧能够分辨出学区中那些路网密度最大的区域所在，同时更多的校点被纳入路网密度核心之中。因为是基于全空间的路网密度度量，我们能够分辨出不同学区的差异，四环以内学区的路网密度核心占比率明显高于四环外的学区，通州区中心城部分的学区路网核心集中在北苑及其附近的几个社区范围内，河东的部分地区核心部位不明显，也可以理解为暂时的次级路网没有形成。随着近几年的发展，未来依然能够形成局部的核心密度区，这些随着半径发生变化的路网密度核心与以校点为核心的绝对覆盖半径相叠加时，就能够清晰地辨识在某一出行半径下，路网密度的分布是否与校点的覆盖范围相重合。对于这些重合的范围，应给予重点关注，从意象、围合空间、人的尺度、透明度和复杂性几个可测量的角度给出提升的建议。

3. 学区空间中的慢行核心区 0.5~1 km

上文提到了学区空间中的慢行核心区，如何划定这个慢行核心区的范围是本节要讨论的问题。幼儿园、小学、中

图 5-4 学区空间街道网络密度核心分布 Road Network Density Total Segment of Beijing School District

图片来源：作者自绘

学在空间中的分布不同，因而覆盖范围也会有差别，应分类生成核心慢行空间。生成范围后，我们能够通过对幼儿园、小学、中学空间覆盖绝对半径的空间投射，并与不同半径下的学区空间路网密度相叠加，能够看到不同类型的学校的覆盖范围会有不同（图 5-5）。这一实际覆盖范围的检验有两层含义：一是生成对街道路径的覆盖范围，幼儿园是按照 50 m—200 m—350 m—500 m 生成，小学是按照 200 m—500 m—800 m—1 km 生成，中学是按照 200 m—600 m—1 km—2 km 生成，相当于划定出了这些学校各自需要重点关注的区域，同时也为渐进推进学区街道空间的优化提供了一个分级分片的工作参考。二是反映出校点对住区覆盖程度的差异，由于设置教育设施的总体目标是保证各级各类学校能够结合住区以及学龄人口的分布呈全面高效覆盖态势，同时提高教育质量，从学位满足型向优质型教育转移，结合现有的覆盖情况，可以为优化现有学校分布、实现资源均衡布局提供参考。

通过学区空间中不同校点慢行核心区与路网密度的叠加分析可以看到，幼儿园的覆盖能力相对较弱，小学和中学的覆盖能力较强。随着学校等级的升高，覆盖半径逐渐增大，尤其在四环以内的学区，校点基于路网的覆盖范围几乎有涵盖绝大部分学区的势头。

如果以慢行核心区域为基础再聚焦，聚焦到校点门前的空间现状，我们能够发现一些更加细节的空间问题，这些细节恰恰构成了个体对学区空间的切身体验。

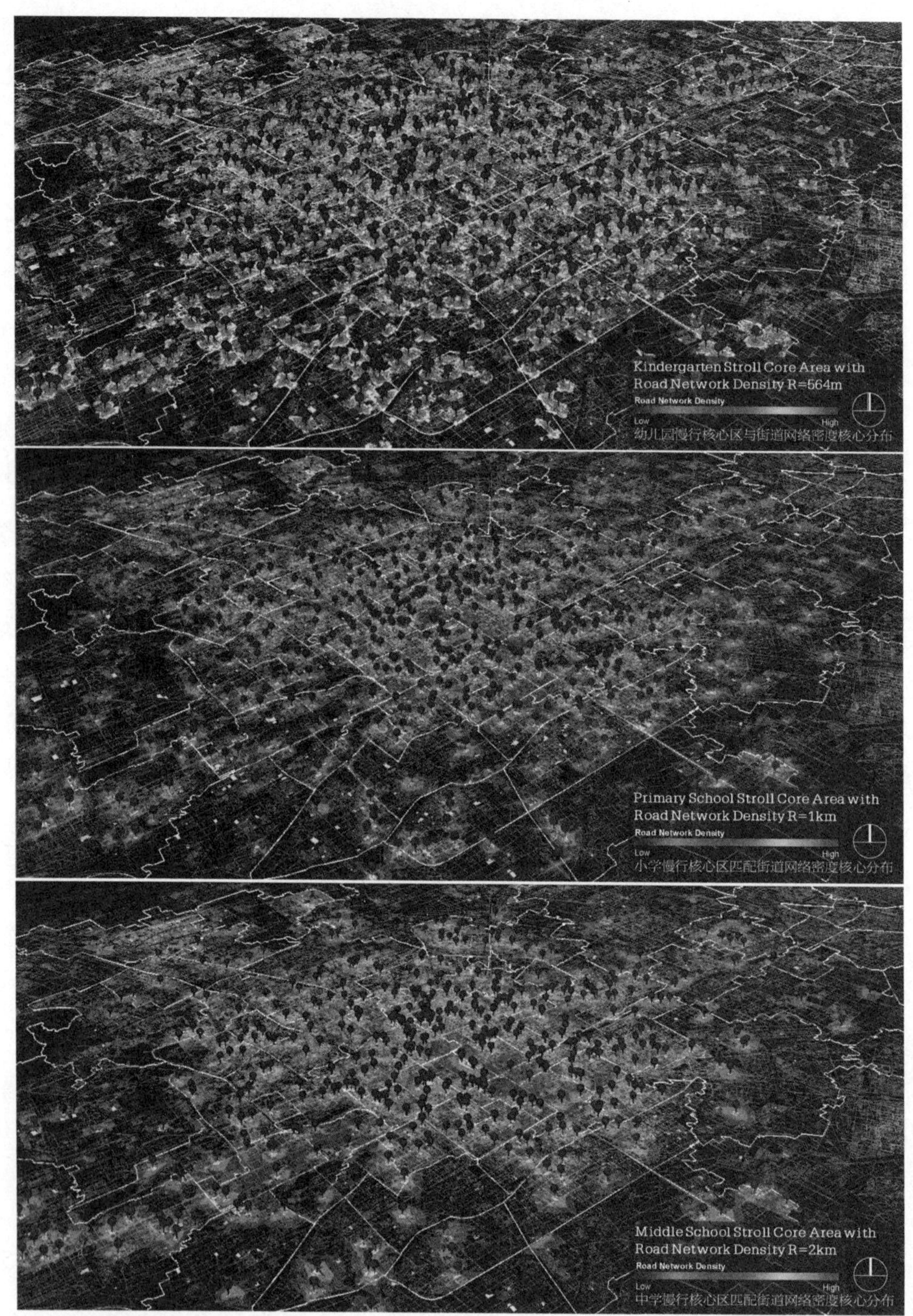

图 5-5 学区空间慢行核心区与路网密度 School Stroll Core Area with Road Network Density

图片来源：作者自绘

三、学校门口街道空间现状与空间效率

1. 学校门口街道空间现状调研

第三章中曾对当代北京学区空间效率在全局和局部 1 km 半径的分布态势做过统计，本节将要借助这个统计选取一些有代表性的学区进行进一步的个案研究。由于学区数量众多，因此我们根据前文对 63 个学区空间效率分布态势的解读，选取具有代表性的 8 个学区，如图 5-6 中所示的被标红的学区，在全局和局部 1 km 半径下统计平均空间效率。两个维度都处在高段位的学区是金融街学区和新街口学区；两个维度都处在中段位的学区相对较多，我们选取了安定门交道口学区、东四朝阳门建国门学区、什刹海学区、月坛学区、中关村学区；两个维度都处在中段位的学区我们选择了万寿路学区，同时每个学区中挑选幼儿园小学中学各 4 所，进行实地考察（图 5-6）。

人们构筑街道空间，建造空间界面有两种方式，一种是对于空间界面的重新设计整理，另一种是对于空间组构的重新调整。前者调整界面，属于视觉和使用层面的优化，好用与否、舒适与否是总的评判标准，属于建筑师、城市设计师、景观设计师重点关注的和日常工作的内容；后者改变组构，属于调整空间网络结构，尤其在建成区调整空间组构类的变化，影响是深远而持久的，因此按照这个逻辑来考量学区空间的通学路径，就不难得出，在现有城区的学区空间中，对路网架构的调整可能微乎其微，因此对街道界面的调整和优化是最能提升学区空间品质的途径。同时孩子们的上学路径和来源千差万别，以家作为起点研究上学路径固然全面，但是往往由于起点众多而无法聚焦重点路径，因此

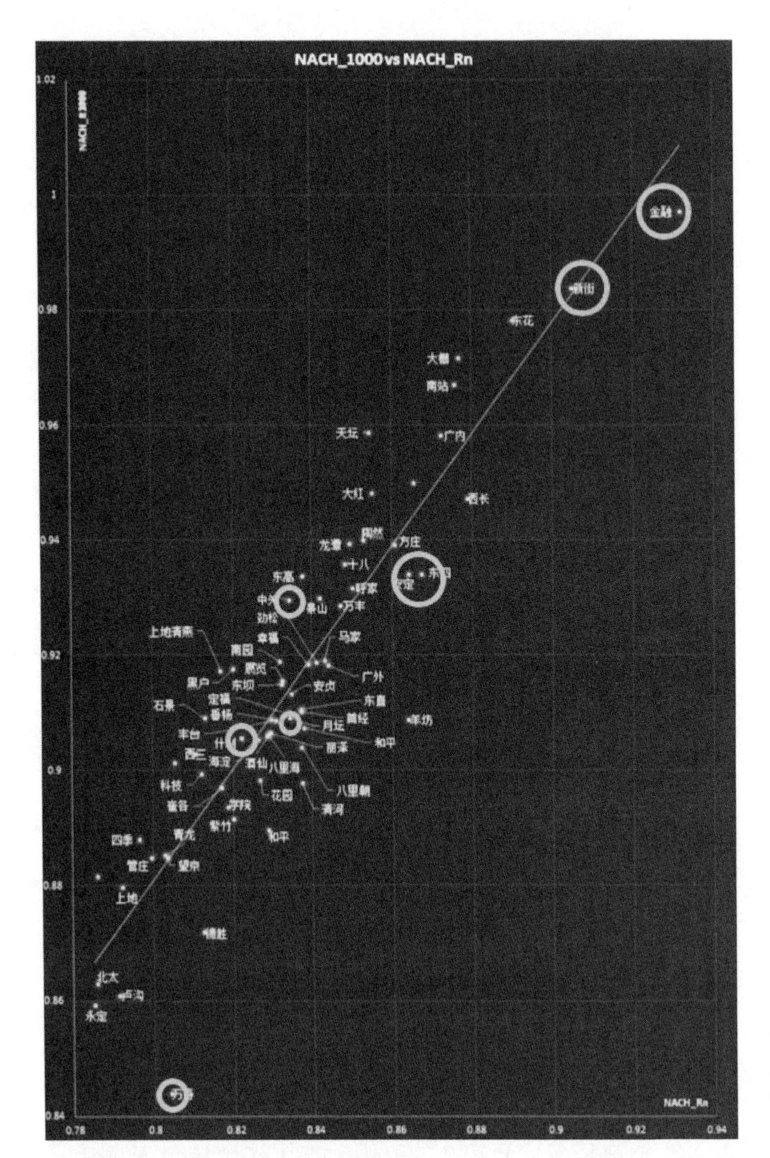

图 5-6　被选取的学区在空间效率 NACH 全局与局部尺度下的分布情况
Distribution of Selected School Districts NACH in Global and Local Scales
资料来源：作者自绘

以学校为起点的距离路径恰好能够覆盖学区中的核心步行空间。对 200 m 范围内校门前现状的梳理，能够总结出一些现实需要改进的问题。

2. 学校门口街道空间问题梳理

基于上下学路径基本的街道空间界面现状，统一采用左侧街道街面，右侧校园界面的方式将 8 个学区中的学校门口现状拍照汇总（图 5-7~ 图 5-14），通过对现有样本的分析，简要总结几条共性问题如下：

其一，停车不规范，占用步行空间和街道空间，停车空间缺乏导引，地上地下停车空间利用效率低下。

其二，缺少慢行步道的规划，自行车道在有的地方被停车占据，大部分没有设置独立的自行车道，人行步道空间较为狭窄或出现缺失，存在混行的现象，缺少安全措施和安全指示，存在安全隐患。

其三，街道街面的品质差异化严重，部分慢行界面封闭，校门口的业态设置不当，存在安全隐患，当然也有部分课外辅导机构是散布在校点周边的（图 5-15）。

其四，路径中缺乏小型的绿化游憩口袋公园供孩子们暂时玩耍。

其五，户外电线乱架，缺少安全保障。

其六，路径中绿化种植缺失，能够歇脚的公共街道家具普遍欠缺。

其七，空间标识系统的警示性欠缺等。

这些都是需要在渐进规划设计中不断升级和改进的部分，可见对通学覆盖 200~500 m 范围内是有提升品质的空间和潜力的。

总的来看，中学的校门前街道界面现状优于幼儿园，重点学校门前的现状优于非重点学校，老旧胡同中学校门前的街道界面质量普遍有待提升。这些表象背后的空间组构运行规律是什么？下文将继续展开研究。

图 5-7 金融街学区学校门口街道空间现状调研 Investigation on the Current Situation of Street Space in School Points

图片来源：作者自摄

图 5-8　新街口学区学校门口街道空间现状调研 Investigation on the Current Situation of Street Space in School Points

图片来源：作者自摄

图 5-9 安定门交道口学区学校门口街道空间现状调研 Investigation on the Current Situation of Street Space in School Points

图片来源：作者自摄

图 5-10　东四朝阳门建国门学区学校门口街道空间现状调研　Investigation on the Current Situation of Street Space in School Points

图片来源：作者自摄

图 5-11　中关村学区学校门口街道空间现状调研 Investigation on the Current Situation of Street Space in School Points

图片来源：作者自摄

图 5-12　月坛学区学校门口街道空间现状调研 Investigation on the Current Situation of Street Space in School Points

图片来源：作者自摄

图 5-13 什刹海学区学校门口街道空间现状调研 Investigation on the Current Situation of Street Space in School Points

图片来源：作者自摄

图 5-14　万寿路学区学校门口街道空间现状调研　Investigation on the Current Situation of Street Space in School Points

图片来源：作者自摄

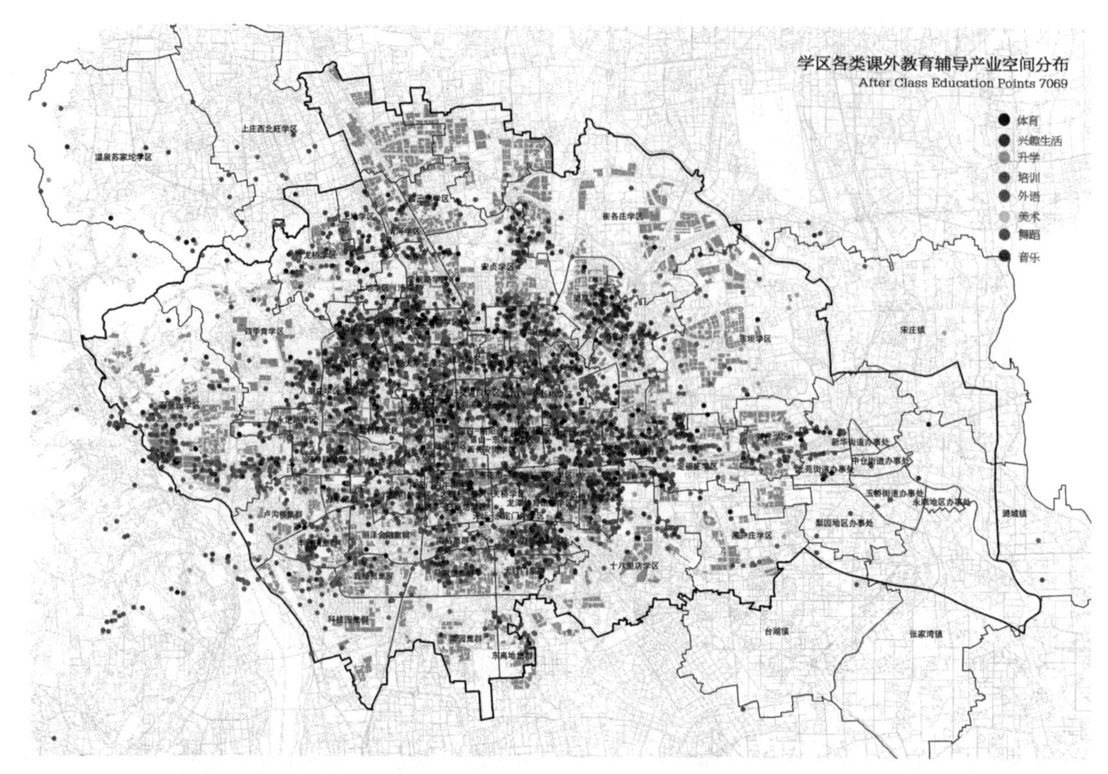

图 5-15　学区各类课外教育辅导产业空间分布　After Class Education Points, 2015 June

资料来源：作者自绘

3. 通学路径空间效率与评价指标

上文我们对学校门口步行空间的直观感受进行了简要的梳理分析，基于感性的认知，本节将在 1 km 的出行半径测度下，对学区空间的空间效率展开分析（图 5-16~ 图 5-19）。这是展现空间组构差异的一种尝试，学校以及上学路径的空间效率差异被显示出来，不同学校门前的道路空间效率有别，但总体分布特征显示，学校周边的路径空间效率既不靠近该学区范围内的最高值也不是最低，而是介于二者之间。不同类型学校周边路径的空间效率存在一定的差异，相比较而言，幼儿园周边的道路局部空间效率较中学周边的道路局部空间效率低，小学处在二者之间，高中学校周边路径的局部空间效率更高些，说明这些学校更加靠近城市空间中的主要路径。现实中的一些学区空间活动体验能够得到一定的对应和验证，街道空间表征与空间组构验证相结合的方式，从拓扑结构能够辅助街道空间品质优化。

图 5-16 上图为金融街学区的空间效率 1 km 图示，我们能够看到几个主要的特征。该学区的总体平均空间效率无论是局部还是全局在所有学区中都是最高的，说明相同的空间结构在局部和全局尺度上都具有完美的表现，空间结构相对稳定。由于空间效率大于 1.2 就能够分辨空间组构中的主要网络，因此在局部 1 km 空间效率中，东西向的武定胡同、丰盛胡同、广宁伯街、辟才胡同、复兴门内大街、西铁匠胡同、新文化街都作为主要网络被识别出来，南北方向上闹市口大街、太平桥大街、佟麟阁路、什邡小街也作为主要网络被识别出来。从临近局部空间核心的角度来看，第二实验小学、鲁迅中学临近东西向空间效率较高的新文化街，第八中学临近南北向空间效率较高的太平桥大街，其余的几个幼儿园和小学都不太接近空间效率较高的街道，居住用地也处在接近但不占据局部空间效率高区域的状态。

新街口学区的局部和整体平均空间效率相对也处于较高的段位，图 5-16 下图为在新街口学区的空间效率 1 km 图示中，检视空间效率大于 1.2 的组构网络。可以发现在新街口学区内，东西方向的西直门内大街、中大安胡同柳巷一线、后广平胡同—东冠英胡同—前帽胡同一线、宝产胡同、平安里西大街、东弓匠胡同作为局部空间效率的核心被识别出来，南北方向上西直门南小街北段、马相胡同一线、南草场街一线、赵登禹路一线、姚家胡同、翠花街—育幼胡

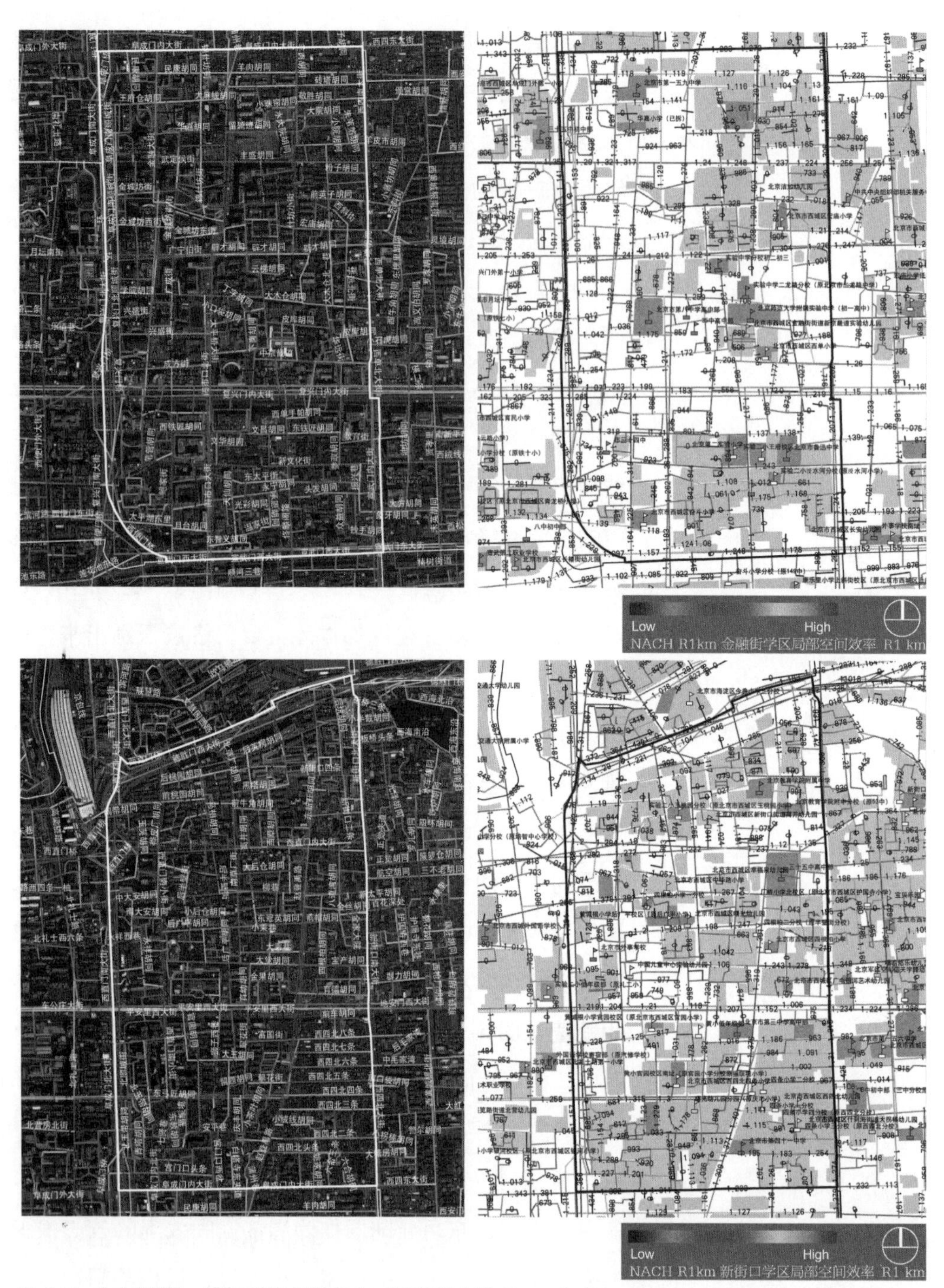

图 5-16 金融街学区、新街口学区局部 R1 km 空间效率分析 Jinrongjie School District and Xinjiekou School District NACH R1km Analysis

图片来源：作者自绘

同一线也都作为局部空间效率的核心被识别出来，其中赵登禹路一线的空间效率最高，局部甚至大于1.4。从临近局部空间核心的角度来看，北京教育学院附属中学及其附中分校、三十五中高中部、北京第四十一中学、三中高中部都临近学区中的局部效率核心赵登禹路；实验二小玉桃园分校临近南草场街；四根柏小学一分校中大安胡同柳巷一线，他们都临近局部效率的核心；新街口学区中的住宅性质用地占比较高，公立幼儿园数量较少，除了上述的学校外，其余的几所幼儿园和小学都处在空间效率相对较低的背景网络之中。

东四、朝阳门、建国门学区的学校大多分布在东西向的金宝街以北，如图5-17上图所示。在该学区的空间效率1 km图示中，检视空间效率大于1.2的街道，南北方向上朝阳门北小街—南小街—北京站街一线、东门仓胡同—东水井胡同一线、贡院西街、老线局胡同等主要的局部组构核心被识别出来，其中朝阳门北小街—南小街—北京站街一线的空间效率最高，局部达到1.371；东西方向上南门仓胡同、仓南胡同、朝阳门内大街、竹竿胡同、金宝街、建国门内大街、船板胡同都作为局部效率核心被识别出来。从临近局部空间核心的角度来看，北京市第二中学分校临近学区中的局部效率核心竹竿胡同、史家胡同小学临近局部效率核心仓南胡同，其余的学校均不接近空间效率较高的街道，居住用地占据的街道网络空间效率普遍较低，学校与住区空间分布关系良好，公立幼儿园数量较少。除了上述学校外，其余的几所幼儿园和小学都处在空间效率相对较低的背景网络之中。

图5-17下图为安定门交道口学区的空间效率1 km图示，

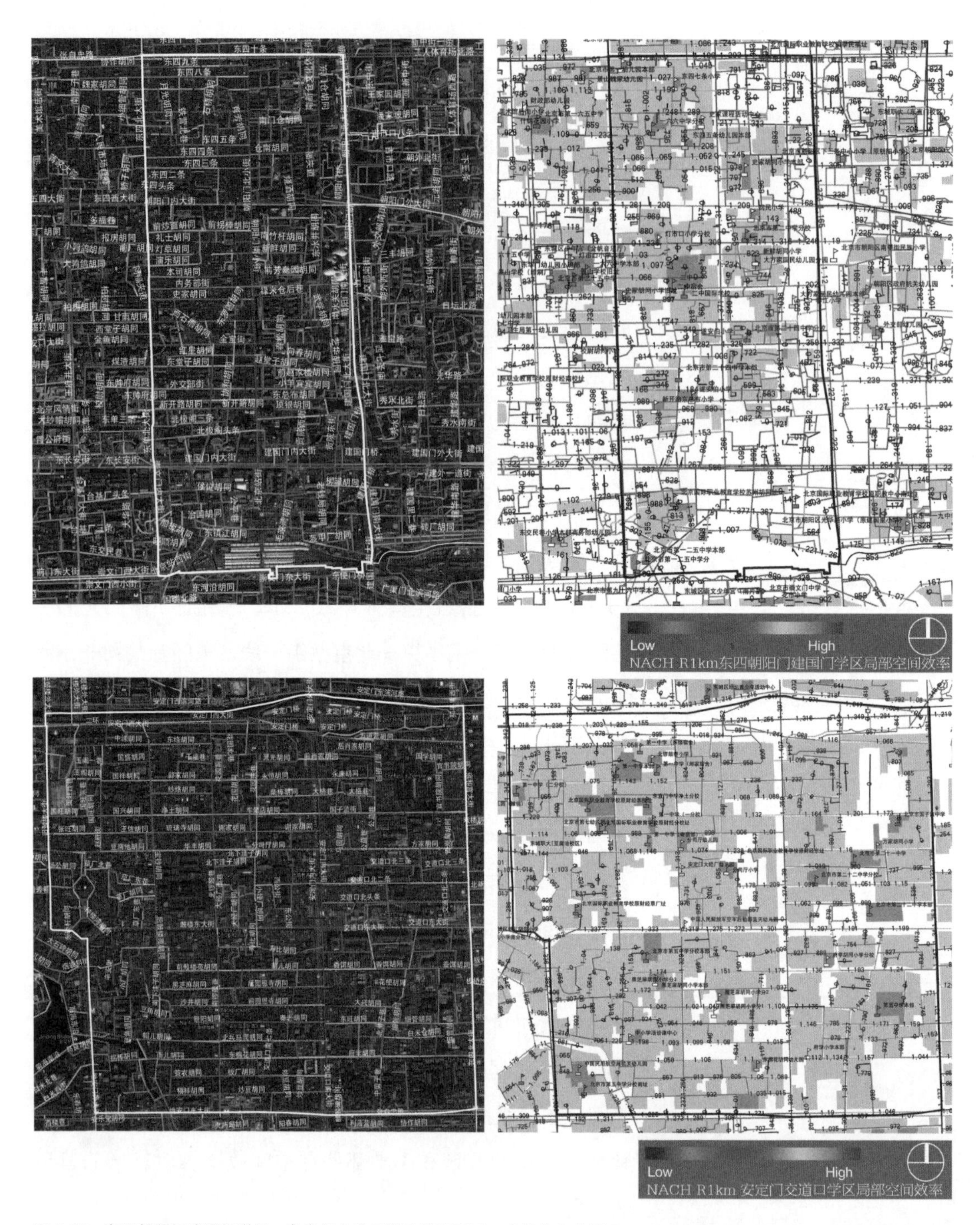

图 5-17 东四朝阳门建国门学区、安定门交道口学区局部 R1 km 空间效率分析 Dongchaojian School District and Anjiao School District NACH R1km Analysis

图片来源：作者自绘

主要的局部空间效率核心呈现“一横三纵”的架构，“一横”是鼓楼东大街—交道口东大街一线，“三纵”是宝钞胡同—后鼓楼苑一线、北锣鼓巷—南锣鼓巷一线、交道口南大街—安定门内大街一线。永恒胡同—永康胡同一线也作为局部空间效率核心被识别出来，其中交道口南大街—安定门内大街一线的空间效率最高，局部达到了1.407。从临近局部空间核心的角度来看，北京市第五中学分校临近空间局部核心鼓楼东大街、北京市第二十二中学临近交道口东大街的空间局部核心。安定门交道口学区的居住性质用地占据了学区中的很大面积，学校在空间布局上均匀地散布其中，学校与住区空间分布关系良好，大部分学校分布在空间效率相对较低的背景网络之中。

如图5-18上图所示，中关村学区的空间效率1 km图示中，识别主要的局部空间效率核心呈现“两纵三横”的架构。“两纵”是中关村东路一线，科学院南路一线；“三横”是北四环西路一线，中关村南路、知春路一线，中关村北二条、双榆树北路、双榆树一街、双榆树二街一线。其中中关村一线的局部空间效率最高，达到了1.417。从临近局部空间核心的角度来看，北京大学附属中学和北京市中关村中学临近局部空间效率较高的街道，中关村第四小学临近局部空间核心大钟寺东路，中关村二小临近局部空间效率较高的中关村东路，中关村中学临近双榆树北路和双榆树一街的局部空间核心，其余学校都分布在局部空间效率较低的区域，学校和住区的空间分布关系紧密。

月坛学区的学校和住区大部分分布在永定河的北面，如图5-18下图所示。月坛学区空间效率1 km图示中，主要的局部空间效率核心呈现“三纵两横”的架构。“三纵”是南

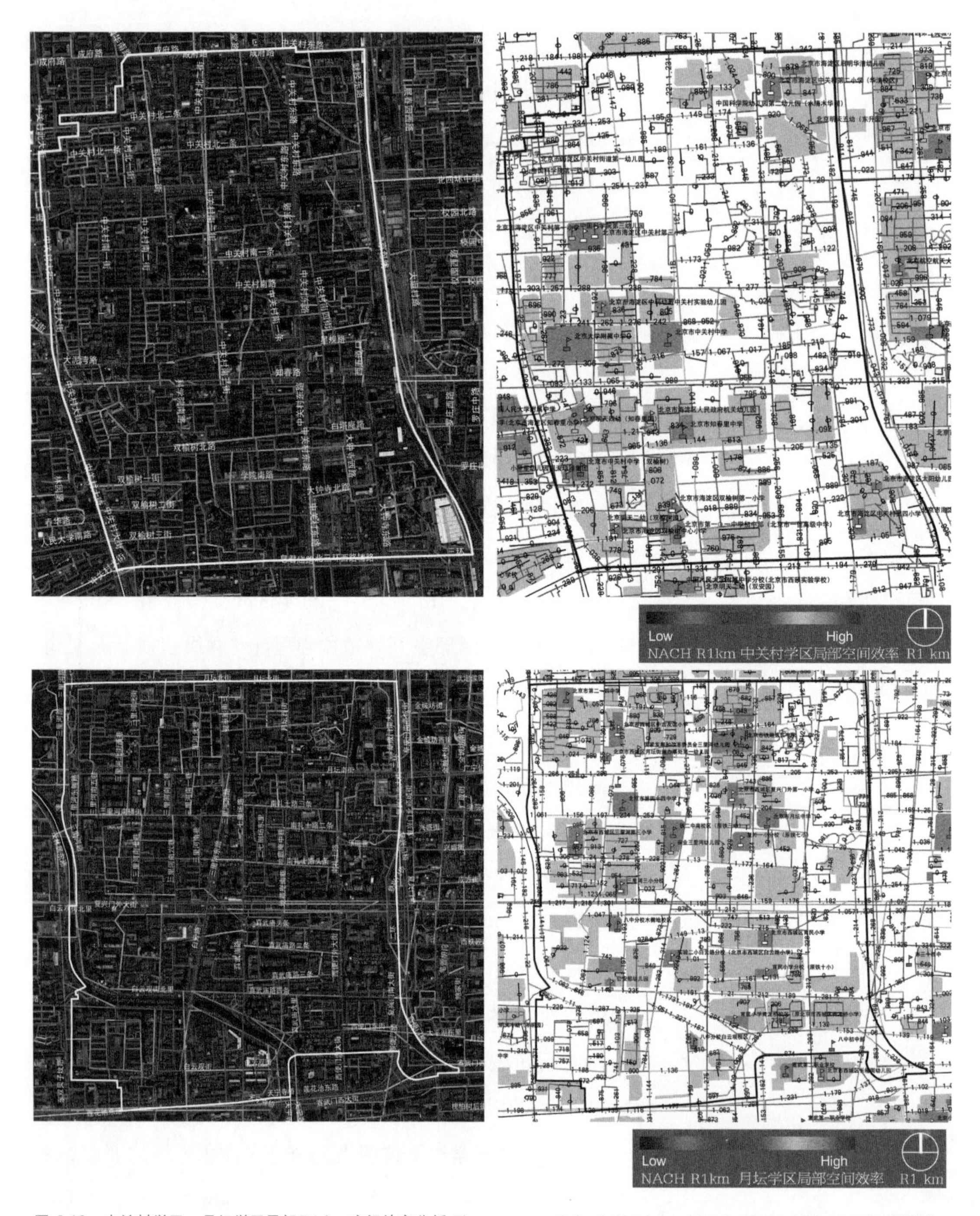

图 5-18 中关村学区、月坛学区局部 R1 km 空间效率分析 Zhongguancun School District and Yuetan School District NACH R1km Analysis

图片来源：作者自绘

礼士路—西便门外大街—西便门内大街一线，二七剧场路—真武庙路一线、三里河东路—白云路一线；“两横”是月坛南街一线，复兴门外大街一线。南北方向的局部街道如三里河北街、月坛西街—地藏庵中线—地藏庵南巷一线，东西方向的局部街道段如南礼士路三条局部、三里河南横街局部、乐道巷、真武庙头条、永定河南沿局部，都被识别为局部空间效率的核心。从临近局部空间核心的角度来看，北京市铁路第二中学临近二七剧场路，月坛中学南礼士路三条，四十四中学临近三里河南横街，育民小学临近真武庙头条，这些都是局部空间效率中的核心区位，其余的学校基本分布在局部空间效率较低的区域。

什刹海学区是中心城 63 个学区中唯一具有开阔水面的学区，作为历史文保的重要区域，空间肌理细腻，文化底蕴浓厚，有众多历史悠久的学校。在图 5-19 上图什刹海学区空间效率 R1 km 图示中，学区中主要的局部空间效率核心是地安门西大街，南北方向的局部街道如德胜门内大街、罗儿胡同—棉花胡同一线、景山西街—园景胡同一线、毡子胡同—三座桥胡同一线，东西方向的局部街道如定阜街、大新开胡同、新街口东街—羊房胡同一线、正觉胡同—簸箩仓胡同、大石桥胡同、板桥头条、西海南沿的局部，还有斜街鼓楼西大街，都被识别为学区中局部空间效率的核心。地安门西大街以北，居住性质用地分布占较大比例，学校数量较多，地安门西大街以南，学校多以中学为主，从临近局部空间核心的角度来看，北京四中高中和北海幼儿园临近地安门西大街，新街口东街小学临近新街口东街，这些都是局部空间效率中的核心区位，其余的学校基本占据局部空间效率较低的区域，和住区的空间分布关系密切。

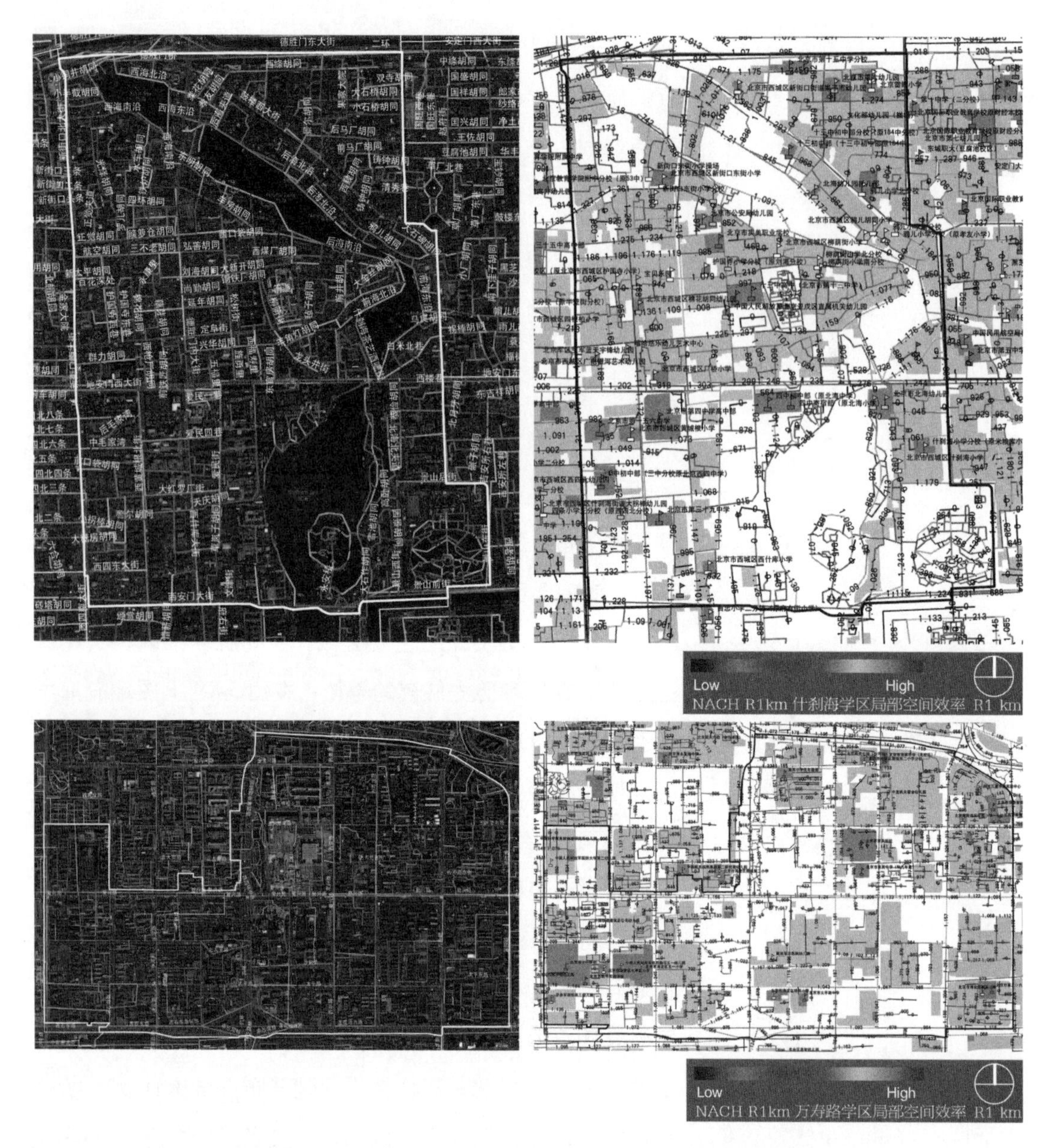

图 5-19 什刹海学区、万寿路学区局部 R1 km 空间效率分析 Shichahai School District and Wanshoulu School District NACH R1km Analysis

图片来源：作者自绘

在中心城的 63 个学区中，万寿路学区是空间效率均值在局部和全局尺度上都比较低的一个学区，图 5-19 下图为万寿路学区空间效率 R1 km 图示。一方面是学区在城市整体空间中所处的区位，另一方面是由于学区中有很多大院，阻隔了空间的联系。其主要的局部空间效率核心呈现“三横一纵”的架构。“三横”是指玉渊潭南路一线，西四环中路以西的复兴路一线，西四环中路以西的太平路一线；“一纵”是指西四环中路。东西方向的局部街道如金沟河路、五棵松北路、万寿路西街、万寿路东街、沙窝街，南北方向的局部街道如采石南路、永定路、枣林路局部、复兴路以北的万寿路局部，也都被识别为局部空间效率的核心。从临近局部空间核心的角度来看，北京市育英学校临近玉渊潭南路和万寿路西街，北京市十一学校、建华实验学校、五一小学、五一幼儿园都占据局部空间效率的核心地段，育英小学低年级部、图强第二小学分校、育英中学北校区也临近局部空间效率较高的区位，其余的学校基本占据局部空间效率较低的区域。

上述学区空间中基于出行半径的空间效率分布解读在一定程度上展示了空间背后的运行机制，通过读图就能够对基于出行半径尺度的学区空间局部空间效率有所体会，这里不再赘述。日常生活中，这样精细地描述街道的空间效率似乎有些远离现实，我们的感受可能并不深刻，只是在潜意识知道哪条街道最热闹，步行上学哪条路走着最近最安全最舒服，更多能引起大家广泛关注的是街道界面的视觉感受和建成环境的友好与否、安全与否以及路径的长度。通学路径中重要的一个指标是到达目的地的距离，但如果仅以到达目的地的距离来评价步行适宜性过于片面。我们要更多地关注步行网络的空间质量，除了那些日常必须到达的目的地，这些质量影响着人们对潜在目的地的选择。想要鼓励出行，就应当重视这些步行网络的空间属性，并通过设计加以优化：其一，路径空间网络在空间整体与局部上的连通性；其二，土地使用功能的基本服务属性，且多样化混合化，空间活力的建构提供基本的保证；其三，空间的安全性，既要保证上下学交通安全更要关注人身安全，避免一切社会犯罪的隐患；其四，与公交、地铁等实现方便的接驳；其五，路径的宽度铺装照明标识景观等，以及两侧的界面能否形成很好的视觉体验有一定的吸引力和通透度。上述几个方面为街道空间环境的行进适宜性给出了设计要点，一些已经在现有的实践中有所体现，一些依然品质欠佳，因此需要将上述要点转换成设计成果，应用于实际空间的营造中。

在现有研究中，很多研究机构都提出过步行环境的评价框架，如澳大利亚学者 *Systematic Pedestrian and Cycling Environmental Scan*（Pikora T et al.，2002），美国的 *The St. Louis Instrument*（Brownson R et al.，2004）和 *Irvine-Minnesota Inventory*（Boarnet M et al.，2006），英国的 *The Scottish Walkability Assessment Tool*（Millington Catherine，2009）等。这些专业的审查工具帮助实地调研者评判打分，形成相对全面的空间体验，同时基于城市空间的 GIS 平台，结合现实的城市数据形成较为客观的评估意见，从而指导实践。

根据学区空间中通学路径的现状和适宜步行的网络应当具有的重要属性，并结合苏格兰可步行性评估工具（SWAT）进行修改，围绕功能性、安全性、美学价值、目的地以及主观困难度来建构学区空间步行网络的评估工具（Millington Catherine, 2009），以期对现状学区空间实现客观有效的评估，并为规划和建设决策提供分析支持。

随着研究的不断深入，整合已有的定性与定量成果，从单一维度的评价转化为多维度全面的评价指标建立逐渐成为当今的趋势。建立指标与收集数据是相辅相成的，现阶段业界普遍收集两大类数据。一类是与步行相关的城市数据，诸如距离、住区密度、人口构成、用地构成、日常商业网络、道路联通情况、公交站点、公园绿地等；另一类是受过专业训练的人员对现实人们活动情况的长时间实地追踪记录，扬·盖尔教授的研究就有大部分关于人类活动认知的基础数据。当完成一定时间段内的两类数据的收集以后，可以相互比照印证，发现一些与往常研究中由于认知惯性所形成的“理所当然类的认知”的差别，这些差别就是一些可以关注的问题，有时会有很好的发现，以此可以促进建成空间环境品质的提升。

四、通学路径空间的等级评判与设计策略

1. 学区路径空间环境的设计理念

研究证明日常生活中人体舒适的步行为5~15 min、300~1200 m，可以适当扩展到300~2000 m范围。由于主要是关注“家—路径—学校”这个行走过程，那么重点的关注人群就是这些上学的孩子们，他们在选择路径，认知城市的过程中总会有自己对熟知的生活范围的个体评价，可能这些评价并非建筑学的，有可能是比较生活化的，但是依照这些评价，哪里好玩，哪里会是小伙伴常聚会的地方，哪里有很强的领域感，哪里总是被年龄大一点的孩子占据，哪里有好玩的空间，这些相对较为细节的空间选择不仅影响着孩子们的日常认知，更主要的是形成了他对这座城市的认知。人们很难忘却小时候熟悉的场景，即使到老了也会回忆起小时候的环境，如何如何玩耍等，可见空间的延

续影响力是很强大的。

学区中的民众对街道空间的感知认知角度分为主观的和客观的两个大类。主观的是体验式的。本章重点圈定学校周边 500 m 范围内，从可达性、安全性、舒适感、便利性几个角度对学区步行空间提出设计策略，借鉴波士顿街道设计导则与全球街道设计导则（图 5-20、图 5-21），重点关注如下几个方面：其一，局部与整体的路网结构实现良好的可达性与连通性；其二，步行核心区与公共交通工具有良好的接驳关系（与地铁站公交站的关系）；其三，沿街界面（有活力的界面、友好的界面、混合的界面、毫无生趣与活力的界面）；其四，道路安全性（交通安全、犯罪率）；其五，道路的质量（街道宽度、街道的 DH 比值、指示信息如红绿灯斑马线一类、慢行步道、路面材料与维护、街道标志、街道家具、街道照明）；其六，道路景观（行道树、灌木自然种植），景观配置功能的植入，尽可能实现路径界面的友好性；其七，道路的美学趣味（沿街建筑造型、风格、色彩等）。

步行或者自行车半径在 200~500 m 范围内的街道空间品质取决于街道上的安全感。根据 Maslow 的基本需求层次理论，人们对于安全的需求仅次于生理上的需求。环境的各种因素会影响实质性安全感和感知性安全，而安全感会影响人们对环境的使用。研究表明，影响街道上安全感的环境因素有：环境的物理特征和对环境的维护；街道和空间的布局；土地利用的不同类型；对环境的改造；是否有人和人的活动的存在以及活动的类型。对安全的感知会因为年龄、性别和文化而异，儿童通常会有不同于其他群体的安全感知，对环境的熟悉会产生安全感，同时，刚到一个新

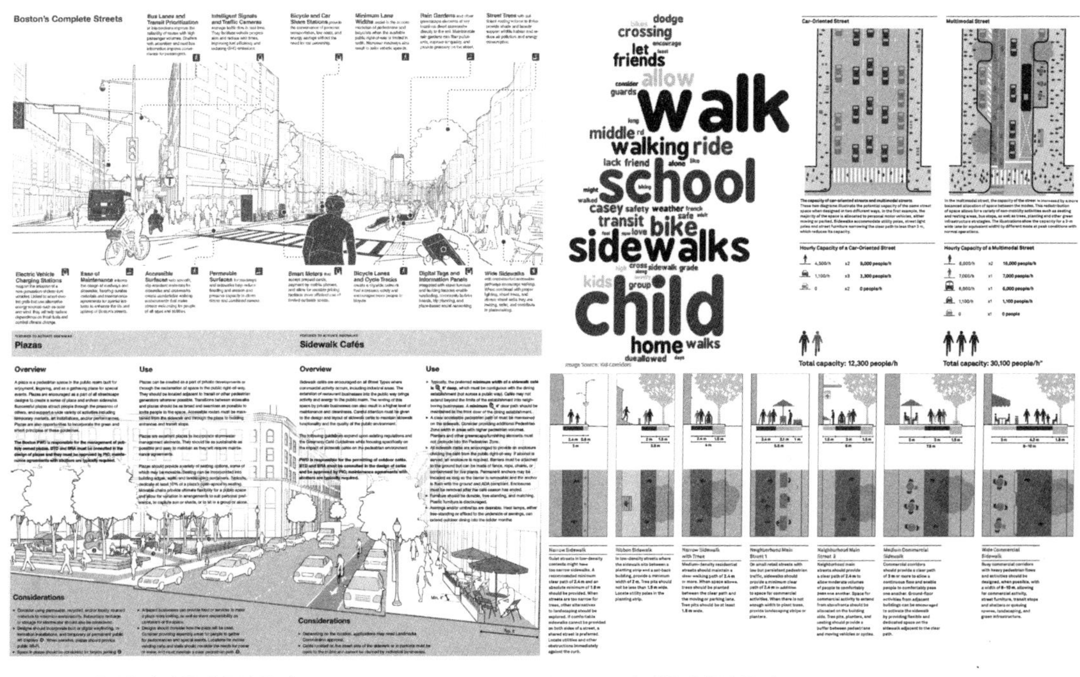

图 5-20　波士顿完全街道设计导则 2013
Boston Complete Streets Design Guidelines 2013
图片来源：波士顿完全街道网站

图 5-21　全球街道设计导则
Global Street Design Guide
图片来源：波士顿完全街道网站

环境的人也会因为可能不熟悉具体的环境暗示而对环境产生安全感。一些研究表明，当街道上种植有树木并且草坪被维护得很好，或是沿街设有运营的店铺时，人们就更有安全感（Kuo et al.，1998；Perkins et al.，1993）。雅各布斯把商店、酒吧、餐厅和其他“第三场所”确定为能够保障街道安全的基本要素。因此上下学路径规划应当以学校为中心，在服务半径内尽可能对所有的通学路径进行全覆盖，聚焦核心路段和路口，进行精细化的交通工程设计和空间品质提升城市设计。同时从功能以及界面友好性入手，对街道界面质量进行调整，对近人尺度的设施街道家具景观系统统一规划。

2. 学区路径空间环境的设计措施

综上，我们总结了几条关于街道空间网络优化设计的具体措施：

第一，学区中的各个小区都能够方便快捷安全地到达所对应的学校，提升学区中儿童上学路径的安全保障，避免跨越城市主干道；系统规划设计学区内以学校为中心的步行与自行车网络系统，服务半径可设置为 1~3 km。

第二，校门如果毗邻次干道，门前应设置缓冲区，建议设置过街天桥或者地下通道，再或者路面加装信号灯和监控设备，保障放学瞬时数量激增的学生的人身安全；校门如果毗邻支路，可以在校门前后 500 m 的范围内加装临时限制机动车通行装置，保障上学放学时，校门前不会发生拥堵，便于人群的及时疏散，例如中关村一小校门前的机动车限行装置即是此类。所有邻近学校的区域应当设置醒目的学校区域指示牌，既便于“让行通学儿童”，同时也提醒驾驶员减速慢行。

第三，在通学路段上应使人车分离，非机动车与机动车分离，避免通学路径上两侧开口，一旦必须设置开口，应当保证开口处良好的视域范围，并给行进中的学生留出应急反应时间和安全地带，同时加装路面减速设施；对于在通学路径中遇到的交叉口，应当设置合理的交通信号灯、地面减速装置、让行标志和监控设备，切实保障行进在交叉口的学生儿童的安全。

第四，街道界面采用小单元高密度的布置方式，有利于商业界面氛围的形成，同时为行走在学区内的人们提供一个多样的选择性。对于儿童来说，临近学校的部分街道界面可以植入一些书店文体之类的功能，基于扬·盖尔多年的研究经验，最有活力的街道段一般承载 15~25 店面 /hm，一般 10~14 个的店面设置就已经能够形成友好的步行氛围。基于上述经验值，可以对学校周边主要的上学路径界面加以优化设计，同时局部地区可以适当结合街面的外摆设置一些小型的口袋公园、公共绿地等。

第五，适当增加街道界面的透明度，一方面能够增强街道界面的商业氛围，另一方面对于儿童通学路径的安全有了共同监管的保障。研究表明，界面透明度在 60% 以上就能够形成一个良好的商业氛围，我们并不是希望所有的通学路径都成为热闹的商业界面，界面透明性的终极目标是能使人驻足其中，享受空间的乐趣。当然街道监控设备和电子眼的布局也应当提高覆盖程度，使得孩子们的上学路径活动无死角、全监控。

基于上述的几条措施，我们希望能够为学区空间街道网络的优化提供策略性的建议和参考，并实现学区街道空间的可识别性、可达性与公共性的完美建构。

第六章

空间组构对学区住宅价格的影响

本章主要讨论学区空间组构对学区中房产物业价格增幅的影响力，着重讨论：如何理解学区物业增长的大背景？学区政策颁布前后，学区中的房价在空间上的分布和变化情况是什么样的？高价格和空间组构之间有什么样的关系？空间与学区物业涨幅之间是否存在正相关？哪些因素相关性更加紧密？在什么样的组构尺度层次上，空间与涨幅有紧密的联系？如何让这个增长变得可接受，教育资源能够起到什么作用？

一、学区房价格研究的背景概述

1. 理解学区物业价格增长的原动力

学区房是指学校（主要是重点中小学）指定招生地域范围内的在一段时间内有对口入学资格的房产物业，间接持有该物业的学龄儿童享受义务教育，免试就近入学。因此学区房的本质依然是坐落在城市空间中的商品。对于现阶段这样一个金融属性大于居住属性的商品价格的涨跌情况，如果仅仅只是从教育资源的货币化角度来分析未免只见树木不见森林，因此厘清增长的逻辑，看清教育资源在整个价格波动链条中的地位和影响力至关重要。如果还想从学区的角度提出缓和增长趋势的方案，就知道能起到多大作用了，对出现的问题的理解也会变得平和，采取的措施会在有限范围起到合理的作用。

首先，有需求就有交易，购买房子有本地人和外地人，里面有两个购买逻辑，一个是立足换房需求，一个是投资增值需求。北京存在一个换房的需求链条。这个链条的第一层级，非北京土生土长的外地八零后、九零后，为了在北京立足，通常会购买400万~500万元的一居小房子。这个购买力的来源多是父母们的积蓄（100万~200万元）支付首付以及自己贷款200万~300万元。第二个层级，已经定居的北京小家庭，为了迎接第一个宝宝的来临，卖掉小一居，加上平时一些积蓄，再贷款200万~300万元，购置一套800万~900万元的两居；有一个孩子的家庭，有可能会卖掉两居，加上平时积蓄，再贷款购置一套三居。随着二孩政策的开放，两个孩子的家庭，有可能会卖掉三居，加上积蓄，再贷款购置一套1800万~2100万元的四居。当然这中间的价格区间会有出入，但是基本的购买链条和逻辑是类似的。对于投资需求，有一部分是本地人，一部分是外地投资者。这里面的资金有很大一部分是因为外地老家二线城市的房子卖掉之后有钱能够支付首付而在一线城市置业，当然还有其他一些来源。

所以说，一线城市的高价是建立在二三线城市曾经高涨的基础之上的，那就让二三线城市的房子继续涨下去就好了，可是仔细一想，二三线的房子会这样一直涨下去吗？一线城市的房价由二三线兜着，二三线的由谁兜着呢？以金额计算，迄今中国楼市的最大销量来自二三线城市，某些专注于二三线城市的地产商不断攀升的年度营收就是最好的例证。原先大部分二三线城市，价格不大起大落，交投量及土地行情均适度畅旺。虽然大部分发展商负债仍高，但能够从各种渠道融资，当然现在这条路径也逐渐收紧。陶冬[1]曾经在2017年3月18日的第六届金融衍生品风险管理论坛上从单项量对比的角度提出一个现状分析：日本在

[1] 瑞士信贷董事总经理、亚洲区首席经济学家。

1990年房地产市场高峰时，全日本房屋的总价值是当年本国GDP的两倍；美国在2006年房地产市场高峰时，全美国房屋的总价值是当年本国GDP的1.6倍；当前中国的保守估计已达2.5倍，该比率是全世界有数据记录以来的最高。严格地讲，上述数据并没有与当时的城镇化率以及人口结构等诸多背景信息进行比对分析，只是横向比较，科学性有待再检验，但是其中颇有居安思危之意。当前国内经济的大面是趋于回稳的，2016拍出很多地王，再加上政策性银行的两万亿贷款投放，政府其实是想用这些钱进行企业结构性调整，化解经济矛盾的。但是企业消化不了，2015年的股灾也浇灭了资金流向股市的冲动，投资海外市场的途径被禁止，这样钱就流进了地产，房产价格继续上扬。政府不希望看到这样的状况，还是希望争取给产业结构调整留出足够的时间，同时基于服务产业的内需来改变现状，消除风险，等待企业完成结构性调整，但这都是需要时间的。

所以当二三线的房价增长到达顶峰之时，也就是拐点到来的时候。那么，一线房价会一直这样涨下去吗？答案是肯定的：不会！但是那个最高点什么时候到来呢？我们可以乐观地希望是无限远，二三线增长得不那么快，所以为了实现那个“无限远”的目标，那就需要采取一切措施，限制奔向这个无限远时间点的能力。明白了这个逻辑，我们再来看看现实中那些减缓房价上涨的措施，总的来说是“各种限制”：限购贷；限融资；限投放（限制投放到市场中的土地，保护耕地红线）；限人口；限交易。

其一，限制非户籍人口的购买权利，提升首付比例，上浮房贷利率。2017年的前5个月，房贷利率已上调4次，2017年春节过后部分银行的放贷额度骤降，使得其在北京的分行暂停或暂缓了放贷。其二，与银行紧密相关的融资、信托、票据、海外发债等被叫停或紧收，“明股实债”被叫停，房地产信托“断供”。其三，土地供给减少，强力限制商改住等。其四，严控户籍新增加人口数量，疏解人口，减少居住需求。其五，国内有 30 多个城市历史上首次规定了买房后房屋再次入市交易的年限，使得一些投资性交易变得不再那么盈利，减弱了高杠杆高成本资金的大量涌入，大部分城市目前的限售时间都是两年，也就是说未来卖房基本上都需要 4~5 年才可以出售。这种限售明显抑制了加杠杆短期获利的投机和投资，使得二三线城市房地产的投资属性下降，抑制了增速。上述措施在一定程度上抑制增速的效果是立竿见影的，但对于降低房价却仅仅起到治标的作用，这些方法与不断被制造涌现出的地王、二三线城市一片看涨的繁荣景象矛盾吗？判断矛盾的关键点在于看想要实现的目标是什么？如果是为了降低房价，很多举措之间是矛盾的，但是为了减缓到达拐点的时间，上述的这些方式在抑制增速方面一定程度上是有效的，客观上对降低房价的作用是有限的。

以上是房价市场的基本现状，当然这其中没有包含与货币相关的研究，房价依旧缓慢看涨（图 6-1），回落只是短暂的调整，总的趋势是看涨。那么现实中几个高价的学区房和上面的整体增长趋势相比也就不是个什么事情了，最多成为每年开学时被报纸不断讨论的话题而已。换句话说，学区房只是众多高价房中因为绑定了优质资源，供不应求，而价格比非学区房或非优质教育资源的学区房价格略有溢价的房子而已，在一定时间内具有强保值和高溢价的能力。

前面提到过“限制投放到市场中的土地”，北京亦如此，

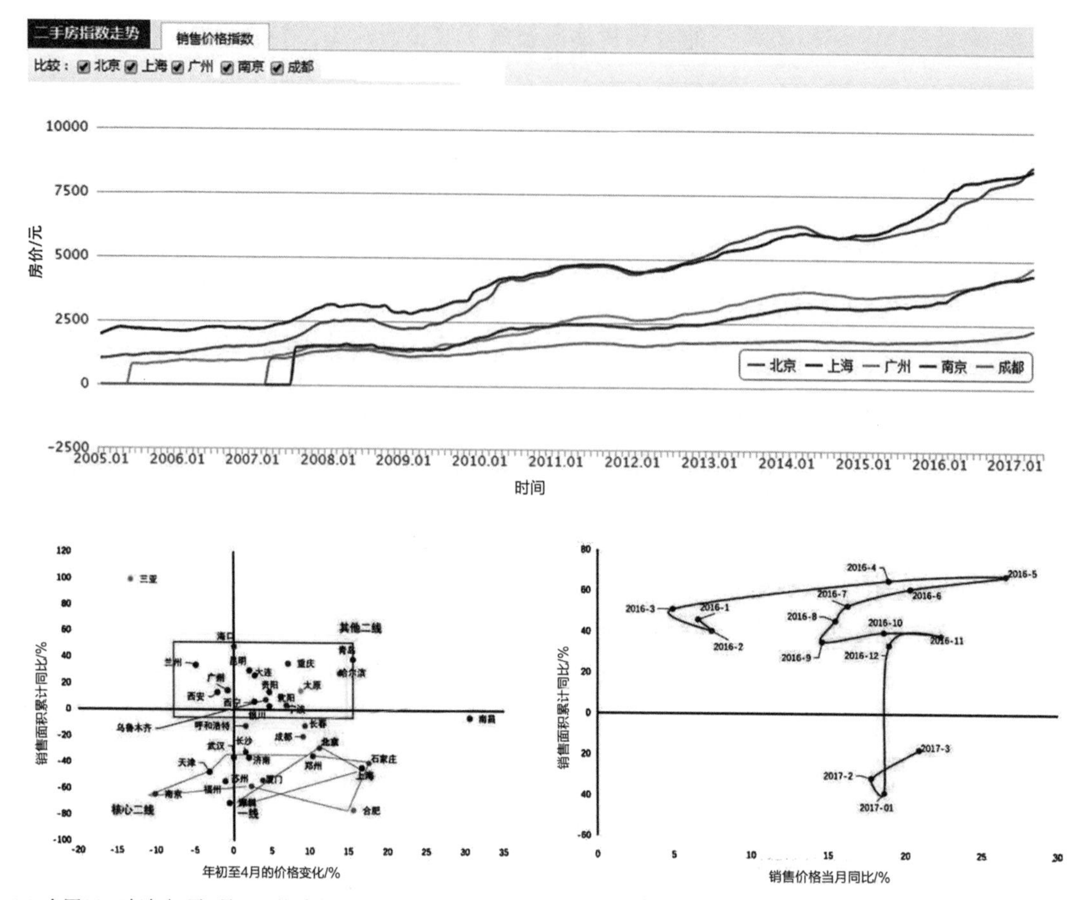

(a) 全国2017年年初至4月一二线城市新房销售面积和价格变化　　(b) 北京二手房量价变化轨迹2016.01—2017.03

二手房销售价格指数样本

（1）样本范围：各城市二手商品住宅（不包含别墅）

（2）样本信息：每个样本共采集物业类型、建筑面积、挂牌总价、户型、朝向、楼层、周边配套等10个指标信息。

（3）采集方式：按市场实际情况和系统设计标准划分各城市观测区片确定样本点，同时选择该区片信誉好、业务量大的经纪公司作为提供数据的样本单位。

（4）指数基期：各城市均以北京2004年12月为基期，基期指数1000点。

在计算出各项目总规模和平均价格后，二手房销售和租赁价格指数的计算公式与新房价格指数一样，采用拉氏公式 $I'_t=\frac{\sum P_i^t A_i^{t-1}}{\sum P_i^{t-1} A_i^{t-1}}\cdot I'_{t-1}$ 得出。

其中 I'_t 和 I'_{t-1} 分别是t和t-1期的价格指数，P为项目所有样本在当月房天下的平均挂牌价格，A为该项目所有样本的总建筑面积。

图 6-1　全国 2017 年年初至 4 月一二线城市新房销售面积和价格变化（a）北京二手房量价变化轨迹 2016.01—2017.03（b）

Beijing Second - Hand Housing Volume and Price Changes Trajectory 2016.01—2017.03

资料来源：中国指数研究院 China Index Academy (CIA)

所以新房少。2018年以来，北京市规划国土委规定四环内限制各类用地调整为商品住房，由于新房与已有口碑教育资源一般也没有深度绑定，所以买房的家长们还是持观望态度，因此在没有到达那个无限远的拐点之前，二手房依旧会是市场交易博弈的主角，学区房、大户型是北京二手房交易市场的宠儿（图 6-2）。为什么是学区房？学龄人口的增长，各种生肖宝宝[1]，优质教育资源本来就稀缺，在严格就近入学政策的限制下，优质民办教育供给不足，逼得一部分家长走了国际学校的路子，优质学校强者恒强，所以绑定了优质教育资源的学区房产生溢价现象就很正常。2017 年出台了多校划片的新政，但是政策的干扰下也仅仅是抑制了增幅和增速，增长的总趋势是没有变化的；另外为什么 2017 年以来开盘的都是大户型？在北京 2170 万人的常住人口家庭构成中，两人户或单人户占到约 51% 的比例，三人户及以上占到约 49%。随着北京近 5 年的发展，迁入人口的增速与增幅逐渐减小。2013 年二胎政策的开放，单人户逐渐减少，结婚生子的二居三居家庭逐渐稳定，四人户逐渐增多，换房成就了新一波的大户型需求，大部分深耕京城的开发商敏锐地把握了这个趋势，新开盘几乎都是豪宅大户型，开发商完成这最后一轮的盈利，但是利润空间已然缩小。

上述分析是一个学区房价格增长的大背景，由于不是经济学背景出身，所以整个背景的刻画肯定是存在局限性的，但是主要意思是在这样的背景下，采用什么样的视角和方法重新审视学区空间中的住宅物业以及那些和优质教育资源绑定的物业，对于“高价学区房”这样一个衍生的问题，一个增长逻辑链末端的“假问题”，本章试图从空间对增幅的影响进行一番探索性的研究。

[1] 2008 年的奥运宝宝在 2014 年上学，北京 2014 年年初施行严格的就近入学，“赞助生、条子生、共建生、占坑班”的所有路径被封堵，引发了学区房价格的增长。

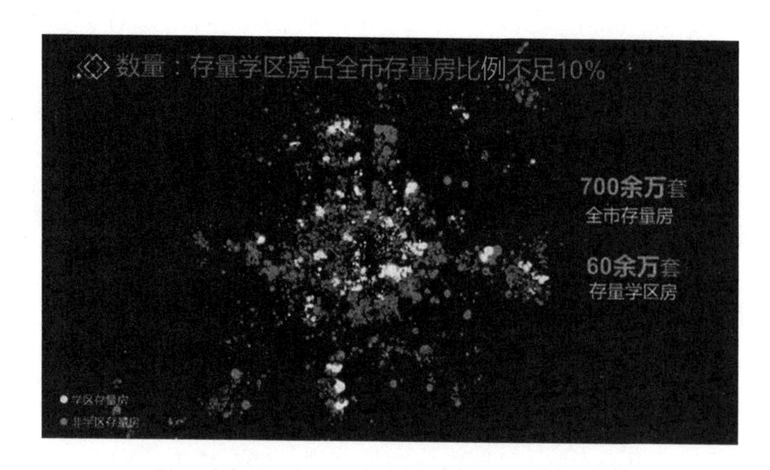

图 6-2 北京全市存量房与二手房存量（2016.11）Situation of Stock and Second-Hand Housing Stock in Beijing
资料来源：中国指数研究院 China Index Academy (CIA)

2. 高考选拔制度下的清北西海情结

历史社会学者李中清曾经提出了社会精英的三种形态即政治精英、财富精英和教育精英，这三者之间的边界是模糊的，不存在非此即彼的界限，并且政治精英和财富精英都会想办法将自己的后代安排进教育精英的成长序列，从而实现对个体以及家族社会阶层的延续。因此，从这个角度说，理解教育精英，实现从底层向教育精英的过渡是所有家长一切行动的原动力，也是理解中国精英的最关键所在。然而选择成为教育精英路径的过程是一个博弈过程，尤其在有众多条路径可以选择的前提下。选择一个最大效益的路径莫过于留在北京完成基础教育，显见的效益有四：其一，清华大学、北京大学相对较高的高考录取率；其二，以北京作为基点辐射世界；其三，嵌入的基础社会阶层具有较好的潜在收益；其四，首都浓厚的文化氛围、优质的公共服务以及各种要素的交织提供了很多意想不到的机会。

21 世纪什么最重要？“人才”。哪里的人才密集度最高？北上广深。想到北京读大学的人基本上都有一个清华北大情结，想从小学就开始在北京读书的人，基本上都有个西城海淀情结。要实现对优质教育资源的获取，大部分情况下是必须拥有一个重点校招生范围内的户籍。面对这样一个现实，有斥资买学区房的，有舍弃中科院研究员身份做优质学校的教师为孩子谋得入学优先权的，有进入高校教师序列使得孩子得以顺利入读该大学附中附小的，同时富有的一部分人在学历上呈现“倒挂现象”，为了弥补年轻时的这种遗憾，只要机会成熟都会想方设法为孩子们创造最好的学校条件；而且北京承担着保障国家机关高效运转的职能，升学环节的优质资源还会向这些政策保障群体适度倾斜。可即便如此，当我们看到清北高考录取数据和北京优质高中录取数据的时候，还是会从从心底说一句，“留下吧，孩子万一实现了清华北大梦了呢？”

当然这一切感性的认识，事实上也反映在数据之中（图 6-3），在 2016 年清华大学和北京大学在不同省份录取人数的总列表中，北京被录取的学生数量最多，保守非官方数据统计显示达到 553 人，占当年全北京参加高考人数的 0.9%。和同时期清华北大在全国的招生比例看，北京近乎于一百人中就有一个被清华或北大录取的招生比例远远把其他省市甩在了后面，并且 2016 年高考全市 650 分以上考生的 80% 来自海淀区和西城区。全市理科成绩高于 700 分的考生海淀区占 75%，理科成绩大于 600 分的考生海淀区占 40.08%，全市文科 600 分以上考生海淀区占 32.15%，相较于海淀区考生总数仅占全市考生总数的约 20% 而言，这个结果不得不令家长做出决断。清华北大录取人数排名前十的学校又大多分布在主城之中，学生跨区流动比例较低，学生在教育体系中的流动呈现区域一贯性。面对这样一个现状，凡是有家长想争取重点高中，自然会从教育强区的

2016年清华大学、北京大学各省招生人数汇总表

排名	省份	清华、北大录取总人数	北京大学录取人数	清华大学录取人数	高考总人数（万人）	清华、北大录取率(%)
1	北京市	553	257	296	6.12	0.903594771
2	河南省	426	216	210	82	0.05195122
3	浙江省	344	203	141	30.74	0.111906311
4	湖北省	341	194	147	36.15	0.094329184
5	江苏省	315	155	160	36.04	0.087402886
6	四川省	310	150	160	51.14	0.060617912
7	山东省	307	147	160	71	0.043239437
8	湖南省	300	159	141	40.16	0.074701195
9	河北省	281	151	130	42.31	0.066414559
10	广东省	280	149	131	73.3	0.038199181
11	安徽省	250	139	111	54.6	0.045787546
12	陕西省	238	126	112	32.8	0.072560976
13	重庆市	216	116	100	24.89	0.08678184
14	山西省	214	114	100	34.23	0.062518259
15	辽宁省	212	70	142	21.82	0.09715857
16	上海市	209	122	87	5.1	0.409803922
17	江西省	207	112	95	36.06	0.057404326
18	福建省	202	102	100	18.93	0.106708928
19	吉林省	155	69	86	14.8	0.10472973
20	广西省	155	80	75	33	0.046969697
21	黑龙江	151	86	68	19.7	0.076649746
22	天津市	146	70	76	6	0.243333333
23	新疆	130	70	60	16.61	0.078266105
24	内蒙古	128	38	90	20.11	0.063649925
25	贵州省	122	56	66	37.39	0.032629045
26	甘肃省	106	36	70	29.2	0.03630137
27	云南省	97	38	59	28.11	0.034507293
28	宁夏	69	38	31	6.91	0.099855282
29	青海省	45	21	24	4.46	0.100896861
30	海南省	42	17	25	6.04	0.069536424
31	西藏	22	11	11	2.39	0.092050209
总计		6573	3312	3264	922.11	0.071282168

2016年北京各区重点高中清华北大录取人数情况

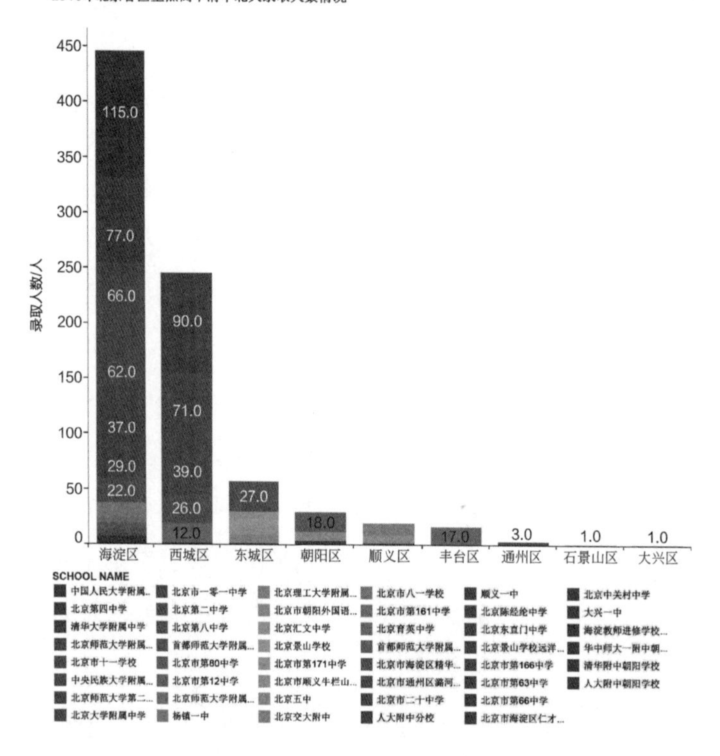

图 6-3 2016 年清北各省招生人数汇总以及北京各区域重点高中清北录取人数情况 The Number of Admissions in the Provinces of Qingbei in 2016 and the Number of Key High Schools in Beijing

资料来源：作者根据网络数据自绘

小学入手准备。入好学校比以往更难是普遍的个体家庭感受，家庭财力在某种程度上决定了优质教育资源的选择自由，普通户口甚至远不及一套重点学校的学区房更有价值。

有人曾经提出应该实现北京各区高考“配额制”。根据各区高考的学生申报人数，在空间地域上实现高考录取人数的“配额制”，目的是对各区学生在教育的顶层制度设计上实现优质教育资源的“给予公平”，但好的政策设计面对博弈过程，有可能会引起新的不公平，有可能会出现某个区低分考生被录取反而高分的考生落榜了，这种不公平会真实地落在实行政策当年孩子们的身上。所谓的“配额制”有着浓厚的计划经济思维，是在资源不丰富的时候采取的一种无奈的选择，如果要返回头走老路，恐怕不合时宜。

重点高中强者恒强是一种现状，对于这种现象，外来力量干预也好，内部做出调整也罢，大家都会想尽一切办法博弈。原先被诟病的“条子生、占坑班、共建生”被取消，基础教育入学的其他途径被堵死后，入学门槛转化为房屋的持有权属与落户情况，对优质教育资源的获取转化为了高价学区房支付能力的比拼。其实这种教育资源的争夺，已经远远超越对教育知识本身的追逐，更真实的是对一种潜在机会的支付，是一种机遇投资，是一种嵌入社会初级人际网络资格的获取。

3. 学区房价格相关研究的局限性

教育资源对住宅价格影响一直是学界研究的重点，尤其是与优质教育资源有着紧密联系的学区物业，更是学者们追逐的热点话题。与学区房房价相关的研究众多，大部分集中在教育资源的货币化、溢价率等研究主题，关注学区房价研究的大陆地缘分布遍及北上广南京等教育发达的城市，专注北京教育房价相关研究也有不少。自北京官方正式实行学区化建设以来，2014年年初清华大学胡婉旸等人研究得到2011年秋北京市重点小学学区房的溢价约为8.1%的结论（胡婉旸等，2014）；2015年哈佛博士哈巍等人对2014年5月中旬至2014年11月底北京市主城六区的二手房源出售信息分析后得出，北京市重点小学对应的学区房溢价在18.4%~8.1%（哈巍等，2015）；2016年第三季度盘古智库研究员杨晓晨认为，相比普通住宅，北京学区房市场整体溢价率已经超过30%[1]。这些研究的共同点是都得出了溢价的明确比例值。

通过对已有研究的梳理总结，发现没有被深入挖掘的研究点，即空间组构在房价涨跌幅度中的相关性影响，因此这也是本章想重点关注的一个角度，从空间组构对增长幅度的影响给出一个是否有关联以及关联紧密程度的判断。

首先，对比已有的房价相关研究发现，几乎所有探讨溢价和价格研究的设定模型，都设计了考虑住宅靠近城市中心与否的检测变量，并且大多数以到城市级别的中心直线距离或者实际距离为测度。在本书第三章提到过关于城市学区空间中无所不在的中心性特征，对应不同的出行半径会产生不同的中心空间，因此从空间角度对涨幅的影响应当考虑不同出行半径的中心性影响力。其次，多数研究专注于溢价以及衍生溢价的等价条件，这一基于绝对价格计算出的溢价百分比，无法在城市之间进行比较，而对于增幅与空间组构的度量，可以在一定程度上进行城市

[1] 来源：搜狐网。

之间的比较。最后，很少有研究关注过基于学区单元的全体住宅价格在 3 年内的增减幅度变化与空间组构之间的关联。

与优质教育资源的绑定会对二手房的保值和增值起到很好的保障作用，但是这种绑定关系对于政策的依赖性太强，有可能随着学龄人口的变化、资源的重新调配、入学权利的绑定关系而发生变化，并且在多校划片的情况下，房价被这种绑定教育资源的影响会稀释，同时已有的研究也已经发现了一些学区的非学区房比学区房还要贵，所以说这个现象也再一次证明了教育资源对物业价格的影响是有限的。本章节基于上述研究背景和现状，探讨空间组构与物业价格增长率之间的潜在联系，关注的重点不在于增长的绝对值，而在于从空间组构的角度对增长趋势和潜力的判断。

二、学区二手房涨幅与空间组构的关系

基于互联网大数据，本节对北京 2012 年 7 月至 2015 年 6 月之间的学区二手房房屋交易均价按照单月进行了时空对位的初步梳理和统计。选择这个时间段作为研究样本的原因主要有三：

其一，相对较长的时间跨度能够反映房价的连续变化，且这一时期的房屋成交数量基本保持相对稳定。

其二，北京全面实行学区政策是在 2014 年年初，恰好是这段时间的中间点，可以直观地看到政策究竟对房价有什么样的影响力。

其三，2015 年下半年以后，学区房价急速走高，面对急速的升温，前期相对匀速的涨幅更能揭示出一些与空间相关的规律性结论。

1. 学区住宅价格分布的时空点格局

通过对2012年07月至2015年06月的北京学区住宅价格的时空点格局（图6-4）分布可以有三点发现。

其一，学区范围内房价的高低分布格局大致分为七个段位。处在第一段位的学区包括德胜学区、什刹海学区、新街口学区、展览路学区、金融街学区、月坛学区，整体的范围基本上处在老西城区范围；处在第二段位的学区包括和平里学区、安定门交道口学区、东直门北新桥学区、景山东华门学区、东四朝阳门建国门学区，整体的范围基本上处在老东城区范围；处在第三段位的学区包括北太平庄学区、紫竹院学区、羊坊店学区、万寿路学区、八里庄学区（海淀）、海淀学区、中关村学区、花园路学区、学院路学区，整体的范围基本上处在四环以内的海淀区范围；处在第四段位的学区包括广安门外学区、广安门内牛街学区、陶然亭白纸坊学区、大栅栏椿树天桥学区、东花市崇文门前门学区、天坛永定门外学区、龙潭体育馆路学区，整体的范围基本上处在原宣武区和崇文区范围，可见2010年7月以来在行政区划的合并依然会体现在房屋价格的表象上，空间的深度融合是需要时间的；处在第五段位的学区包括安贞学区、望京学区、和平街学区、幸福村学区、呼家楼学区、八里庄学区（朝阳）、劲松学区、垂杨柳学区、部分定福庄学区和管庄学区；处在第六段位的学区包括南站集群、方庄集群、马家堡集群、大红门集群、首经贸集群、丰台镇集群；其余的学区和地区基本上处在第七段位。

其二，学区范围内房价高低格局保持相对的稳定。将每个月的均价映射在学区范围内，可以发现学区之间房价高低格局的分布状态在2012年7月至2015年6月之间基本

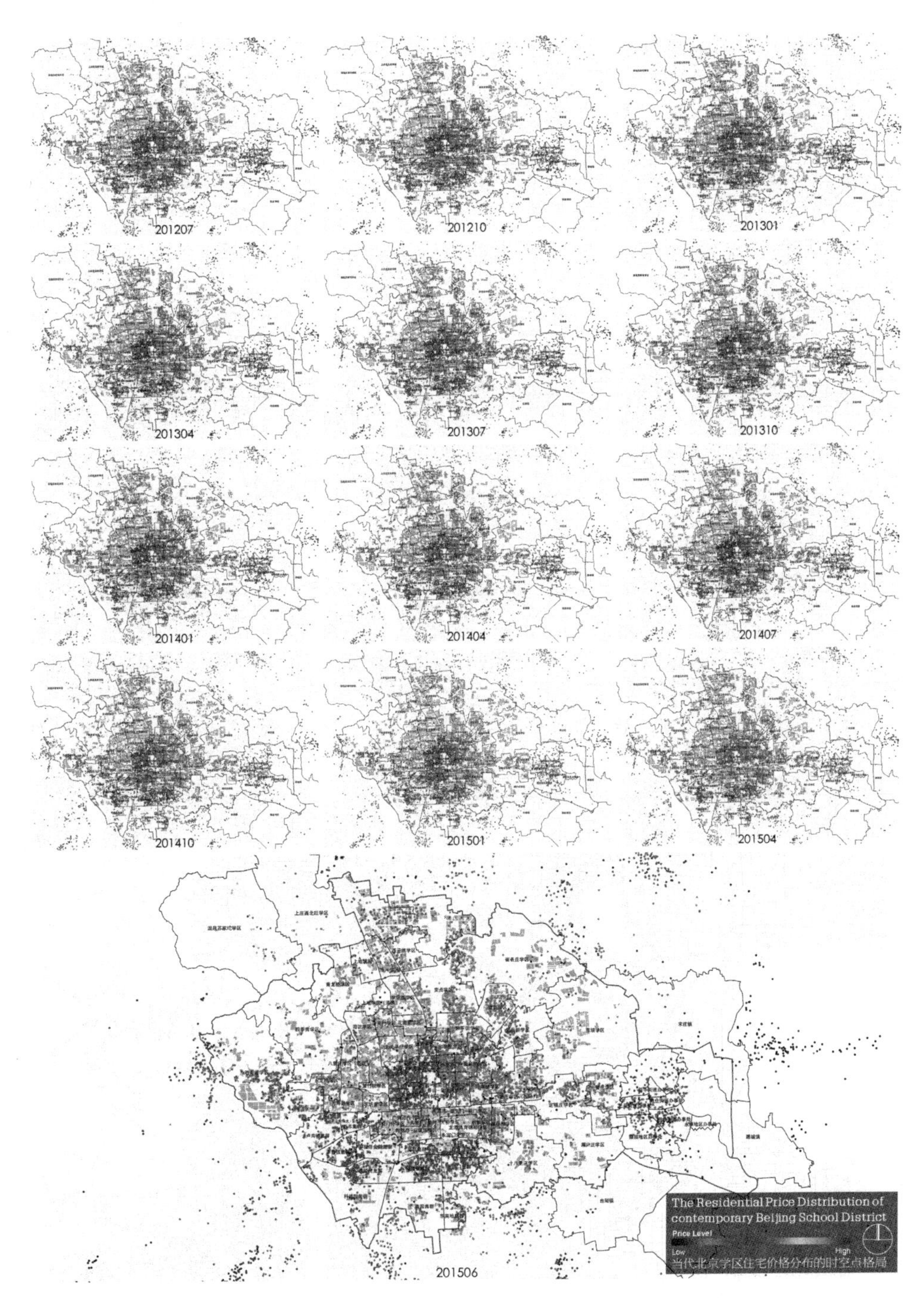

图 6-4　当代北京学区住宅价格分布的时空点格局　Temporal and Spatial Patterns of Residential Price Distribution in Contemporary Beijing School District

资料来源：作者自绘

没有发生任何变化，可以说是一种强者恒强的态势。

其三，虽然学区之间房价高低格局的分布状态没有发生变化，但是学区之间价格的差异在逐渐缩小，同时，整体的价格呈现同心圆式的提升，在 2012 年 7 月至 2015 年 6 月这个时间段内，原宣武区和崇文区的学区中房价就有一个非常明显的提升。

综上所述，本节对学区内房价的点格局进行了初步的呈现，由价格点汇聚出的价格面尺度非常明显，同时在该时间段学区范围之间的价格高低格局相对稳定且有整体上升。在上升的过程中，某些学区之间的价格差距还在逐渐缩小。

2. 学区住宅均价变化和涨幅的空间聚类分析

基于对学区住宅价格分布的时空点格局分析，本节希望从学区内房价和涨幅之间的关系做进一步深入的分析。横坐标为 2015 年 6 月学区内二手房均价，纵坐标为 2012 年 7 月学区内二手房均价。

通过读图（图 6-5）我们可以发现：

其一，两个时间点学区房屋均价都处在高段位的学区有什刹海学区、安定门交道口学区、金融街学区、西长安街学区、中关村学区、紫竹院学区、展览路学区、月坛学区、新街口学区、广安门内牛街学区、大栅栏椿树天桥学区、德胜学区、和平里学区、东直门北新桥学区、景山东华门学区、东四朝阳门建国门学区、学院路学区、海淀学区、花园路学区、北太平庄学区、八里庄学区（海淀）、羊坊店学区、东花市崇文门前门学区。同时这些学区房价的涨幅最大的是什刹海学区、安定门交道口学区、金融街学区、西长安街学区；中关村学区、紫竹院学区、展览路学区、月

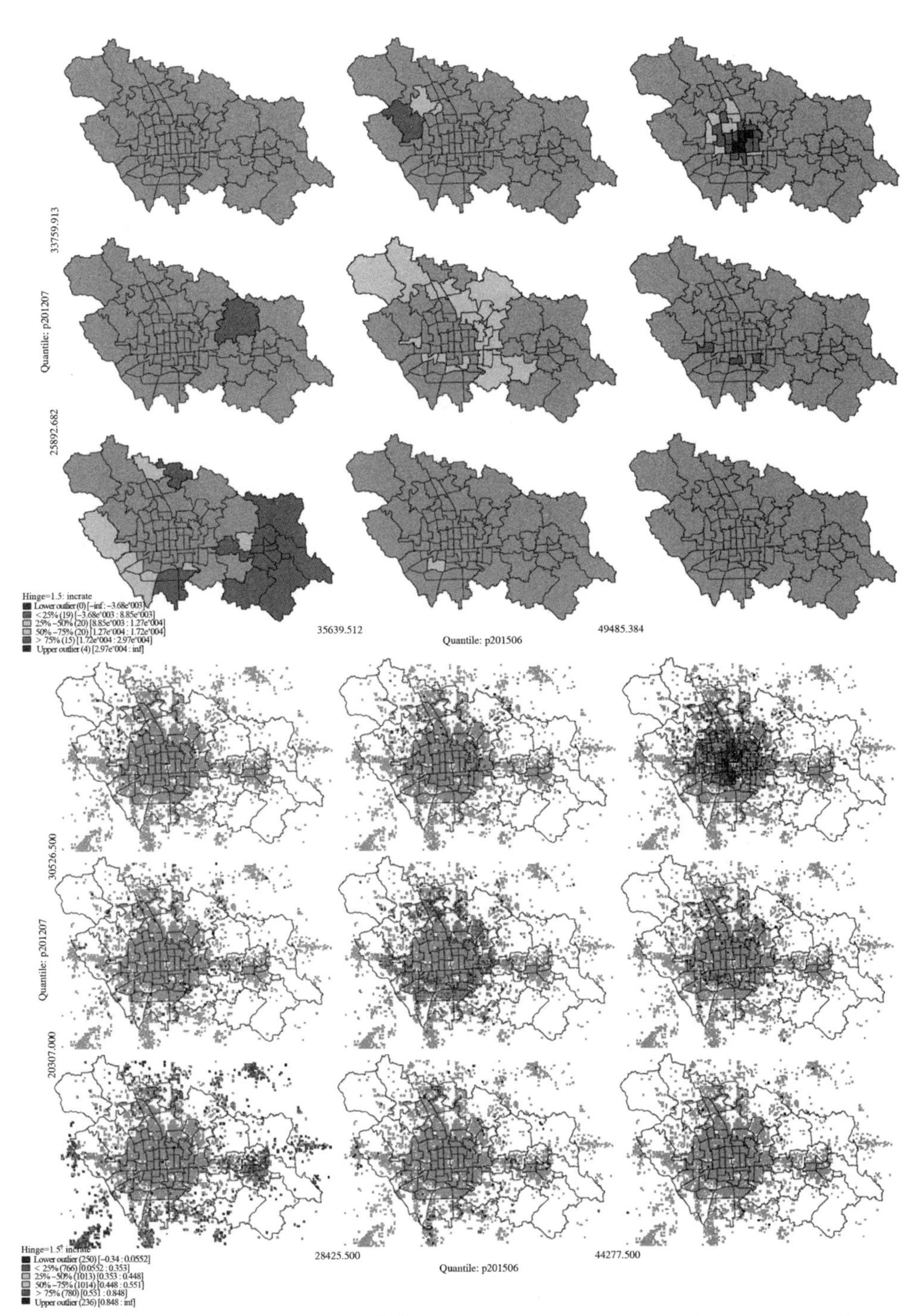

图 6-5　学区住宅均价变化和涨幅的空间聚类分析 The Residential Price Distribution of Contemporary Beijing School District

资料来源：作者自绘

坛学区、新街口学区、广安门内牛街学区、大栅栏椿树天桥学区、德胜学区、和平里学区、东直门北新桥学区、景山东华门学区、东四朝阳门建国门学区涨幅次之；学院路学区、海淀学区、花园路学区、北太平庄学区、八里庄学区（海淀）、羊坊店学区、东花市崇文门前门学区再次之。可见这种强者恒强的现象在学区房价中有深刻的体现。

其二，两个时间点学区房屋均价都处在中段位的学区有上地学区、清河学区、西三旗学区、安贞学区、和平街学区、望京学区、幸福村学区、劲松学区、天坛永定门外学区、广安门外学区、永定路学区、万丰集群、南站集群、崔各庄学区、酒仙桥学区、呼家楼学区、八里庄学区（朝阳）、垂杨柳学区、十八里店学区、黑户庄学区，平均涨幅较高的学区包括上地学区、清河学区、西三旗学区、安贞学区、和平街学区、望京学区、幸福村学区、劲松学区、天坛永定门外学区、广安门外学区、永定路学区，其余学区中房价的平均涨幅次之。在空间的分布上，呈现一个开口朝向西北方向的U形。

其三，两个时间点学区房屋均价都处在低段位的学区有方庄集群、管庄学区、首经贸集群、科技园集群、丰台镇集群、卢沟桥集群、石景山集群，马家堡集群、大红门集群、南苑集群、东高地集群、定福庄学区、回龙观地区办事处、东小口地区办事处、通州中心城。以学区为统计单位时，通州中心城部分的涨幅很低，当提高分辨率解释价格变化情况时，可以分辨出有一部分房价的涨幅是很快的，但是均价的绝对值在两个时间点依然处在最低段位。

其四，在取样的时间段内，具有较大涨幅的三个学区分别是万寿路学区、陶然亭白纸坊学区、龙潭体育馆路学区，这三个学区在2012年7月时的均价还处在中段位，到了

2015年6月的时均价已经跃升至高段位，涨幅较大；2012年7月时原先处于高段位的三个区域四季青学区、青龙桥学区、上地学区（清燕）到2015年6月时均价处在了中段位，虽然青龙桥学区、上地学区（清燕）有较高的增长率，但是均价的绝对值不及其他区域。

上文的分析描述了均价在两个时间点之间的现状和变化率，但是价格的波动是有连续性的（图6-6）。连续性反映出两点：其一，整体价格的普遍升高，这和聚类分析中所显示的是一致的；其二，在这个时间段中，很多局部波动事实上是受到房价控制政策的强影响。即便受到政策的影响，我们依然可以看到有些学区如金融街学区、什刹海学区、西长安街学区、安定门交道口学区的房屋均价并未受到任何干扰，学区均价持续上扬。同时从图6-6中可知，由于严格实行学区制所产生的房价波动事实上影响力是有限的，因此是否可以回归到房产开发时候的原点——区位决定论。区位（location）是决定增长的因素，或者说区位决定了一个商品在持续变化的价格格局中的所处的阶层，那么这种区位的表象是房屋空间上的地理分布，我们可否做一个推断，区位所与生俱来的空间组构特征是否赋予了学区中的房屋在经济表象中的一些特质或者保障？基于这个设想，我们需要进一步进行验证。

3. 学区房价增幅与空间组构相关性分析

本节延续上节的讨论，探讨空间组构与房价增幅之间的相互关系，探求空间组构中的哪些变量能够成为影响房价增幅的要素。已有研究中对房价和空间组构之间的关系做过一系列的探讨（Shen Y et al.，2015），总的结论都表

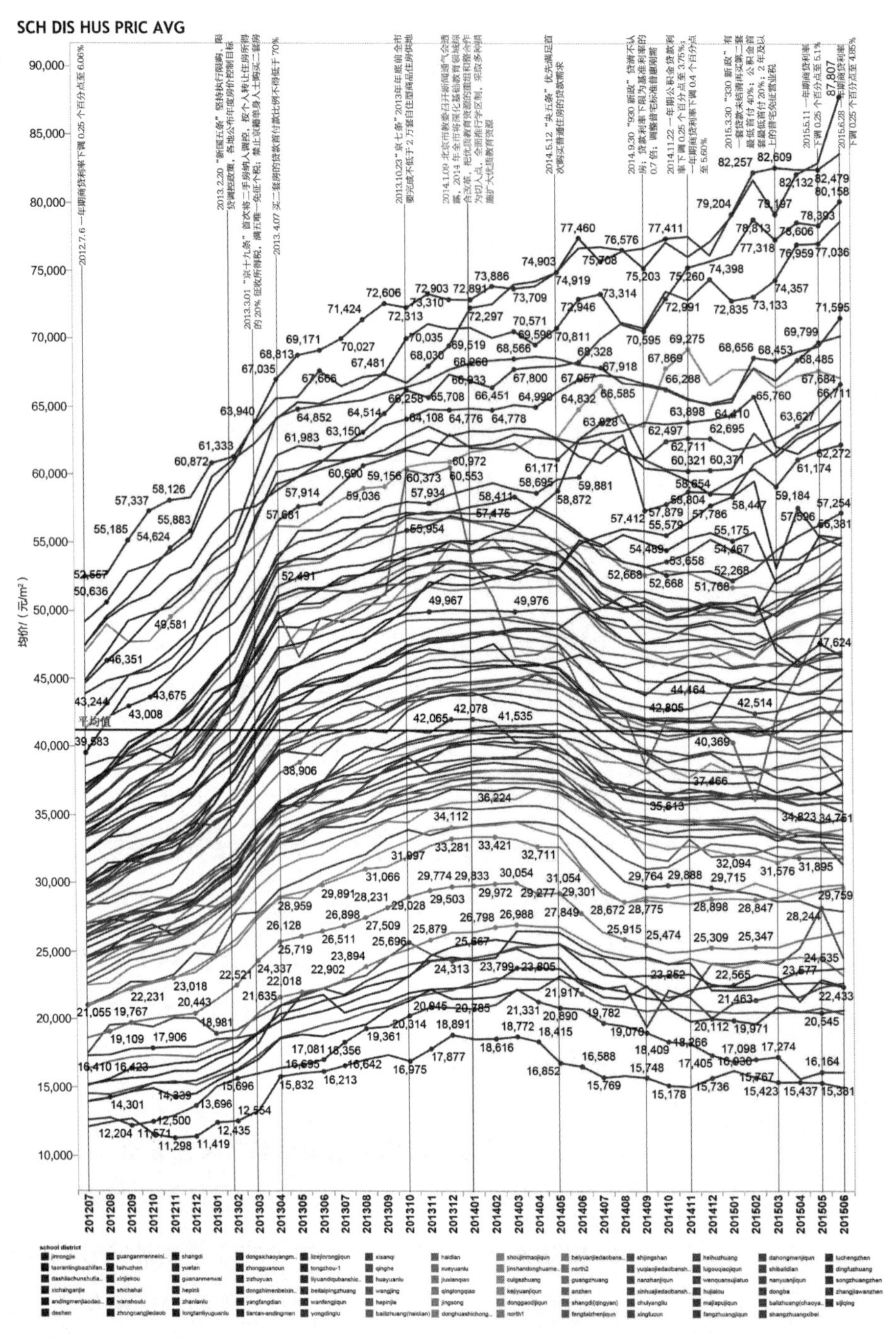

图 6-6 北京学区住宅均价变化统计（2012 年 7 月至 2015 年 6 月）每条线代表一个学区房价的均值变化 Beijing School District Second-Hand Housing Average Price Change Statistics (July 2012 to June 2015)

资料来源：作者自绘

达出组构与价格之间有相互关系，并且 R10 km 的整合度与 R2.5 km 路网密度都与房价有着正相关联系。本书构建了房价增长率与空间组构之间的相关性检测模型，使检测效果有了显著的提升，同时增加的全部变量都通过了显著性检测。

对于这些变量，可以分为正相关和负相关两类。正相关的变量有全局整合度、整合度 *R*=10 km、路网密度 *R*=2 km/24 km、标准化整合度（NAIN）*R*=10 km；负相关的变量有全局选择度、整合度 *R*=24 km、空间效率（NACH）*R*564 m × *R*5 km 的复合变量、路网密度 *R*=10 km/N、整合度 *R*=2 km、T1024 Integration [Segment Length Wgt] Rn、Metric Total Depth R5000 metric、标准化整合度（NAIN）*R*=5 km。这其中所有通过显著性检测的变量中包含几个标准化的变量，标准化整合度（NAIN）*R*=10 km、空间效率（NACH）*R*564 m × *R*5 km 的复合变量、标准化整合度（NAIN）*R*=5 km。

选取这些正向影响要素中宏观和微观半径的两个要素进行聚类分析后我们发现（图 6-7），同时处在标准化整合度半径为 10 km（横坐标）和路网结构密度为 2 km（纵坐标）最高阶的学区空间点同时也拥有较高的涨幅，且较高涨幅占据更多份额。这三个度量都处在较高段位的学区恰恰也就是前文所描述的在 2012 年 7 月至 2015 年 6 月这个时间段内不受政策影响持续上涨的区域；处在标准化整合度半径 *R*=10 km 中段位和路网结构密度 *R*=2 km 最高阶的学区空间点也拥有较高的涨幅，这一区域与前文中学区住宅均价涨幅空间聚类分析中的一些海淀内的学区相互重合。上述空间组构指标与涨幅之间的时空吻合再一次应证了空间组构

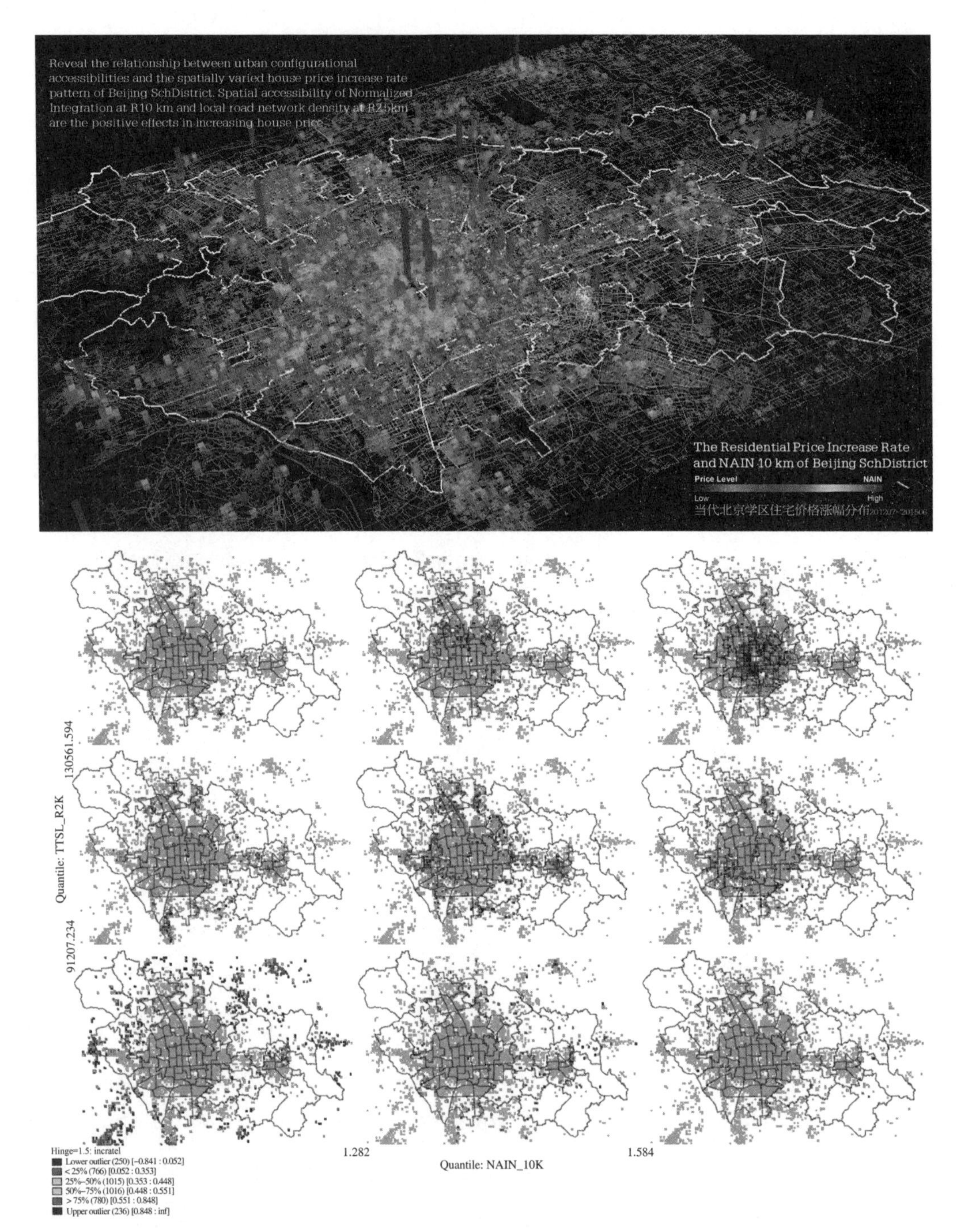

图 6-7 学区住宅价格涨幅分布与组构关系及聚类综合分析 Analysis on the Relationship between Residential Area Price Distribution and Distribution and Cluster Analysis

资料来源：作者自绘

中的几类指标与涨幅有着密切联系这一设想（图 6-8）。同时由于该聚类中的（NAIN）R=10 km 属于标准化整合度，因此也具备在城市之间进行比较增长幅度的逻辑可行性。

综上，通过对房价空间异质性与空间组构关系的研究，我们找到了若干相关的正向和负向因素，发现局部和整体的变量对涨幅都有着深刻的影响力。一方面这说明空间组构本身赋予了学区房价格的等级差异，另一方面这个思路能够为城市规划者设计者、决策者提供一个关于城市空间规划设计的空间组构思考切入点，并且将现状与学区空间的发展与建设相结合，不仅实现对现状的优化，同时能够发掘一些潜在的增长点。

三、缓解学区房价高涨的路径初探

构成学区房房价高涨的原因是多方面的，表象的是其作为一种居住商品的交换价格，不能单方面夸大其学区属性的高定价决定作用，只有与优质教育资源绑定的房屋才会表现出更高的绝对价格。基于上文的分析我们能够发现，优质教育资源在一定程度上只能起到保证商品在一个价格体系永远处在高段位和高增幅的作用，而其价格增长的根本诱因并非教育资源，因为整体的价格都在提升，只是有快慢和幅度的差别。有了这个基本的判断，就能够对缓解学区房价高涨的路径进行探讨，同时也对现有一些缓解方式的有效性做出定性判断。本书认为，希望学区房价格不要再攀升或者攀升的速度下降比使房价下跌来的更现实、更具备可操作的空间。下面主要讨论几点有实现可能的路径。

1. 金融政策手段抑制房价增幅增速

基于前文对学区房价涨幅变化和对应政策调控对房价所产生立竿见影的影响效果，可见短时期内的金融和政策手段抑制整体继续增长的势头，降低增速是具有效果的。因此保证该类型政策的执行，可以抑制投机炒作，同时为教育资源的再均衡配置争取时间。

2. 均衡学区教育产出消除极化效应

均衡教育资源的空间分布，直接对薄弱学区提供经费保障、师资配置、优质教师示范培训等方面的教育支持；地方政府可以提供专项资金，专门提升薄弱学区的平均水准；制度方面可以建立学区的师资构成评价体系，实行教师聘任和轮岗制度，将教师的职级待遇等与其在薄弱学区和学校任教的时间、履历及教育绩效挂钩；在待遇方面，全面提高学区基础教育阶段教师的工资待遇，正视一些优质师资流失到私立学校或互联网线上的现状，保证学区教师队伍的稳定发展，提供教师在学区之间的流动渠道，实现教育资源的全面均衡；统一学区的硬件建设标准，实现学区硬件条件的标准化；缩小学区之间的软实力差距，尤其是缩小选拔考试体现出的教育产出差异，一定程度上降低某些学区的极化效应。这是一项长期的工作，只有选拔考试体现出的教育产出差异减小，才会真正缓解其对房价的间接影响。

3. 改革与完善户籍政策

未来教育制度和户籍制度改革的重要方向就是实行就近入学政策与户籍制度相分离，以此保证大众受教育机会的平等。美国也有学区房，全国大概有15000个学区，但美国的划片入学并没有对学生的户籍做出特别要求，即使是租房居住，学生仍可就近进入学校接受教育。考察日本、英国、德国等国家，由于人口基数小，学龄人口与教育资源之间的供需矛盾不突出，因此，这些地区的学区设置并不严格限制家长和孩子们的选择权利。改革依然需要时间，同时一旦将学生享受“就近入学”政策从现在附着于户籍的状态下剥离出来，部分绑定优质教育资源的房价必将出现价格回归。现阶段北京所实行的多校划片即已经能够在学区内部实现学位与户籍的剥离，对价格的增幅起到一定的抑制作用。

4. 城市规划设计管理工作的预判

发挥城市规划对教育资源空间优化配置的引领作用。这是一项基础工作，对房价增幅的抑制不会产生直接的影响，可以配合硬件资源的学区分布均衡实现间接作用。首先规划的设计与管理工作要充分结合教育行政主管部门的力量，科学有序地开展教育空间规划的制定；其次建立健全与教育密切相关的学龄人口数据空间分布监控平台与教育资源数据库，实现科学预判与决策，并开展相关的基础型研究工作；最后在公共配套住房的空间布局规划中，应当合理地与优质教育资源及公共配套设施相结合，实现强吸引力，减弱已有教育高地形成的空间极化效应，弱化阶层差别、促进教育公平。客观上规划设计管理工作也是唯一能够从改变空间组构格局的角度对房价施加影响的方式。

5. 改革与完善财税政策

学区房增值收益分配不合理，客观上助长了对学区房的炒作。在美国，基于其大部分土地私有的土地制度，美国的房产税征收与学区房相挂钩，各学区的教育财政支出，一部分来源于联邦政府的财政拨款，另一部分很重要的来源就是该学区的不动产税。对于当代北京的现状，可以考虑将房产税的征收与学区房相挂钩，这种方法的主要目标是针对炒房投机行为；同时可以将相关税收作为教育财政收入，由政府进行再分配，均衡基础教育的投入，但在真正实施前需要做基于北京自身情况的深入研究，如何收？收多少？收哪些？这些都是要慎重思考的。

第七章 结语

一、结论与创新

学区空间的时空延续性是与城市空间的发展紧密相连的，对学区空间的认知要有空间整体观，虽然个体的空间经验是街道和社区尺度的，但学区空间特征的来源具备深厚的整体渊源，同时基于网络科学的学区空间组构分析有助于对学区空间的组构差异做出评判。学区空间前景背景的双重结构所表达的公共性、多层级中心性结构反映出的可达性、模糊边界所揭示的簇群性、学区空间功能混合所阐释的差异性，及中心城63个学区的空间效率分布呈现梭形，这些都是由于学区本身的空间组构以及嵌入城市空间区位的不同所决定的，从空间的角度来说，这是学区之间最基本的差异所在。学区空间的形态指标作为一个可感知的建设类指标，配合师资分布与学龄人口的构成，能够实现对以学区为单位的教育资源精准投放进行辅助判定，提高教育资源的空间投放效率。在街道尺度层面，局部空间效率的精细化表达与空间界面显性问题的梳理，能够从空间网络架构和设计手法两个方面同时解决学区慢行空间中存在的问题，提升街道空间品质。对于每到开学就会成为热门话题新闻的学区房，只是众多高价房中因为绑定了优质资源而在一定时间内具有强保值和高溢价的能力的商品，其涨幅与空间标准化整合度R10 km有一定的相关性，且2012年7月至2015年6月这段时间的涨幅核心与价格高点依旧是中心城，尤其以老西城为增长极。

对于学区空间产生的种种问题，我们不应当舍本逐末来解决，而应当找到问题的根源，解决实际问题。如何看待学区空间，如何研究学区空间，如何建设学区空间，是本书关注的重点。本书从城市空间的角度，围绕当代北京学区空间三个核心议题，即学区教育资源均衡配置、学区出行空间品质提升、学区房溢价的空间影响因素展开研究，建构了以学区空间为视角的新研究框架，作为分析、研究当代中国学区空间形态的城市设计理论和方法体系，试图在以下角度进行创新。

第一，提出一个概念。首次提出“学区空间”的概念，同时对其四个基本属性做出了明确的阐释。学区空间是指从城市空间角度出发，以相应的空间尺度为基础，以就近入学为原则，根据学龄人口与教育资源匹配度划分，在一段时间内保持相对清晰边界，有着明确空间地域范围界限，承载基础教育相关活动的一系列城市空间。学区空间的构成要素是多样的，主要包括学校、上学路径、学校周边的住区三个基本要素，这三个空间要素共同构筑了或者说限定了一个学区中活动发生的基本空间边界。学区空间具有网络组构性、尺度层级性、时空延续性、物质表征性四个基本属性。

第二，展现一个现状。展现了当代北京学区空间的整体形态特征。通过学区空间网络组构特征、形态指标特征、用地功能混合特征三个层面，对学区空间的整体空间形态特征予以解读。

第三，描述一种关系。通过聚焦学区空间的三个主要议题，分别从学区教育资源的均衡布局与发展、学区路径空间品质的现状与提升、空间组构特征对学区住宅价格涨幅的影响三个层面描述了基础教育资源及其附属资源与城市学区空间的相互关系。

第四，探索一条路径。通过统计分析建构了全学区资源评估的分析框架，基于空间大数据、空间组构理论、GIS 操作平台建构了一个学区空间的量化解析评价体系，初步尝试评估当代北京中心城的63个学区，同时提出了学区街道空间品质提升的核心单元与工作路径。

二、困难与不足

基于学科本身特点的限制，对于解决不了的问题，仅提出一些不成熟的想法。本书研究中的难点与不足主要有三方面。

难点与不足一：前人明确提出“学区空间”概念的系统研究成果很少，无论是理论层面还是实证层面，因此研究框架的搭建是一个难点，本书从“学校—路径—住区”这一基本空间联系构建了初步的研究框架，聚焦了核心议题，因此这既是创新之处也是本研究的不足之处，或者说是未来需要更加强化的部分，即研究框架的再合理再完善。

难点与不足二：学区空间概念的精确定义，对于这样一种由若干种空间组合而成的空间概念，同时还伴随着尺度的差异和不同利益相关方的不同理解，因而很难达成一个绝对精确的定义。因此，只能从城市空间研究的角度，基于建筑学、城乡规划学，从城市设计的视角切入，加入若干限定条件从而得出一个基本合理的学区空间概念定义，未来可以逐步完善。

难点与不足三：学区基础数据的搜集整理分析，由于专业背景的原因，建筑师、城乡规划师缺乏概率与统计方面的系统训练，导致对数据的解读和理解方式、程序编写及分析模型的建构存在一定的困难。因此需要在未来持续训练加强，同时未来数据的收集的广度与时间跨度可以再长，精确度可以进一步提升。

三、研究展望

接受良好教育，更好地实现一个人在社会中的上升路径，公平显得尤为重要。就学公共政策公平完善，教育资源空间均衡布局是实现教育公平的基本路径。

文明作为一种人类发展演进中的产品是需要“学”这个活动不断代代相传的，这种基础训练过程与其说是教给人知识，不如说是在教给人认识世界的方法，训练一种理性的思维方式。如果要看一座城市的未来，一定程度上看看这座城市的学校，同时看看这些学校是坐落在什么样的城市空间环境之中。一个社会的活力源于其流动性、开放性与包容性，社会学家提出一些所谓阶层固化的忧虑，就中国社会总体而言，自古具有阶层流动性，隋朝建立科举制度，之后就有一个盛唐，可见这是可以让底层人流入到上层去的，这个在当时欧洲的小统社会里还很难发生。所以我们坚信一座城市永继发展的原动力来自不断创新，而创新的本质来源于个体对身边事物的感知理解和应用，对“学”空间的重新发掘，恰恰能够实现对基本空间概念和空间运行原理的发现和再利用。本书关注的就是这一类与“学”紧密相关的空间，期望对学区空间的发掘，找到一些链接未来城市发展的要点。近年来人工智能的兴起已然成为下一个科技和理论的制高点，Alpha Zero[1] 超越 Alpha Go[2] 只用了短短的 40 天，并且其中包含了更多的自我革新与发现，这样的迭代进步速度已经远远超越了普通人的认知。如何

---

[1] 参见 Silver D, Schrittwieser J, Simonyan K, et al., Mastering the game of Go without human knowledge[J]. Nature, 2017, 550(7676): 354-359.

[2] 参见 Silver D, Huang A, Maddison C J, et al., Mastering the game of Go with deep neural networks and tree search[J]. Nature, 2016, 529(7587): 484-489.

理解这些变化，如何在城市空间的发展中应用这些智慧的方法，是应当有一些路径可去寻觅的。

如果说古代的北京是万国来朝的四方之极，现代北京是关于资本和权利的“欲望之都”，那么未来的北京就应该是关于儿童和自然的。孩子们的福祉代表了一座城市的未来，在启迪幼小的心智方面，学校永远无可替代。学校教育的意义在于培养健全健康的高洁人格，当一名学生走出学校之后，留在他心中的还有人格与智慧。无论科技如何发达，人类只能储存和传递知识，却永远无法通过代际传递智慧，所以这也就是人类为何永远都在循环往复地走着似曾相识的老路的原因，所有乱象的出现，究其根源是人出于本能的隐含在基因深处的对生存的忧虑所引起的一系列现实行动对社会网络的干扰和影响，只要你身处在这个社会网络之中，无论你愿意与否，都被裹挟其中。

在城市漫长的发展过程中，城市中的“学”空间承载着城市智慧资源的孕育功能，不论是元明清还是近现代，和教育相关的空间以这样一种“学校—上学路径—住所”的基本空间模式是潜在的，当然这种模式早在孟子的时代就有，否则也不会出现“孟母三迁”的故事了。对于这个故事，人们往往解读的是孟母让孩子上好学校，但更进一步讲，是孟母在为孩子选择嵌入更高级的社会网络的一种方式，这在孩子未来发展中的潜在作用是不可低估的。这种社会网络的空间聚集其实很早就有，并且由此引发的社会现象在全世界也是都存在的，当下依然如此。

教育对于个体的培养具有时间、机会等的不可逆、不可重复性，因此有关教育的改革和变化需要格外谨慎。一个简单的教育决策有可能会对一代人产生深远的影响，同时影响教育成败的因素也错综复杂，常常牵一发而动全身，涉及众多的利益群体，直接关乎千家万户的切身利益和社会的稳定繁荣。现实中关于学区的种种社会表象，都是各个相关方策略博弈的均衡结果，加强教育决策的大数据意识，在教育主管部门制定策略解决问题之前，要有充分的预判，对一个正向的逻辑政策可能被策略博弈后产生的执行效率减弱、相反或是引发新的不均衡要有事先的预判，设计好应对制度和措施，这也是教育主管部门在配置公共教育资源过程中的工作难点。

因此对于当代北京学区空间的挖掘和深度研究是具有广阔前景的，立足北京面向世界深度挖掘自身的特点依然大有文章可做。

其一，在广度上，持续的建构和丰富学区空间理论的内涵与外延，拓展新的研究维度和关键议题。

其二，在深度上，基于网络和连接的背景，应当继续深入描述空间组构与城市资源的相互关系，探讨组构与组构承载力之间的关系，分别对组构容量极限、组构最优容量以及最优化的组构模型进行讨论。

其三，在实践中，加强理论和研究成果的实际应用，我们期盼未来在北京乃至全国的基础教育实现一个“学校没有好坏之分，只有远近之别”的理想状态。

让我们为早日实现中国特色世界城市奠定更加坚实的城市学区物质空间基础而努力！

参考文献

R. C. 西蒙斯 , 1994. 美国早期史—从殖民地建立到独立 [M]. 北京：商务印书馆 .

S. 亚历山大・里帕 , 2010. 自由社会中的教育：美国历程 [M]. 合肥：安徽教育出版社 .

比尔希列尔 , 赵兵 , 1985. 空间句法——城市新见 [J]. 新建筑 (1): 11.

蔡定基 , 2013. 基础教育学区管理模式研究 [M]. 北京：人民教育出版社 .

曹绍濂 , 1982. 美国政治制度史 [M]. 甘肃：甘肃人民出版社 .

陈孝彬 , 1996. 外国教育管理史 [M]. 北京：人民教育出版社 .

丹尼尔・布尔斯廷 , 1989. 美国人——殖民地的经历 [M]. 上海：上海译文出版社 .

刁庆军 , 吴志勇 , 2011. 推进高校继续教育发展模式的创新与转型——认真落实《国家中长期教育改革和发展规划纲要 (2010—2020 年)》[J]. 成人教育 (10): 3.

顾明远 , 2010. 学习和解读《国家中长期教育改革和发展规划纲要 (2010—2020)》[J]. 高等教育研究 (7): 1-6.

顾明远 , 梁忠义 , 2000. 美国教育 [M]. 长春：吉林教育出版社 .

贺国庆 , 于洪波，朱文富 , 2009. 外国教育史 [M]. 北京：高等教育出版社 .

胡中锋 , 李甜 , 2009. 学区化管理的理论与实践 [J]. 教育导刊：上半月 (7): 4.

久下荣志郎 , 李兆田 , 1981. 现代教育行政学 [M]. 北京：教育科学出版社 .

卡罗尔・卡尔金斯 , 1984. 美国史话 [M] . 北京：人民出版社 .

科南特 , 陈友松 , 1988. 科南特教育论著选 [M]. 北京：人民教育出版社 .

克伯雷 , 夏承枫 , 1933. 教育行政通论 [M]. 上海：南京书店 .

克利夫・芒福汀 , 陈贞 , 高文艳 , 2004. 绿色尺度 [M]. 北京：中国建筑工业出版社 .

拉尔夫・亨・布朗 , 1984. 美国历史地理 [M]. 北京：商务印书馆 .

劳伦斯・A. 克雷明 , 2003. 美国教育史—殖民地时期的历程（1607—1783）[M]. 北京：北京师范大学出版社 .

梁思成 , 2001. 北京—都市计划的无比杰作 . 梁思成全集 [J]. 北京：中国建筑工业出版社 .

芦原义信 , 尹培桐 , 2007. 街道的美学 [M]. 天津：百花文艺出版社 .

纳撒尼尔・菲尔布里克（Nathaniel Philbrick）, 李玉瑶，胡雅倩 , 2006. 五月花号—关于勇气、社群和战争的故事 [M]. 北京：新星出版社 .

乔尔・斯普林 , 2010. 美国教育 [M]. 合肥 : 安徽教育出版社 .

万博 , 朱文一 , 2016. 凯勒・卡里的《学区总体规划 : 人口与设施规划实践指南》及其对北京的启示 [J]. 城市设计 , 8(6): 64-71.

万博 , 朱文一 , 2017. 北京近代学区空间初探 [J]. 城市设计 (6): 46-53.

王保星 , 2008. 外国教育史 [M] . 北京 : 北京师范大学出版社 .

王蓓 , 崔承印 , 2015. 北京市常住人口年龄结构预测及对城乡规划的启示 [C]// 2015 中国城市规划年会 . 贵阳 .

王建国 , 1999. 城市设计 [M]. 南京 : 东南大学出版社 .

王天一， 夏之莲， 朱美玉 , 2005. 外国教育史 [M]. 北京 : 北京师范大学出版社 .

韦恩・厄本， 杰宁斯・瓦格纳 , 2009. 美国教育 : 一部历史档案 [M]. 北京 : 中国人民大学出版社 .

文刀 , 2010. 专家解读:《国家中长期教育改革和发展规划纲要 (2010—2020)》(公开征求意见稿)[J]. 合肥学院学报: 社会科学版 , 27(2): 1.

吴良镛 , 2001. 人居环境科学 [M]. 北京 : 中国建筑工业出版社 .

吴良镛 , 2001. 人居环境科学的探索 [J]. 规划师 , 17(6): 4.

吴良镛 , 2003. 人居环境科学的人文思考 [J]. 城市发展研究 , 10(5): 4.

吴良镛 , 2010. 人居环境科学发展趋势论 [J]. 城市与区域规划研究 , 3(3):1-14.

吴式颖 , 1997. 外国现代教育史 [M]. 北京 : 人民教育出版社 .

夏之莲 , 1999. 外国教育发展史料选粹 [M]. 北京 : 北京师范大学出版社 : 180-184.

肖扬 , CHIARADIA A, 宋小冬 , 2014. 空间句法在城市规划中应用的局限性及改善和扩展途径 [J]. 城市规划学刊 (5): 7.

萧宗六 , 贺乐凡 , 1996. 中国教育行政学 [M]. 北京 : 人民教育出版社 .

新华社 , 2013. 中共中央关于全面深化改革若干重大问题的决定 [J]. 中国合作经济 (11): 14.

扬・盖尔 , 拉尔斯・吉姆松 , 2008. 公共空间 · 公共生活 [J]. 城市交通 (4): 97.

杨滔 , 2006. 空间句法 : 从图论的角度看中微观城市形态 [J]. 国外城市规划 , 21(3): 5.

杨滔 , 2007. 城市空间之复杂效应 [J]. 世界建筑 (8): 4.

郑思齐 , 任荣荣 , 符育明 , 2012. 中国城市移民的区位质量需求与公共服务消费—基于住房需求分解的研究和政策含义 [J]. 广东社会科学 (3): 10.

朱文一 , 1993. 空间・符号・城市 [M]. 北京 : 中国建筑工业出版社 .

ALEXANDER C, 2013. A city is not a tree[M]//The urban design reader. London: Routledge: 172-186.

AUDREY S, BATISTA-FERRER H, 2015. Healthy urban environments for children and young people: A systematic review of intervention studies[J/OL]. Health and Place, 36: 97-117.

BAIRD D, HACKING I, 1983. Representing and intervening: Introductory topics in the philosophy of natural science[M]. Cambridge : Cambridge University Press.

BATTY M, 2018. The new science of cities[M]. Cambridge :MIT Press.

BERGHAUSER PONT M Y, HAUPT P A, 2007. The relation between urban form and density[J]//Urban Morphology, 11(1), 62-65.

BERGHAUSER PONT M, HAUPT P, 2009. Space, Density and Urban Form[J]. Architecture,29.

BLACK R, 2015. Educators, professionalism and politics: global transitions, national spaces and professional projects. World Yearbook of Education 2013[J/OL]. Globalisation, Societies and Education, 13(3).

BOARNET M G, DAY K, ALFONZO M, 2006. The Irvine-Minnesota inventory to measure built environments: Reliability tests[J/OL]. American Journal of Preventive Medicine, 30(2): 153-159.

BROWN R F, 1988. FINDING LOST SPACE: THEORIES OF URBAN DESIGN[J/OL]. Landscape Journal, 7(1).

BROWNSON R C, HOEHNER C M, BRENNAN L K, 2004. Reliability of 2 instruments for auditing the environment for physical activity[J/OL]. Journal of Physical Activity and Health, 1(3): 191-208.

CARMONA M, TIESDELL S, HEATH T, 2010. Public Places - Urban Spaces The Dimensions of Urban Design Second Edition[J].Journal of Chemical Information and Modeling: 53.

CASTELLS M, 2009. The Rise of the Network Society, with a New Preface: The Information Age - Economy, Society and Culture[M].

CLAPP J M, NANDA A, ROSS S L, 2008. Which school attributes matter? The influence of school district performance and demographic composition on property values[J/OL]. Journal of Urban Economics, 63(2).

COLLINS D C A, KEARNS R A, 2001. The safe journeys of an enterprising school: Negotiating landscapes of opportunity and risk[J/OL]. Health and Place, 7(4): 293-306.

CORBUSIER L, 1967. The Radiant City[M].New York : Orion Press.

DELAFONS J, 1994. The New Urbanism: Toward an architecture of community[J/OL]. Cities, 11(5).

DHAR P, ROSS S L, 2012. School district quality and property values: Examining differences along school district boundaries[J/OL]. Journal of Urban Economics, 71(1).

BUTTS R F , CREMIN L A ,1953. A History of Education in American Culture[J/OL]. The Elementary School Journal, 54(3).

DONNELLY S, 2003. A toolkit for tomorrow's schools: New ways of bringing growth management and school planning together[J]. Planning, 69(9).

DUANY A, SPECK J, LYDON M , 2011. The Smart Growth Manual [J/OL]. Sustainability: Science, Practice and Policy, 7(2).

FACK G, GRENET J, 2010. When do better schools raise housing prices? Evidence from Paris public and private schools[J/OL]. Journal of Public Economics, 94(1-2).

FREEMAN C, TRANTER P, 2013. Children and their urban environment: Changing worlds[J]. Housing studies, 28(6): 931-933.

FRUMKIN H, 2002. Urban Sprawl and Public Health[J/OL]. Public Health Reports, 117(3).

GAMBLE S D,1921. Peking: a social survey. New York: George H. Doran Company.

GIBBONS S, MACHIN S, 2006. Paying for primary schools: Admission constraints, school popularity or congestion?[J/OL]//Economic Journal: 116.

GIBBONS S, MACHIN S, 2008. Valuing school quality, better transport, and lower crime: Evidence from house prices[J/OL]. Oxford Review of Economic Policy, 24(1).

GIBBONS S, MACHIN S, SILVA O, 2013. Valuing school quality using boundary discontinuities[J/OL]. Journal of Urban Economics, 75(1).

GIBBONS S, MACHIN S, 2003. Valuing English primary schools[J/OL]. Journal of Urban Economics, 53(2). DOI:10.1016/S0094-1190(02)00516-8.

GLEESON B, SIPE N, 2006. Creating child friendly cities: Reinstating kids in the city[M].New York: Routledge.

GLEESON B, SIPE N G, 2006. Creating Child Friendly Cities : New Perspectives and Prospects[J].Abingdon:Taylor & Francis.

GRUNDY S M, 1998. Multifactorial causation of obesity: Implications for prevention[C/OL]//American Journal of Clinical Nutrition , 67(3):563S-572S.

GULSON K N, SYMES C, 2007. Spatial theories of education: Policy and geography matters [J]. Human & Experimental Toxicology, 2008, 19(6):319-319.

HALL P, PAIN K, 2012. The polycentric metropolis: Learning from mega-city regions in Europe [M]. London: Earthscan.

HILLIER B, 1996. Cities as Movement Systems[J]. Urban Design International, 1(1): 49-60.

HILLIER B, HANSON J, 1988. The social logic of space[M]. Cambridge :Cambridge University Press.

HILLIER B, YANG T, TURNER A, 2012. Normalising least angle choice in Depthmap and it opens up new perspectives on the global and local analysis of city space[J]. Journal of Space Syntax, 3(2).

HOMEL R, BURNS A, 1989. Environmental quality and the well-being of children[J/OL]. Social Indicators Research, 21(2).

HONES G H, RYBA R H, 1972. Why not a geography of education?[J/OL]. Journal of Geography, 71(3).

JACOBS J, 2009. The Death and Life of Great American Cities[M/OL]//Common Ground?: Readings and Reflections on Public Space.

JUD G D, WATTS J M, 1981. Schools and housing values.[J/OL]. Land Economics, 57(3).

KANE T J, RIEGG S K, STAIGER D O, 2006. School quality, neighborhoods, and housing prices[J/OL]. American Law and Economics Review, 8(2).

KATZMARZYK P T, MALINA R M, SONG T M K, 1998. Television viewing, physical activity, and health-related fitness of youth in the Quebec family study[J/OL]. Journal of Adolescent Health, 23(5).

KIZILHAN T, BAL KIZILHAN S, 2020. The Rise of the Network Society - The Information Age: Economy, Society, and Culture[J/OL]. Contemporary Educational Technology, 7(3).

LIPMAN A, HALL E T, 1970. The Hidden Dimension[J/OL]. The British Journal of Sociology, 21(3).

MATHUR S, 2008. Impact of Transportation and Other Jurisdictional-Level Infrastructure and Services on Housing Prices[J/OL]. Journal of Urban Planning and Development, 134(1).

MCDONALD N C, 2010. School Siting: Contested Visions of the Community School.[J]. Journal of the American Planning Association, 76(2).

MILES R, 2012. School siting and healthy communities: Why where we invest in school facilities matters[J]. school siting & healthy communities.

MILLINGTON C, WARD THOMPSON C, ROWE D, 2009. Development of the Scottish Walkability Assessment Tool (SWAT)[J/OL]. Health and Place, 15(2).

MONKKONEN P, 2012. Demographic Transition, Economic Crisis and the Housing Deficit in Indonesia[J/OL]. SSRN Electronic Journal. DOI:10.2139/ssrn.1991853.

MONTGOMERY J, 1998. Making a city: urbanity, vitality and urban design[J/OL]. Journal of Urban Design, 3(1).

MOORE-CHERRY N, 2014. Creating child-friendly cities: Reinstating kids in the city[J/OL]. Planning Theory & Practice, 15(1).

MOUDON A V, 1997. Urban morphology as an emerging interdisciplinary field[J/OL]. Urban Morphology, 1(1). DOI:10.51347/jum.v1i1.4047.

NGUYEN-HOANG P, YINGER J, 2011. The capitalization of school quality into house values: A review[J/OL]. Journal of Housing Economics, 20(1). DOI:10.1016/j.jhe.2011.02.001.

NORTON R K, 2007. Planning for school facilities: School board decision making and local coordination in Michigan[J/OL]. Journal of Planning Education and Research, 26(4).

PETCH R O, HENSON R R, 2000. Child road safety in the urban environment[J/OL]. Journal of Transport Geography, 8(3). DOI:10.1016/S0966-6923(00)00006-5.

PIA MONRAD CHRISTENSEN M O, 2003. Children in the City: Home Neighbourhood and Community[M]//Kind Und Grossstadt: 92.

RIES J, SOMERVILLE T, 2010. School quality and residential property values: Evidence from Vancouver rezoning[J/OL]. Review of Economics and Statistics, 92(4). DOI:10.1162/REST_a_00038.

ROSS S, YINGER J, 1999. Chapter 47 Sorting and voting: A review of the literature on urban public finance[M/OL]//Handbook of Regional and Urban Economics. DOI:10.1016/S1574-0080(99)80016-9.

ROWLEY A, 1994. Definitions of Urban Design: The nature and concerns of urban design[J/OL]. Planning Practice & Research, 9(3). DOI:10.1080/02697459408722929.

RUTTEN R, BOEKEMA F, KUIJPERS E, 2003. Economic geography of higher education: Knowledge, infrastructure and learning regions[M/OL]//Economic Geography of Higher Education: Knowledge, Infrastructure and Learning Regions. DOI:10.4324/9780203422793.

SABIDUSSI G, 1966. The centrality index of a graph[J/OL]. Psychometrika, 31(4). DOI:10.1007/BF02289527.

SANDERSON K, 2011. Designed Playgrounds that Engage Children in Physical Activity and More.[J]. WellSpring, 22(1).

SCHULZ A, NORTHRIDGE M E, 2004. Social determinants of health: Implications for environmental health promotion[M/OL]//Health Education and Behavior. (2004). DOI:10.1177/1090198104265598.

SEDGLEY N H, WILLIAMS N A, DERRICK F W, 2008. The effect of educational test scores on house prices in a model with spatial dependence[J/OL]. Journal of Housing Economics, 17(2). DOI:10.1016/j.jhe.2007.12.003.

SHAW D, LORD A, 2009. From land-use to "spatial planning" : Reflections on the reform of the English planning system[J/OL]. Town Planning Review, 80(4). DOI:10.3828/tpr.2009.5.

SHEN Y, KARIMI K, 2015. Understanding the roles of urban configuration on spatial heterogeneity and submarket regionalisation of house price pattern in a mix-scale hedonic model: The case of Shanghai, China[C]//SSS 2015 - 10th International Space Syntax Symposium.

SHEN Y, KARIMI K, 2017. The economic value of streets: mix-scale spatio-functional interaction and housing price patterns[J/OL]. Applied Geography, 79. DOI:10.1016/j.apgeog.2016.12.012.

SILVER D, HUANG A, MADDISON C J, 2016. Mastering the game of Go with deep neural networks and tree search[J/OL]. Nature, 529(7587). DOI:10.1038/nature16961.

SILVER D, SCHRITTWIESER J, SIMONYAN K, 2017. Mastering the game of Go without human knowledge[J/OL]. Nature, 550(7676). DOI:10.1038/nature24270.

SIMON C A, 1999. Public School Administration[J/OL]. Administration & Society, 31(4). DOI:10.1177/00953999922019229.

SNYDER T D, DE BREY C, DILLOW S A, 2016. Digest of Education Statistics 2014, 50th Edition. NCES 2016-006[M]//National Center for Education Statistics.

SPILLAR R J, 1997. Park-and-Ride Planning and Design Guidelines[M]//Parsons Brinckerhoff Inc.

TAYLOR C, 2018. Geography of the "new" education market: Secondary school choice in England and wales[J]. Ashgate. DOI:10.4324/9781315187266.

TAYLOR R G, VASU M L, CAUSBY J F, 1999. Integrated planning for school and community: The case of Johnston County, North Carolina[J/OL]. Interfaces, 29(1). DOI:10.1287/inte.29.1.67.

VINCENT J M, 2006. Public Schools as Public Infrastructure: Roles for Planning Researchers[J/OL]. Journal of Planning Education and Research, 25(4). DOI:10.1177/0739456X06288092.

WARREN L, 2018. The Governance of Public Education in the United States of America[J/OL]. Journal of Power, Politics & Governance, 6(1).

WHITEHAND J W R, 1981. The urban landscape: historical development and management[J]. Journal of Historical

Geography, 1983, 9(1): 77-79.

WILSON R A, KILMER S J, KNAUERHASE V, 1996. Developing an Environmental Outdoor Play Space[J]. Young Children, 51(6).

WU J, GYOURKO J, DENG Y, 2012. Evaluating conditions in major Chinese housing markets[J/OL]. Regional Science and Urban Economics, 42(3). DOI:10.1016/j.regsciurbeco.2011.03.003.

YE Y, VAN NES A, 2014. Quantitative tools in urban morphology: Combining space syntax, spacematrix and mixed-use index in a GIS framework[J]. Urban Morphology, 18(2).

YE Y, VAN NES A, 2013. Measuring urban maturation processes in Dutch and Chinese new towns: Combining street network configuration with building density and degree of land use diversification through GIS[J]. Journal of Space Syntax, 4(1).

YEAGER R F, 1979. Rationality and Retrenchment: The Use of a Computer Simulation To Aid Decision Making in School Closings[J/OL]. Education and Urban Society, 11(3).

ZAHIROVIC-HERBERT V, TURNBULL G K, 2008. School quality, house prices and liquidity[J/OL]. Journal of Real Estate Finance and Economics, 37(2).

ZAHIROVIC–HERBERT V, TURNBULL G K, 2009. Public School Reform, Expectations, and Capitalization: What Signals Quality to Homebuyers?[J/OL]. Southern Economic Journal, 75(4).

ZHENG S Q, FU Y M, LIU H Y, 2006. Housing-choice hindrances and urban spatial structure: Evidence from matched location and location-preference data in Chinese cities[J/OL]. Journal of Urban Economics, 60(3).

ZHENG S Q, KAHN M E, 2008. Land and residential property markets in a booming economy: New evidence from Beijing[J/OL]. Journal of Urban Economics, 63(2).

ZHENG S, KAHN M E, 2013. Does government investment in local public goods spur gentrification? Evidence from Beijing[J/OL]. Real Estate Economics, 41(1).

后　记

本书是在我的博士论文《当代北京学区空间研究》基础上整理、修改而成的，从确定选题到调查分析，再到深化调整，直至编辑出版，经历了近四年时间。本书的顺利出版是对这段时间工作的最好梳理和总结。

在出版编辑工作即将完成之际，我首先要衷心感谢恩师朱文一先生对我的谆谆教诲和悉心指导，从选题、拟定提纲、资料搜集、匡正思路、打通节点到论文完成，恩师都倾注了大量的心血，不断鼓励支持我完成。入师门以来，恩师洞察深邃的学术境界，严谨求实的治学态度，对学术研究、创新设计的执着热情深深地影响和激励着我。恩师指导我参加了多项竞赛及工程实践，为我参加国际会议提供机会，让我感受学术前沿的动态，这些都极大地促进了我的成长！

感谢清华大学建筑学院吴良镛先生、关肇邺先生，重庆大学建筑城规学院张兴国先生对我的指导和点拨；感谢中国城市规划协会原副会长柯焕章教授，北京市规划和自然资源委员会副主任施卫良教授，同济大学吴志强院士，东南大学王建国院士，京津冀协同发展专家咨询委员会委员、中国城市规划设计研究院原院长李晓江教授，中规院院长王凯教授，中规院（北京）规划设计公司总经理易翔，中规院绿色城市研究所所长董珂博士；北规院路林所长、陈猛主任；感谢论文评审委员会主席、清华大学建筑学院庄惟敏院士，感谢张悦教授，徐卫国教授，宋晔皓教授，全国勘察设计大师北京建筑设计研究院总建筑师胡越博士在百忙之中对论文提出的宝贵评审建议；感谢单军教授、张利教授、刘健教授、钟舸教授、毛其智教授、顾朝林教授、黄鹤教授、党安荣教授、王丽方教授、李兵老师等众多师长对我的指导和热情帮助；感谢英国 UCL 大学 Space Syntax 创始人 Bill Hiller 教授、UCL The Bartlett 院长 Alan Penn 教授、空间句法公司 Tim Stone 在论文研究过程中给予的帮助；感谢哈佛大学设计学院院长 Mohsen Mostafavi 教授为我联系相关研究学者提供的帮助，感谢耶鲁大学建筑学院 Alan Plattus 教授在研究中给予的指引，感谢德国海默特·亨特里希基金会（HELMUT HENTRICH FOUNDATION）及 HPP 国际建筑规划设计有限公司董事长 Joachim H. Faust 先生、Werner Sübai 先生、余炜总监提供的帮助；感谢瑞典耶夫勒大学江斌教授在论文初期的指点；特别感谢我的师兄清华大学建筑学院杨滔教授在研究中给予的耐心指点和帮助；感谢赵建彤、商谦、高玉琛、龙灏、朱宁等诸位师兄，感谢杨欣、孙晨光、刘平浩、马之野、刘志强、孙昊德、傅隽声、梁迎亚、徐若云、李燕宁、谢军、李论等诸位同修陪伴我度过的清华时光。感恩我的父亲母亲和岳父岳母，感谢我的妻子郑玮和儿子，是他们坚定的支持和陪伴，让我心平如镜地完成了本书。本书的顺利出版，要感谢清华大学出版社张占奎主任的大力支持。感恩所有关心支持和帮助我的人！

北京学区空间是一个范围庞大、内容广博复杂且与时俱进的综合课题，需要予以长期关注和持续研究。本书是作者在此领域的一次基础研究尝试，存在很多不足，敬请读者指正。

万　博

2018 年 6 月于清华园

2022 年 12 月修改于红果园